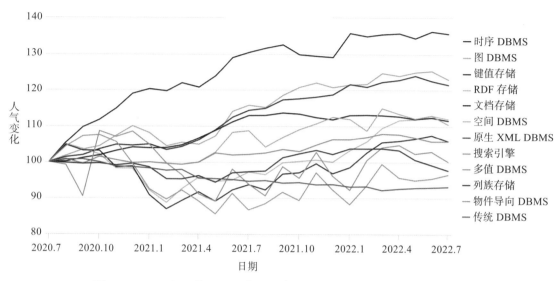

图 3-11 2020 年 7 月—2022 年 7 月各种 NoSQL 数据库技术的增长趋势

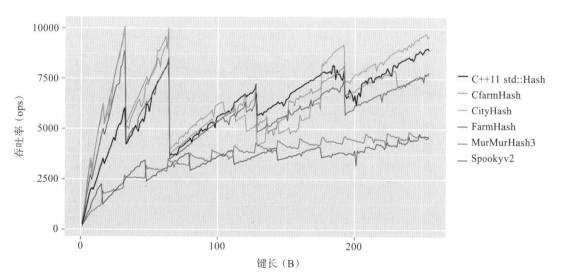

图 4-4 几种常见哈希函数的吞吐性能

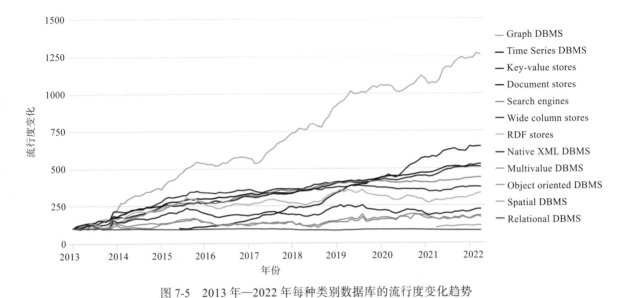

图 7-5　2013 年—2022 年每种类别数据库的流行度变化趋势

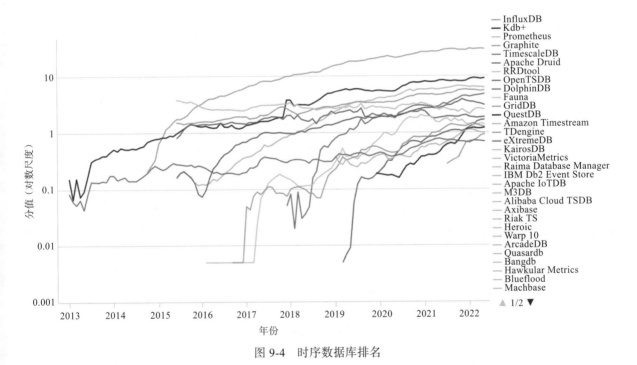

图 9-4　时序数据库排名

数据科学与大数据技术丛书

New Generation Database Systems
Principles, Architecture, and Practice

新型数据库系统
原理、架构与实践

金培权 赵旭剑●编著

机械工业出版社
CHINA MACHINE PRESS

图书在版编目（CIP）数据

新型数据库系统：原理、架构与实践 / 金培权，赵旭剑编著 . —北京：机械工业出版社，2024.5
（数据科学与大数据技术丛书）
ISBN 978-7-111-74903-5

I. ①新… II. ①金… ②赵… III. ①数据库系统 – 教材 IV. ① TP311.13

中国国家版本馆 CIP 数据核字（2024）第 033986 号

机械工业出版社（北京市百万庄大街 22 号　邮政编码 100037）
策划编辑：李永泉　　　　　　　责任编辑：李永泉　侯　颖
责任校对：马荣华　　刘雅娜　　责任印制：郜　敏
三河市宏达印刷有限公司印刷
2024 年 5 月第 1 版第 1 次印刷
186mm × 240mm · 16.25 印张 · 1 插页 · 358 千字
标准书号：ISBN 978-7-111-74903-5
定价：89.00 元

电话服务　　　　　　　　网络服务
客服电话：010-88361066　机 工 官 网：www.cmpbook.com
　　　　　010-88379833　机 工 官 博：weibo.com/cmp1952
　　　　　010-68326294　金 书 网：www.golden-book.com
封底无防伪标均为盗版　机工教育服务网：www.cmpedu.com

前　言

本书的编写源自作者多年讲授本科生课程"数据库系统及应用"和研究生课程"高级数据库系统"的教学实践感悟。在多年的课堂教学实践中，我们逐渐发现了目前课程教材与内容设置方面的一些问题。首先，由于数据库领域经过几十年的发展，相关的经典理论较多（已经诞生了多位图灵奖获得者），因此，目前在课堂上只能以介绍经典数据库理论和技术为主，学生往往难以有机会了解当前新型的数据库系统及应用发展趋势，从而导致学生的视野不够宽广，不利于学生未来继续深入学习数据库系统的相关知识。其次，近年来国家层面对于研发完全自主可控的数据库系统的需求越来越迫切，越来越多的企业投入到研发自主知识产权的数据库系统浪潮中。一个事实是，目前国内企业在自主可控数据库技术方面绝大部分集中在新型数据库系统方向。因此，从学校教学的角度看，如果不能在本科数据库教学中加入新型数据库系统及应用的内容，将使课堂教学与国内企业的实际需求出现脱节。

纵观当前的数据库类教材，均以传统数据库理论与技术为主，还没有发现系统地介绍新型数据库技术的书籍。这一方面是因为新型数据库技术本身处于不断发展的过程中，另一方面也因为编写这样一本书需要全面了解国内外新型数据库技术的进展。在此背景下，我们提出了编写本书的设想，目的是对当前国内外主要的新型数据库技术进行总结和介绍。一方面希望本书能够作为当前本科生和研究生数据库课程教材的补充，拓展学生的视野；另一方面也希望本书能够成为相关研究人员有价值的专业参考书。

本书的主要特色如下：

1）强调系统性。本书基本包含了目前国际流行的各种新型数据库技术，既包括键值数据库、文档数据库等流行的 NoSQL 数据库技术，也包括云数据库、内存数据库、智能化数据库等内容。同时，对于每一类新型数据库技术，不仅强调其概念、核心技术、系统架构和使用场景，而且给出了使用实例。因此，本书整体内容设计具有较好的系统性。

2）注重对比。本书在介绍各种新型数据库技术时，注重各类技术之间的对比。由于目前新型数据库的概念和技术很多，许多读者难以区分相关技术之间的关键差别，因此本书在内容上特别注重介绍相关概念和技术的对比，例如 SQL 和 NoSQL、行存储和列存储等，使读者能够清晰了解各类新型数据库技术之间的差异。

3）立足前沿。本书在内容选择上以近十年数据库领域的发展为主，紧密结合当前学术界和工业界在数据库领域的发展方向，包含智能化数据库（AI4DB）、时序数据库、云数据库等最新的内容。总体而言，本书的内容紧跟国际前沿，使读者能够了解国际上数据库领域的最新进展。

　　本书的内容设计参考了我国"十四五"数据库领域的发展规划、教育部对有关数据库课程教学的要求。本书简明扼要，注重实用性，可作为高等学校计算机专业、软件工程专业、大数据专业及其他相关专业本科生的相关教材，也可作为从事数据库工作的管理人员和技术人员的参考书。

　　本书由中国科学技术大学金培权副教授和西南科技大学赵旭剑副教授编著。其中，金培权负责第1章、第3～11章的编写，赵旭剑负责第2、12、13章的编写。参加本书编写工作的还有王晓亮、刘睿诚、张洲、罗永平、储召乐、袁以规、梁嘉玲、戚林莉、吕晏齐，在此表示感谢。

　　由于数据库技术的发展日新月异，加上作者水平有限，书中难免存在不足或疏漏之处，敬请广大读者提出宝贵意见！

作　者

目　　录

第 1 章

绪　　论

数据库技术作为一种先进的数据管理技术，极大地推进了数据管理技术乃至计算机应用技术的发展，使企业和组织能够高效地存储、管理和使用日益增长的数据。为了深入学习和掌握数据库技术，必须首先厘清数据库领域中的一些基本概念，了解数据库技术的发展历史，同时明确传统关系数据库技术的局限性，从而了解新型数据库技术的出现背景。

内容提要：本章首先介绍数据库系统的相关概念，然后讲述了数据库技术的发展历史，接着讨论了新型数据库应用的发展以及关系数据库技术的局限性，最后阐述了新型数据库技术的概况。

1.1　数据库系统的相关概念

数据库系统是对应用了数据库技术的计算机系统的一种概称，因此数据库技术基本都包含在数据库系统的范畴中。数据库系统的相关概念在现实应用中很容易混淆，也是人们学习数据库技术必须首先要了解和区分的对象。

1.1.1　数据

第一个基本概念是数据。数据是数据库中存储和管理的基本对象。在现实生活中，我们对数据这个名词并不陌生，例如"财务数据"和"采购数据"等都是我们经常会听到或接触到的。那么，什么是数据？下面给出数据的定义。

定义 1.1（数据）：数据是人们用来反映客观世界而记录下来的可以鉴别的符号。

这个定义的核心意思是"数据是符号"。之所以强调这一点，是因为数据库系统除了存储和管理数据之外，还同时管理另一些内容（例如后面马上要介绍的模式）。

由于现实世界中存在不同类型的符号，因此数据也可分为两种基本类型：数值数据和非数值数据。数值数据记录了由 0 到 9 这几个阿拉伯数字所构成的数值，例如职工张三的年龄是一个数值数据，学生李四的英语成绩也是数值数据。非数值数据则包括像字符、文字、图像、图形、声音等特殊格式的数据。在实际应用中，非数值数据也很常见，例如人的姓名（字符）、照片（图像）等。现有的数据库技术可以同时支持数值数据和非数值数据的存储和管理。

在实际应用中，如果仅存储数据一般来说是没有什么意义的。这是因为数据本身只是符号而已，而同样的符号在不同的应用环境中可能会出现完全不同的解释。例如，"65"这一数据在教学管理系统中可能代表了某名学生某门课程的成绩，在职工管理系统中可能表示的是某个职工的体重，而在学生管理系统中还可能是计算机系 2011 级的学生人数。因此，数据与其代表的语义是不可分的，在存储数据的同时必须说明数据所代表的语义。

除了"93"和"张三"这类表示单一值的简单数据外，现实生活中还存在复合数据。复合数据是由若干简单数据组合而成的。例如，学生记录（李明，197205，中国科学技术大学，1990）就是由简单数据"李明""197205""中国科学技术大学"和"1990"构成的一个复合数据。复合数据同样也和其语义是不可分的。像上面的学生记录，其语义在不同应用环境下可能完全不同，例如在高校毕业生管理系统中它可能表示学生姓名、出生年月、所在学校和毕业年份这样的语义，而在另一个系统中它则可能表示学生姓名、出生年月、录取大学和入学时间另一种语义。

1.1.2　数据库

简单来讲，数据库是一个数据的仓库，它存储着数据的集合。但是，这种定义还不够确切，因为数据库中的数据并不是随便存放的，而是有一定的组织和应用特点的。严格的数据库概念定义如下。

定义 1.2（数据库）：数据库（database，DB）是长期存储在计算机内、有组织的、可共享的大量数据的集合。

这个定义指出了数据库的几个特点。

1）数据库是数据的集合，因此数据库只是一个符号的集合，本身是没有语义的。

2）数据库中的数据不是杂乱无章存放的，而是有组织的。确切地说，是按一定的数据模型组织、描述和存储的。

3）数据库中存储的数据量通常是海量的。如果是少量的数据，通常不需要使用数据库技术来管理，借助文件系统就可以实现。实际上，存储的数据量越大，越能体现数据库技术相对于文件系统的优势。

4）数据库通常是持久存储的，即存储在磁盘等持久存储介质上。

5）数据库一般是被多用户共享的。换句话说，如果一个数据集合只是为单用户服务的（例如手机中的通讯录），那么依靠传统的文件系统等数据管理技术基本可以满足要求。只有在多用户共享的环境中，才能充分发挥数据库技术的优点。目前，除了少数专用的数据库产品外，绝大多数商用数据库产品都是面向多用户应用的。

6）数据库一般服务于某个特定的应用，因此数据间联系密切，具有较小的冗余度和较高的独立性。现实世界中有银行数据库、航班数据库、图书数据库等面向特定应用的数据库，但是不存在通用的数据库。即便都是图书数据库，不同的应用环境对数据组织、数据存储等也会有不同的要求。例如，某学校的图书数据库中需要存储每一种图书的供应商，而另一个学校则可能不需要存储。这些都会影响数据库中数据的表示和组织方式。因此，可以说，数据库一般都是专门针对某个特定应用的。

1.1.3 数据库模式

由于数据库本质上是数据的集合，因此它也是符号的集合，本身是没有语义的。数据库的语义可以用另一个概念——数据库模式（database schema）来表达。数据库模式的定义如下。

定义 1.3（数据库模式）：数据库模式是数据库语义的表达，它是对数据库中全体数据的逻辑结构和特征的描述。

图 1-1 显示了数据库与数据库模式之间的关系。两者之间的关系与"数据"和"数据的语义"之间的关系是类似的。实际上，因为数据库本身就是数据的集合，因此数据库中所有数据的语义就构成了数据库的语义，即数据库模式。

图 1-2 给出了数据库与数据库模式的一个例子。在这个例子中，假设数据库中只存储了学生数据。图 1-2 的左边显示了使用关系数据模型表示的数据库结构与内容（如前所述，数据库中的数据一般都是按某种数据模型进行组织的），右边则分别显示了对应的数据库和数据库模式。关系数据模型是目前最流行的数据模型（现有的商用数据库产品基本都基于关系数据模型），它的基本数据结构就是图 1-2 左边显示的二维表格。二维表格本身包含了表头和下面的数据行，从概念上讲，二维表格的表头表示了下方数据行的语义，所对应的结构就是此二维表格的模式（由于假设数据库中只有这一个表，因此此模式就是数据库的模式），而下方的数据行集合则构成了数据库——它是数据的集合。

图 1-1 数据库与数据库模式之间的关系

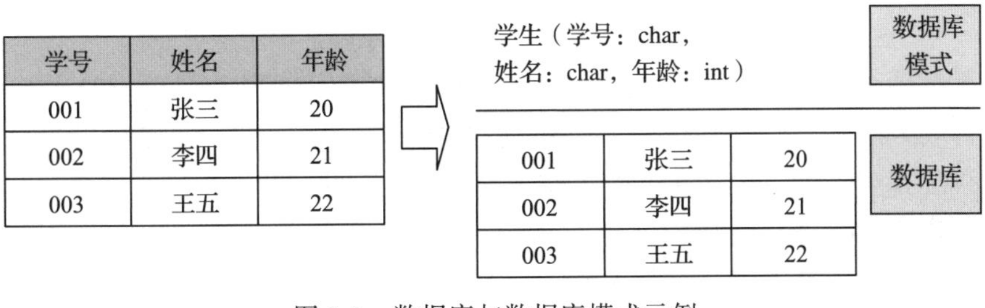

图 1-2 数据库与数据库模式示例

1.1.4 数据库管理系统

第四个概念是数据库管理系统。下面给出数据库管理系统的定义。

定义 1.4 (数据库管理系统)：数据库管理系统 (database management system，DBMS) 是一个计算机软件，它用于创建和管理数据库。

数据库管理系统从软件的分类上属于计算机系统软件。系统软件一般是管理计算机资源的软件。常见的系统软件有操作系统、数据库管理系统等。同样是系统软件，操作系统管理计算机中的全部资源，包括处理器、存储器、外设等，而数据库管理系统则只管理计算机中的数据资源。操作系统本身也有数据管理的能力，即文件管理功能，但正是因为操作系统的文件管理功能在管理大规模共享数据时容易出现存取性能差、数据不一致等问题，所以才有了数据库管理系统。可以这么理解，数据库管理系统是一种专门用于高效管理数据资源的系统软件。

通常情况下，数据库管理系统运行在操作系统之上。也就是说，当涉及底层的磁盘操作时，数据库管理系统通常利用操作系统提供的磁盘存取服务来实现底层数据的存取。目前，大多数的商用 DBMS 都采取了这种方式。但是，理论上，数据库管理系统也可以完全绕过操作系统提供的数据输入/输出 (Input/Output，I/O) 服务，直接跟底层的磁盘打交道。现在一些大型的 DBMS 如 IBM DB2、Sybase ASE 等已经可以支持这种数据访问方式。此外，DBMS 通常不直接面向应用。作为系统软件，其职责在于管理和维护数据资源。同时，用户可以在 DBMS 之上创建直接服务于应用的数据库应用系统 (或称数据库应用软件)，从而构建基于数据库技术的应用软件，满足实际应用的需求。图 1-3 显示了用户应用、DBMS和操作系统之间的层次架构。

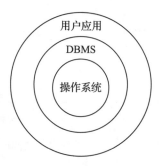

图 1-3　用户应用、DBMS 和操作系统之间的层次架构

由于数据库中的数据需要按某种逻辑结构进行组织，因此任何一个 DBMS 在实现时必须基于某种数据模型 (数据模型描述了数据的逻辑组织结构、操作等内容，此部分内容将在后面详细讨论)，以保证所管理的数据库都能够按照统一的逻辑结构进行存取。例如，目前常见的 DBMS 如 Oracle、Microsoft SQL Server 等都是基于关系数据模型的，因此也被称为关系 DBMS；而另一些 DBMS，如 Versant、O2 等是基于面向对象数据模型的，通常称它们为面向对象 DBMS。正是因为数据模型决定了 DBMS 中数据的组织和操作方法，所以基于什么样的数据模型成为区分数据库管理系统的最主要因素。

在实际应用中常见到的一些数据库产品，如 Oracle、Microsoft SQL Server 等，从严格意义上讲都是 DBMS。但随着计算机软件技术和应用的不断发展，现在的 Oracle、

Microsoft SQL Server 已经不单纯是 DBMS，而是一套以 DBMS 为核心的套件。也就是说，它们不仅提供了 DBMS 的核心功能，还提供了其他一些软件功能，例如数据的导入 / 导出、备份管理等。这一点与 C++ 和 Visual C++ 的区别有点类似。C++ 好比是 DBMS，而 Visual C++ 好比是 Oracle 等各种大型商用数据库软件，虽然 Visual C++ 提供了多种多样的开发功能，但 C++ 是其核心，其本质仍然是 C++ 开发工具。在实际生活中，只要知道 Oracle、Microsoft SQL Server 这些产品的本质是 DBMS 就可以了。

图 1-4 显示了 DB-Engines 网站（https://db-engines.com）上排名前十的 DBMS（截至 2021 年 12 月）。可以看到，Oracle、MySQL、Microsoft SQL Server 仍是最受欢迎的三大 DBMS 产品。列表中还包括了 MongoDB、Redis 等 NoSQL 数据库系统，本书将在后面对它们进行介绍。

需要注意的是，DB-Engines 主要根据互联网上 DBMS 受欢迎程度的信息对 DBMS 进行排名。排名依据以下五个因素：

1）Google 及 Bing 搜索引擎中的关键字搜索数量。

2）Google Trends 中的关键字搜索数量。

3）Indeed 网站的职位搜索量。

4）LinkedIn 上提到关键字的个人资料数。

5）Stackoverflow 上的相关问题和关注人数。

因此，DB-Engines 的 DBMS 排名只代表了互联网中各个 DBMS 的受关注程度，某种意义上可以看作"热度排名"。这一排名没有包括实际的 DBMS 产品销售和装机数据，另外也没有考虑我国市场的影响（例如没有考虑我国用户主要使用百度中文搜索引擎），因此仅具有参考价值。另一方面，要给出一个综合各种因素的 DBMS 综合排名有较大的难度，因为各类数据的获取存在困难。

DB-Engines Ranking

The DB-Engines Ranking ranks database management systems according to their popularity. The ranking is updated monthly.

Read more about the method of calculating the scores.

trend chart

381 systems in ranking, December 2021

Rank			DBMS	Database Model	Score		
Dec 2021	Nov 2021	Dec 2020			Dec 2021	Nov 2021	Dec 2020
1.	1.	1.	Oracle	Relational, Multi-model	1281.74	+9.01	-43.86
2.	2.	2.	MySQL	Relational, Multi-model	1206.04	-5.48	-49.41
3.	3.	3.	Microsoft SQL Server	Relational, Multi-model	954.02	-0.27	-84.07
4.	4.	4.	PostgreSQL	Relational, Multi-model	608.21	+10.94	+60.64
5.	5.	5.	MongoDB	Document, Multi-model	484.67	-2.67	+26.95
6.	6.	↑7.	Redis	Key-value, Multi-model	173.54	+2.04	+19.91
7.	7.	↓6.	IBM Db2	Relational, Multi-model	167.18	-0.34	+6.74
8.	8.	8.	Elasticsearch	Search engine, Multi-model	157.72	-1.36	+5.23
9.	9.	9.	SQLite	Relational	128.68	-1.12	+7.00
10.	↑11.	↑11.	Microsoft Access	Relational	125.99	+6.75	+9.25

图 1-4 DB-Engines 网站上排名前十的 DBMS

1.1.5　数据库系统

最后一个重要的概念是数据库系统。数据库系统是一个泛指的概念，其定义如下。

定义 1.5（数据库系统）：数据库系统（database system，DBS）是指在计算机系统中引入了数据库后的系统，即采用了数据库技术的计算机系统。

数据库系统与其他计算机系统的区别在于，它是以数据库为基础的。现实中所见的许多系统，例如银行信息系统、电子政务系统等都可以称为数据库系统，因为它们背后都有 DBMS 和数据库的支持。随着应用数据类型和数据量的不断增长，在计算机系统中采用数据库技术来管理数据已经成为一种普遍性的解决方案，因此数据库系统在实际应用中已经非常普及。

作为一个计算机系统，数据库系统同样包含了软件、硬件、用户等要素。一个数据库系统通常包括计算机硬件平台、操作系统、DBMS（及数据库）、应用程序及用户。图 1-5 给出了数据库系统的组成。

在图 1-5 中，数据库系统中的用户分为两种类型：终端用户与数据库管理员（database administrator，DBA）。从图中可以看到，终端用户直接与应用程序交互，而数据库管理员则直接跟 DBMS 打交道。终端用户相当于银行的前台柜员，而数据库管理员则好比是银行数据库系统的管理员和维护人员，他们负责管理和维护数据库系统的正常运行。通常，数据库管理员会通过对 DBMS 的一些参数进行配置和调优，或者利用 DBMS 提供的一些管理功能，如备份、监控、访问控制等，进行系统维护。

数据库、数据库管理系统、数据库系统这三个概念在实际应用中容易混用。不过，如果在上下文语义清晰的情况下，可以用"数据库"来指代数据库管理系统或者数据库系统。举个例子，"你们上机用什么数据库啊？""Oracle 12g。"在这一场景下，"数据库"指的是数据库管理系统的概念。但是，如果在论文或者其他规范化文档的写作中，则要求严格区分这些概念，保证论文的严谨性。例如，不能将"高校信息化数据库的设计"混淆为"高校信息化数据库管理系统的设计"，前者是指数据库的设计，而后者是指数据库管理系统的设计，两者的内涵和难度不是一个量级的。

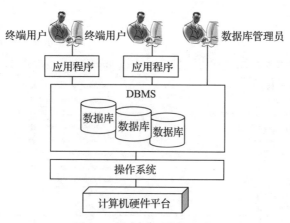

图 1-5　数据库系统的组成

1.2 数据库技术的发展回顾

数据库技术是数据管理技术一个发展阶段的产物。在数据库技术出现之前，人们普遍采用文件系统管理数据。但是，随着数据规模的不断增长以及数据共享需求的提出，文件系统方法越来越难以适应数据管理的要求。另外，数据库技术自 20 世纪 60 年代开始发展以来，经历了网状数据库、层次数据库、关系数据库、对象 / 对象关系数据库等发展阶段，而且即使到了今天，XML 数据库、NoSQL 数据库等技术还在不断地发展。了解数据库技术的发展历史，纵观整个数据库领域在最近几十年里的发展历程，会使我们对当今一些新的数据库技术的背景有更深入的理解。

1.2.1 数据管理技术的发展历程

数据库技术从概念上讲只是数据管理技术的一种。因为数据库技术在数据管理方面具有高效、一致等优点，所以得到了广泛应用。要了解数据库技术的发展历程，首先应当对整个数据管理技术的发展历程有所认识。

数据管理技术的发展历程大致可分为三个阶段，即人工管理阶段、文件系统阶段和数据库管理阶段。

1. 人工管理阶段

20 世纪 50 年代中期以前为人工管理阶段。当时计算机刚刚面世不久，处理能力还非常弱，数据管理能力也非常有限。

人工管理阶段的数据管理具有以下的特点（见图 1-6）：

1）数据不保存在计算机中。此时还没有出现磁盘这样的二级存储概念，数据都是纯二进制数，并且以打孔纸带的形式表示。

2）应用程序自己管理数据。根据应用程序的要求要准备打孔纸带形式的数据，这些数据只能被该应用程序使用。不同的应用程序需要准备不同的数据。

3）数据无共享。

4）数据与应用程序之间不具有独立性。如果应用程序发生修改，原先的数据一般不能继续使用，需要再重新准备打孔纸带。同理，如果数据修改了，应用程序也同样无法处理。

5）只有程序的概念，没有文件的概念。此时还没有文件存储的概念。

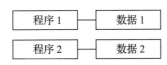

图 1-6 人工管理阶段的数据管理特点

2. 文件系统阶段

在 20 世纪 50 年代中期到 60 年代中期，出现了文件系统形式的数据管理技术。它主要是随着操作系统技术的发展而出现的。

这一阶段数据的主要特点是以文件形式保存和管理。这一阶段数据管理的主要特点可归纳为以下几点（见图 1-7）：

1）数据以文件形式存在，由文件系统管理。

2）数据可以长期保存在磁盘上。

3）数据共享性差，冗余大。冗余是由于必须建立不同的文件以满足不同的应用。例如，在一个教学信息管理系统中，教师数据同时被选课、科研管理、人事管理等应用使用，在文件系统阶段，只能将教师数据文件复制到这些不同的应用中。这样一方面带来了数据的冗余存储，另一方面如果某些教师数据发生了变化，则很容易出现数据的不一致。

4）数据与应用程序之间具有一定的独立性，但非常有限。应用程序通过文件名即可访问数据，但文件结构改变时必须修改程序。

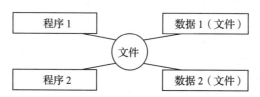

图 1-7　文件系统阶段的数据管理特点

3. 数据库管理阶段

20 世纪 60 年代末开始，数据管理进入了数据库管理阶段。这一阶段引入了 DBMS 实现数据管理（见图 1-8），其主要特点如下：

1）数据结构化。DBMS 采用了数据模型来组织数据，不仅可以表示数据，还可以表示数据间的联系。

2）高共享，低冗余。应用程序之间可以高度共享数据，并且可以保证数据存储的最小冗余。

3）数据独立性高。数据的修改不会影响应用程序的运行，具有高度的数据独立性。

4）数据由 DBMS 统一控制，应用程序中所有的数据都由 DBMS 负责存取。

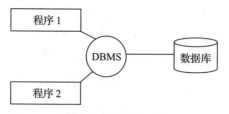

图 1-8　数据库管理阶段的数据管理特点

1.2.2　数据库技术的发展历程

数据库技术从 20 世纪 60 年代末开始发展，至今仍是计算机领域中一个非常活跃的研究方向。下面的时间表简单地总结了数据库技术发展历程中的一些里程碑。

1）1961 年，通用电器（GE）的 Charles W. Bachman 设计了历史上第一个 DBMS——网状数据库系统 IDS（integrated data store）。Bachman 本身是一名工业界的研究人员，为了解决 GE 项目中的复杂数据管理问题而设计了 IDS，开创了数据库这一新的研究领域。Bachman 本人也因为在网状数据库方面的贡献于 1973 年获得了计算机领域的最高奖项——图灵奖。他是第一位获得图灵奖的数据库研究人员。

2）1968 年，IBM 设计了层次数据库系统 IMS（information management system）。

3）1969 年，CODASYL（数据系统语言协会）的 DBTG（database task group，数据库任务组）发表了网状数据模型报告，奠定了网状数据库技术。层次数据库技术和网状数据库技术一般被合称为第一代数据库技术。

4）1970 年，IBM 的 Edgar F. Codd 在 *Communications of ACM* 上发表了论文"A Relational Model of Data for Large Shared Data Banks"，提出了关系数据模型的概念，奠定了关系数据库理论基础。关系数据模型采用了一种简单、高效的二维表形式来组织数据，从而开创了数据库技术的新纪元。Edgar F. Codd 本人也因为在关系数据模型方面的贡献于 1981 年获得了图灵奖。关系数据库技术也被称为第二代数据库技术。

5）1973 年—1976 年，Edgar F. Codd 牵头设计了 System R。System R 是数据库历史上第一个关系数据库原型系统，其字母 R 是 Relation 的首字母。之所以称之为原型系统而不是产品，是因为 System R 开发完成后并没有及时进行商业化，从而导致 Oracle 后来居上。在这期间，加州大学伯克利分校的 Michael Stonebraker 设计了 Ingres。Ingres 是目前开源 DBMS PostgreSQL 的前身。在 20 世纪 70 年代，Ingres 是少数几个能和 IBM 的 IMS 竞争的产品。

6）1974 年，IBM 的 Ray Boyce 和 Don Chamberlin 设计了 SQL 语言。SQL 语言最早是作为 System R 的数据库语言而设计的。经过 Boyce 和 Chamberlin 的不断修改和完善，最终形成了现在流行的 SQL 语言。目前，SQL 语言已经成为 ISO 国际标准。前面提到的 Ingres 就是因为没有在其系统中支持 SQL 语言导致了最终没落。

7）1976 年，IBM 的 Jim Gray 提出了一致性、锁粒度等设计，奠定了事务处理基础。Jim Gray 本人也因为在事务处理方面的贡献获得了 1998 年的图灵奖。这是第三位获得该奖项的数据库研究人员。

8）1977 年，Larry Ellison 创建了 Oracle 公司，1979 年发布 Oracle 2.0，1986 年 Oracle 上市。Oracle 公司的创建和发展是一个传奇。Larry Ellison 在执行美国国防部的一个项目时遇到了数据管理方面的问题，后来他读到了 Edgar F. Codd 发表的关于 System R 的论文，于是基于 System R 的思想他很快地实现了一个数据管理系统，并且将其商业化。在后面的发展中，Oracle 很果断地采取了兼容 SQL 的做法，使其逐步占领了数据库领域的龙头地位。Oracle 的发展对数据库技术的商业化起到了十分重要的作用。

9）1983 年，IBM 发布 DB2。Oracle 在商业领域的成功，让 IBM 意识到了数据库技术的发展前景。凭借其雄厚的技术实力，IBM 马上推出了商业化 DBMS DB2。这一产品至今仍在市场上占据重要地位。

10）1985 年，面向对象数据库技术被提出。面向对象数据库技术是随着面向对象程序设计技术（object oriented programming，OOP）出现的，它实质上是持久化的 OOP。

11）1987 年，Sybase 1.0 发布。

12）1990 年，Michael Stonebraker 发表"第三代数据库系统宣言"，提出了对象关系数据模型。面向对象数据库及对象关系数据库技术标志着第三代数据库技术的诞生。但从商业应用上看，第三代数据库技术还远远赶不上关系数据库技术。

13）1987 年—1994 年，Sybase 和 Microsoft 合作，发布了 Sybase SQL Server 4.2。后合作破裂，Sybase 继续发布了 Sybase ASE 11.0。

14）1996 年，Microsoft 发布了 Microsoft SQL Server 6.5。Microsoft SQL Server 是很特殊的一个产品，其版本号直接从 6.5 开始。因为 Microsoft 和 Sybase 合作破裂后双方都拥有了 Sybase SQL Server 的源码，但 SQL Server 这一名称从此开始属于微软，而 Sybase 则启用 ASE 作为产品名称。

15）1996 年，开源的 MySQL 正式发布。MySQL 后来被 Oracle 收购，目前已经是数据库领域影响较大的 DBMS 之一。按照最新的 DB-Engines 排名，其流行度仅次于 Oracle，排在全世界第二位。

16）1998 年，出现了半结构化数据模型（XML 1.0）。由于网络数据管理需求的不断增长，XML 数据管理技术在近年受到了重视，至今仍是数据库领域的一个研究热点。曾经有人将 XML 数据库技术命名为"第四代数据库技术"，但没有得到认可。

17）2005 年，Michael Stonebraker 等人开发完成 C-Store。C-Store 是列存储的 DBMS（column-based DBMS），它完全抛弃了传统基于行记录的数据库存储方式，开创了一个全新的研究方向。Stonebraker 也因为在数据库系统创新和应用方面的贡献获得了 2015 年的图灵奖。

18）2007 年，NoSQL（非关系数据库）在 Web 领域大行其道。传统的 SQL 数据库技术经过了几十年的发展和应用，在新的应用领域如 Web、云计算等面临着一些数据表示、查询处理方面的新问题。NoSQL 数据库技术被提出并且得到了多个互联网企业的支持，包括 Amazon（Dynamo）、Google（BigTable）、Facebook（Cassandra）等。目前，NoSQL 在互联网领域得到了广泛的应用，但在传统领域如银行、证券、政府部门等还依然难以替代关系数据库技术。

1.3　新型数据库应用的发展

关系数据库理论与技术是 20 世纪 70 年代为了满足各类企业或组织的数据管理需求而提出的。限于以往数据采集手段的限制以及当时的应用需求，关系数据库技术要求存储的数据必须满足特定的要求，例如属性值不可分的 1NF 要求，以及实体之间只能通过外码建立联系等。但是，随着计算机网络技术的发展，尤其是 20 世纪 90 年代以来的互联网应用的急速发展，许多新型的数据库应用开始出现。它们对传统的关系数据库技术提出了极大的挑战，也促进了新型数据库技术的发展。本节主要介绍当前一些新型的数据库应用。

1.3.1 分布式数据库应用

分布式数据库（distributed databases，DDB）通常指物理上分散而逻辑上集中的数据库系统。分布式数据库系统通常使用较小的计算机系统，每台计算机可单独放在一个地方，每台计算机中都有 DBMS 的一份完整副本，并具有自己局部的数据库，位于不同地点的许多计算机通过网络互相连接，共同组成一个完整的、全局的大型数据库。图 1-9 给出了分布式数据库应用的一个示例。

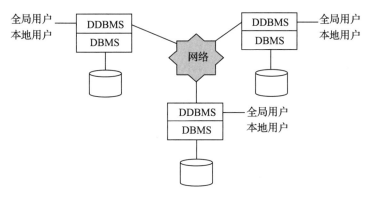

图 1-9　分布式数据库应用示例

在分布式数据库应用中，每个站点（site）自身具有完全的本地数据库系统，所有站点协同工作，组成了一个逻辑上统一的数据库。站点数据由分布式 DBMS（DDBMS）管理——DBMS+ 分布式扩展模块。分布式数据库系统中的应用可分为本地应用（局部应用）和全局应用，用户也可以相应地分为本地用户和全局用户。本地应用和本地用户只能访问其所注册的那个站点上的数据，而全局应用和全局用户则可访问多个站点上的数据。以银行系统为例，目前很多银行都建立了全国通存通兑系统。利用该系统，不仅可以使一个支行的用户通过访问支行的账目数据库来完成现金的存取等交易，实现所谓的局部应用，还可以通过计算机网络实现异地异行现金转账等业务，从一个支行的账户中转出若干金额到另一个支行的账户中去，实现同时访问两个支行（异地）上的数据库的所谓全局应用。

分布式数据库系统的特点可总结为下面几点。

（1）物理分布性

在分布式数据库系统中，数据是物理分布在不同的站点上的。不同站点之间相距甚远，如在几十千米以上；也可以相距很近，如在同一个大楼里。站点之间通过网络联系，每一个站点一般使用一个集中式数据库系统。

（2）逻辑整体性

分布式数据库系统中的数据虽然从物理上说分布在不同的站点，但各个站点上的数据在逻辑上属于同一个系统，对用户而言是一个整体，就像一个集中式数据库一样。物理分布性、逻辑整体性是分布式数据库系统最主要的特点。因此，如果简单地将多个集中式数据库系统通过网络相连接并不能构成分布式数据库系统，因为这种方法不能对用户应用提供一个统一的数据库视图，用户在访问数据时必须要显式地说明数据的存储站点等信息。

（3）站点自治性

分布式数据库系统强调站点自治，即每个站点都拥有自己独立的本地数据库系统，有自己独立的操作系统、CPU 等，也有专门的数据库管理人员，具有高度的自治能力。在一些分布式数据库系统中，还允许每个站点有异构的数据库系统。站点自治性使得本地应用都可以在单个站点上完成，有利于系统性能的提升。

（4）数据透明性

由于分布式数据库系统的物理分布特性，其要能够支持涉及多个站点的全局应用，便于全局应用的用户使用分布式数据库系统，应将主要精力集中在应用的逻辑上，而不是数据的位置分布上。因此，分布式数据库系统提供了数据透明性，即用户不需要知道数据的物理位置，以及如何访问某个特定站点的数据。

数据透明性包括位置透明性、复制透明性和分片透明性。

1）位置透明性是指用户和应用程序不必知道它所用的数据在什么站点。用户所要使用的数据很可能在本地的数据库中，也可能在外地的数据库中。系统具有数据位置透明性时，用户就不必关心数据是在本地还是外地，应用程序的逻辑变得简单，而且允许数据在使用方式改变时，不必重写程序，这样避免了应用程序的频繁变更，也降低了应用程序的复杂程度。

2）复制透明性是指在分布式系统中，为了提高系统的性能和可用性，将部分数据同时重复地存放在不同的站点，这样，在本地数据库中也可能包含外地数据库中的数据。应用程序执行时，就可以在本地数据库的基础上运行，尽量不借助通信网络去与外地数据库联系，而用户还以为在使用外地数据库中的数据。这样可以避免站点之间的通信开销，加快应用程序的运行速度，对查询操作比较有利。但是，各个站点大量复制其他站点的数据会使数据的更新操作涉及所有复制数据，提高维护数据一致性的代价，也会加大系统的维护开销。

3）分片透明性是指用户不需要知道数据库中的数据是如何分片的。数据分片是指将数据分割成不同的片段，例如将学生数据分为计算机系学生片段和电子系学生片段，并且可以将计算机学生片段存储在站点 A，将电子系学生片段存储在站点 B。但这种数据分片对于用户来说是透明的。

图 1-10 给出了分片透明性的一个示例。在这个例子中，学生数据被分成了两个片段 CS_Student 和 EE_Student 并且分别存储在站点 A 和站点 B 上，当用户在站点 C 上发出学生数据查询时，系统会自动完成分片上的查询及结果汇总工作，用户并不知道这些与分片相关的处理细节。

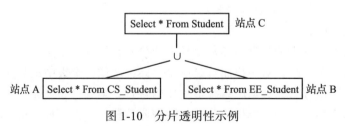

图 1-10　分片透明性示例

1.3.2 Web 2.0 应用

随着 Web 2.0 的兴起，非关系数据库现在成为一个极其热门的新领域，非关系数据库产品迅速发展。而传统的关系数据库在应对 Web 2.0 网站，特别是超大规模和高并发的社交网络网站时已经显得力不从心，暴露了很多难以克服的问题。

Web 2.0 应用对数据库的需求可简单总结为如下几个方面：

（1）对数据库高并发读 / 写的需求

Web 2.0 网站要根据用户个性化信息来实时生成动态页面和提供动态信息，所以基本上无法使用动态页面静态化技术，因此数据库并发负载非常高，往往要达到每秒上万次读 / 写请求。关系数据库应付上每秒万次 SQL 查询还勉强可以，但是要应付每秒上万次 SQL 写数据请求，硬盘 I/O 就无法承受了。其实对于普通的 BBS 网站来说，往往也存在对高并发写请求的需求。

（2）对海量数据的高效率存储和访问的需求

对于大型的社交网络网站，用户每天产生海量的动态。以 Friendfeed 为例，一个月就有约 2.5 亿条用户动态。对于关系数据库来说，在一张 2.5 亿条记录的表里面进行 SQL 查询，效率是极其低下甚至不可忍受的。再如大型 Web 网站的用户登录系统，如腾讯、盛大等，动辄数以亿计的账号，关系数据库也很难应对。

（3）对数据库的高可扩展性和高可用性的需求

在基于 Web 的架构当中，数据库是最难进行横向扩展的。当一个应用系统的用户量和访问量与日俱增的时候，数据库却没有办法像 Web 服务器和应用服务器那样简单地通过添加更多的硬件和服务节点来扩展性能与负载能力。对于很多需要提供 24 小时不间断服务的网站来说，对数据库系统进行升级和扩展是非常痛苦的事情，往往需要停机维护和数据迁移。

1.4 关系数据库技术的局限性

传统的关系数据库技术假设数据具有很强的结构化特征。关系数据库所存储的数据特点可归纳为如下几点：

1）结构统一。关系中的数据具有相同的结构（模式），具有很强的格式化特点。

2）面向记录。在关系数据库中，对于用户而言，数据库是一个记录的集合，所有数据都是以记录的形式存在的。

3）数据小。关系数据库中的记录一般都比较短。

4）原子属性。关系数据库中的每个属性值都是无结构的，是不可分的原子值，满足 1NF 定义。

随着计算机技术的不断发展，一些新的应用开始出现，例如 GIS、多媒体、超媒体、CAD 等。这些新型应用中的数据大都不具备传统的数据特征，因此，使用传统的关系数据库技术来表达和存储这些新型数据就遇到了困难。例如，在关系数据库中如果要存储一段视频，现有的做法只能将视频作为 BLOB（大二进制对象）存储在关系数据库的某个字段中。但是，视频上的一些操作，例如快进、后退、片段截取等，在 SQL 语言中难以得到支持。而且 BLOB 数据也无法使用传统的 SQL 语言进行操作（Insert、Update 等），必须借助其他方法才能实现。因此，虽然关系数据库技术能够支持新型复杂数据的存储，但很难有效地支持对这些复杂数据的操作，更不用说支持其他的功能了，例如复杂数据的索引、查询优化等。

另外，关系数据库技术在数据表达方面也存在低效的问题。根据关系数据模型，现实世界中的实体对应着关系中的一个元组，但是 1NF 的要求容易导致关系中出现冗余数据。例如图 1-11 所示的一个图书关系的例子，由于 1NF 要求属性值必须是不可分的原子值，因此出现了很多冗余的属性值。

ISBN	书名	作者	关键字	出版社
0-201	Compilers	J.Ullman	Compiler	Springer
0-201	Compilers	J.Ullman	Grammar	Springer
0-201	Compilers	A.Aho	Compiler	Springer
0-201	Compilers	A.Aho	Compiler	Springer
0-201	Compilers	J.Hopcroft	Compiler	Springer
0-201	Compilers	J.Hopcroft	Compiler	Springer

图 1-11   关系数据库的 1NF 要求导致属性值冗余

按照关系数据库的规范化技术，可以将图 1-11 所示的关系模式分解为三个关系模式，从而减少冗余，优化模式设计。规范化模式分解的结果如图 1-12 所示。

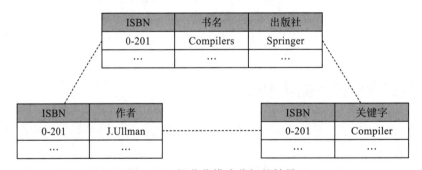

图 1-12   规范化模式分解的结果

模式分解结果虽然解决了冗余表达的问题，但仍然存在以下问题：

1）一本书在现实世界中是一个独立对象，而在图 1-12 所示的数据库设计中被人为地分割成了几个关系。也就是说，关系数据模型不得不通过多个实体集（关系）来表达现实世界中的一类实体（见图 1-13）。

图 1-13   现实世界与关系数据模型之间的认知鸿沟

2）不能表达作者之间的顺序关系。

3）SQL 可以执行分组操作，但只能返回单个的聚集函数值，不能返回一组结果。例如不能实现查询所有作者及其所写作的书列表。

关系数据库技术的局限性还表现在缺乏对 Web 2.0 应用的有效支持方面。对于微博、微信等 Web 2.0 应用而言，关系数据库的很多主要特性往往无用武之地，主要表现在：

（1）数据库事务一致性需求

很多 Web 实时系统并不要求严格的数据库事务，对读一致性的要求很低，有些场合对写一致性要求也不高。因此，数据库事务管理成了数据库高负载下一个沉重的负担。

（2）无法满足海量数据的管理需求

关系数据库解决海量数据存取的主要手段是索引、缓存等技术，但在 Web 应用尤其是 Web 2.0 应用中，数据量往往以 PB 计算。面对如此海量的数据，关系数据库系统的传统优化技术往往难以取得理想的性能。目前一般的理解是，一个关系数据库的基本表中的记录数一般不能超过一千万条，否则性能就很难保证，需要人工分库分表。虽然 MySQL 等也提供了数据库集群的支持，但是关系数据库集群部署和配置复杂，主备之间备份和恢复不方便，动态扩容能力弱，而且动态数据迁移难以实现自动化。

（3）对复杂的 SQL 查询，特别是多表关联查询的需求

任何大数据量的 Web 系统都非常忌讳多个大表的关联查询，以及复杂的数据分析类型的 SQL 报表查询，特别是 SNS 类型的网站，从需求及产品设计角度，就避免了这种情况的产生。往往更多的只是单表的主键查询，以及单表的简单条件分页查询，SQL 的功能被极大地弱化了。

（4）"One size fits all" 模式很难适用于截然不同的业务场景

关系数据库技术的核心思想是"统一"，即使用一个数据模型和一个数据库统一存储和管理所有的数据并且支持所有的应用。这种"One size fits all"的思路在互联网时代很难适应快速发展的应用模式。例如，联机数据分析（online analytical processing，OLAP）和联机事务处理（online transaction processing，OLTP）这两类应用一个强调高吞吐、一个强调低延时，已经演化出完全不同的架构，使用同一套模型来抽象显然是不合适的。

1.5 新型数据库技术

由于传统的关系数据库技术在面对分布式数据库应用、Web 2.0 应用等新型数据库应用时存在不足，近年来学术界和工业界提出了各种新型数据库技术。目前，新型数据库技术并没有一个明确的概念，人们习惯于将一切非关系数据库技术都称为新型数据库技术，其中以 NoSQL 数据库技术为主。总体而言，新型数据库技术与传统关系数据库技术在设计理念、基础理论和关键技术等方面均存在着不同。

在设计理念方面，传统关系数据库技术以数据统一组织和存储为基本的理念，遵循的是"One size fits all"的思路。在关系数据库中，所有的数据均采用关系数据模型进行组

织，数据库集中存储，并且统一采用标准的数据类型和 SQL 语言进行表示与存取。因此，传统关系数据库系统，例如 Oracle 和 MySQL 都是通用型数据库系统，可以满足绝大多数企业信息系统的数据管理要求。但是，新型数据库技术一般采用分布式存储架构、数据库分布存储，而且往往也难以用标准的 SQL 语言进行存取。新型数据库技术通常遵循 "One size fits a bunch" 的理念，即满足某一类特殊应用的需求，例如 Web 2.0 应用、物联网应用等。因此，新型数据库技术在数据模型、存储架构、存取方法等方面千差万别。

在基础理论方面，传统关系数据库技术以经典的关系数据库理论为基础。关系数据库理论经过几十年的发展已经相对成熟，而且有较强的数学理论作为支撑。相对地，新型数据库技术目前还没有出现普适性的基础理论。各种新型数据库技术所基于的数据模型、存储引擎等底层理论也存在着较大的差别，而且还没有一种理论能够达到关系数据库理论这样的级别。从计算机技术的发展历史看，如果一类技术缺乏深厚的基础理论作为支撑，是很难长久发展下去的，这也是目前新型数据库技术发展中面临的一个挑战。

在关键技术方面，传统关系数据库技术在索引结构、缓存策略、恢复机制、并发控制技术等方面均已经有非常成熟的技术积累。新型数据库技术目前的关键技术主要以分布式架构下的技术为主，但这些技术主要继承于传统分布式系统领域的研究成果，缺少数据库层面专有的关键技术。而且，新型数据库技术中涉及的关键技术往往对于应用负载有着较强的假设，通用性方面与关系数据库领域还有较大的差距。

本章小结

本章主要介绍了数据库系统中的基本概念，包括数据、数据库、数据库模式、数据库管理系统、数据库系统等，另外还着重介绍了数据库技术的发展历程。此外，本章还分析了关系数据库技术的局限性，以及新型数据库技术的发展背景。

通过对本章的学习，读者应能够清晰区分数据库系统中的一些基本概念，了解数据库领域的发展历史，并对新型数据库技术兴起的背景有所了解。

第 2 章

关系数据库技术回顾

数据库系统既涉及 DBMS、数据库应用程序等，也包含存储海量数据的数据库。数据库系统体系结构从架构的层面对数据库系统的软件及数据库进行分析，梳理其内部的层次和相互之间的联系，从而为人们深入理解和应用数据库技术提供帮助。数据库系统体系结构可以从两种不同的角度来理解：一是从 DBMS 的角度看数据库内部的模式结构如何组织，二是从终端用户的角度看数据库系统的软件架构如何组织。

内容提要：本章首先回顾了关系数据模型的相关概念和技术，然后介绍了数据库系统体系结构和结构化查询语言 SQL，最后总结了关系数据库设计的相关概念和方法。

2.1 关系数据模型

关系数据模型（也可以简称为关系模型）涉及许多概念和技术，为了全面地掌握关系数据模型，应从数据模型的定义及三要素（数据结构、数据操作、数据约束）来理解关系数据模型。

2.1.1 关系数据模型的定义

数据模型是描述现实世界实体、实体间联系和约束的模型。可以参照数据模型的定义，给出关系数据模型的定义。

定义 2.1（关系数据模型）：关系数据模型（relational data model）是以规范化的二维表格结构表示实体集，以外码表示实体间联系，以三类完整性表示语义约束的数据模型。

图 2-1 给出了关系数据模型概念的一个示例。在关系数据模型中，所有的实体都在一个二维表格结构中，每一个实体为表格中的一行，称为一个元组（tuple）。所有元组的集合构成了一个关系（relation）。表格的表头给出了所有元组的语义，因此它代表整个关系的模式，在关系数据模型中称为关系模式（relational schema）。表格的每一列称为一个属性（attribute），元组的每一个分量称为一个属性值。

下面给出关系数据模型涉及的一些术语的定义。

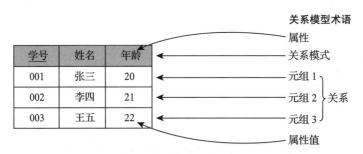

图 2-1　关系数据模型概念示例

1. 元组

二维表格的每一行称为一个元组，它是一个属性值的集合。元组的数目称为关系的基数（cardinality）。关系数据模型中的元组代表现实世界中可唯一区分的实体，知道这一点有助于理解关系数据模型的基本性质。

元组本质上是数据，是值的集合，确切地说，是一系列属性值的集合。

2. 属性

二维表格的每一列称为一个属性。属性有一个属性名及相应的域（domain）。域是一组具有相同数据类型的值的集合，它表示属性取值的范围。属性的数目称为关系模式的度（degree）。

3. 关系

在关系数据模型中，关系是元组的集合。因此，关系代表一个实体的集合。与元组一样，关系表达的也是数据的概念，是一个值的集合。

从形式上看，关系是二维表格中除了表头部分的数据行集合。关系是关系数据模型中表示和组织数据的唯一形式。这一结构与网状数据模型的网络结构、层次数据模型的层次结构，以及面向对象数据模型的对象结构相比要简单得多。需要说明的是，虽然面向对象数据模型中的基本数据结构——对象，与关系数据模型中的元组类似，但对象之间存在继承、聚合、引用等复杂联系，因此要比关系复杂许多。

4. 关系模式

我们知道，数据和语义是不可分的，脱离了语义的数据是没有实际意义的。关系的语义通过关系模式来定义。关系模式描述了关系的逻辑结构和特征，从形式上看它对应了二维表格的表头。

关系模式在关系数据模型中有着严格的定义（我们将在 2.1.3 节中详细讨论）。在某些情况下，关系模式可以简化表示为一个属性集合，例如学生关系模式可简化表示为 Student(sno,name,age,gender)。

5. 关系数据库模式

关系数据库模式描述了整个关系数据库的逻辑结构和特征。关系数据库模式是由若干关系模式构成的一个集合，其中每一个关系模式都描述了某一类实体的逻辑结构和特征。

因此，如果要针对某个特定应用设计它的关系数据库模式，就需要将该应用涉及的所有实体的关系模式分别设计出来。所有的关系模式设计完成后，就自然而然地得到了整个关系数据库模式。本书后面的数据库设计部分就遵循了这样的思路。

6. 关系数据库

关系数据库模式的一个实例称为关系数据库。所以说，关系数据库对应的是数据的概念，是关系的集合。

7. 码

关系数据模型中存在几个码的概念。首先是超码（super key），超码是关系模式中能够唯一区分每个元组的属性集合。其次是候选码（candidate key），不含多余属性的超码称为候选码，所以候选码是唯一区分元组的最小属性集。一个关系模式中有可能存在多个候选码。例如，在一个学生关系模式中，学号和身份证号都可以唯一区分学生，因此都是候选码。包含在某个候选码中的属性称为关系模式的主属性（primary attribute），主属性之外的属性称为关系模式的非主属性（nonprime attribute）。主属性和非主属性的概念在数据库模式设计中将会用到，此处不展开讨论。最后一个概念是主码（primary key）。在实际的数据库设计中，用户选定作为元组标识的候选码称为主码，其他的候选码则称为替换码（alternate key）。替换码在实际应用中很少使用，此处只需要知道这一概念即可。如果一个关系模式只存在一个候选码，则此唯一的候选码必定是主码。主码在本章的图中以属性名下方加下划线表示。

例如，假设有学生关系模式 Student(sno,name,libraryID,age,gender)，其中 sno 是学号，libraryID 是借书证号，则 (sno,name) 和 (libraryID,age) 都是超码。当然还有许多其他超码，这里就不一一罗列了。候选码有两个，即 sno 和 libraryID，这两个属性都可以唯一地标识一个元组，并且不含多余属性。如果用户选择 sno 作为该关系模式的主码，则 libraryID 是替换码；如果选择 libraryID 作为主码，则 sno 是替换码。

2.1.2　关系的基本性质

关系数据模型以二维表格形式为基本数据结构表示现实世界中的实体，但关系并非普通的二维表格，它必须满足一定的规范，因此我们称关系是规范化的二维表格。在关系数据模型中，二维表格的这些规范表现为关系的下列基本性质。

1. 属性值不可分解

这是指每个属性值都是单一的值，不能是一个值集。通俗地讲，就是不允许关系表中有表。如果允许关系的属性值是一个值集，则会出现所谓的更新二义性问题。

2. 元组不可重复

这是指任一关系中都不允许存在重复的元组。这也意味着任何一个关系模式必定存在至少一个超码（或候选码）。在极端情况下，关系模式的整个属性集肯定可以唯一地标识元组，因此是关系模式的超码。

为什么关系数据模型要求元组不可重复？这是因为关系数据模型的基本思路是用元组来表示现实世界中的实体。而现实世界中的实体都是可唯一区分的，因此，关系数据模型才有如此规定。这是它的建模基础。

3. 关系没有行序

这是指任何关系的元组之间没有顺序，因此颠倒某一关系中的元组顺序并不会产生一个新的关系——两者之间是等价的。

关系没有行序这一性质的根源在于关系是元组的集合。也就是说，关系数据模型是以集合论为基础来表示关系的。我们知道，集合中的元素是没有顺序的，因此，关系作为元组的集合其元素当然也是没有顺序要求的。

4. 关系没有列序

这是指任一关系的属性列之间没有顺序，因此可以任意变动一个关系的列序而不会对该关系有任何改变。

关系没有列序的根源仍在于关系数据模型基于集合论这一事实。由于一个元组是属性值的一个集合，因此属性值之间的顺序可以随意变换而不会改变集合的值。

2.1.3 关系模式

关系模式描述了关系的逻辑结构和特征。如前所述，关系模式对应着二维表格的表头，它给出了关系中每一个元组及属性值的语义。在关系数据模型中，关系模式有着严格的形式化定义。它也是关系数据库模式设计的理论基础。

定义 2.2（关系模式）：关系模式可以形式化定义为一个四元组 R(U,D,dom,F)。其中，R 为关系模式名；U 是一个属性集；D 是 U 中属性的值所来自的域；dom 是属性向域的映射集合；F 是属性间的数据依赖关系。

例如，一个学生关系模式可以形式化定义为 Student(U,D,dom,F)，其中，

```
U={sno,name,age}
D={CHAR,INT}
dom={dom(sno)=dom(name)=CHAR, dom(age)=INT}
F={sno→name,sno→age}
```

在这个例子中，Student 关系模式的数据依赖集表示为 F，它包含了两个函数依赖（函数依赖的概念会在后面介绍），反映了 Student 的三个属性之间的数据依赖关系。关系模式的形式化定义使我们可以很好地描述关系的逻辑结构特征。一般情况下，如果不需要对关系模式的数据依赖进行处理，则可以将关系模式简写为 R(U)，或者 R(A1,A2,…,An)，其中 U 是属性集，U={A1,A2,…,An}。例如，Student 关系模式可以简写为 Student (sno,name,age)。

2.1.4　关系数据模型的形式化定义

关系数据模型的概念及特点可以通过数据模型的三要素来掌握，三要素即数据结构、数据操作和数据约束。因此，本小节从数据结构、数据操作和数据约束三个方面给出关系数据模型的形式化定义。

1. 数据结构

关系数据模型只有唯一的一种数据结构，即关系。关系数据库中的全部数据及数据间联系都以关系来表示。

2. 数据操作

关系数据模型中，所有数据（即关系）通过关系运算来操作。关系运算有两种类型：关系代数和关系演算。关系代数是以集合操作为基础的，而关系演算是以谓词演算为基础的。关系演算又有两种类型：元组关系演算和域关系演算。元组关系演算以元组为变量，而域关系演算是以属性为变量。目前已经证明，元组关系演算和域关系演算是等价的，而关系代数与关系演算也是等价的。

关系代数是关系数据模型数据操作的主要实现方式。在关系数据模型中，所有数据都表示为关系，而关系代数则是实现对关系的增、删、改、查等操作的一个操作集合。关系代数通过关系代数表达式来表达用户对关系的操作需求。关系代数在关系上是封闭的，即任何关系代数操作在关系上的运算结果仍然是关系。关系代数的封闭性保证了关系代数操作的可嵌套性。在关系数据模型中，正是由于关系代数的可嵌套性，导致在用关系代数表达用户的操作需求时可能比较困难，关系代数操作层层嵌套，使得关系代数表达式异常复杂。

在早期的关系数据模型中，Edgar F. Codd 定义了 4 种集合操作及 4 种专门的关系代数操作，本书将这 8 种操作称为原始的关系代数。与此相对的是附加的关系代数，它们是研究者们针对原始关系代数的不足而提出的扩展。无论是原始的关系代数还是附加的关系代数，目前在商用 DBMS 上，除了少数一些操作外基本都是支持的。因此，本书将对原始关系代数和附加关系代数都进行详细的讨论。

图 2-2 给出了关系代数的基本组成。从图中可以看出，原始关系代数包括了 4 个传统的集合操作——并、交、差、笛卡儿积，以及 4 个专门的关系代数操作——选择、投影、连接、除；附加关系代数包括了 6 种操作，即重命名、广义投影、聚集、分组、排序和赋值。需要指出的是，附加关系代数操作是人们后来补充的，并不只有这 6 种操作。

3. 数据约束

在关系数据模型中，数据约束通过三类完整性约束来表达，即实体完整性、参照完整性和用户自定义完整性，它们可以很好地表示在关系数据模型中实体和实体间联系表达时应遵循的语义约束。

定义 2.3（实体完整性）：实体完整性（entity integrity）是指关系模式 R 的任一关系的主属性值不可为空。

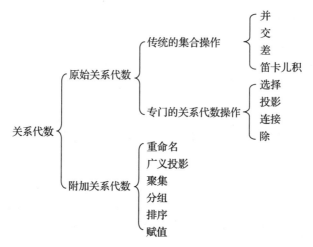

图 2-2   关系代数的基本组成

注意：实体完整性要求关系模式的任一实例的所有主属性均不可取空值，而不仅是主码不为空。

建立数据库的目的就是想将现实世界中的真实情况存储到计算机系统中。如果存储在数据库中的数据与现实世界的真实情况矛盾，就会大大降低数据库的可用性，因为对用户来说这些数据都是虚假的数据。实体完整性为数据库系统提供了保证实体可标识性的一种有效手段。目前商用的 DBMS 都支持实体完整性的定义和实现。

参照完整性定义在两个关系模式之上。要理解参照完整性，首先需要了解外码的概念。回顾一下关系数据模型的定义，它是以外码来表示实体间联系的。

定义 2.4（外码）：关系模式 R 的外码（foreign key）是它的一个属性集 FK，满足：

1）存在带有候选码 CK 的关系模式 S，且

2）R 的任一非空 FK 值在 S 的 CK 中都有一个相同的值。

我们把 S 称为被参照关系（referenced relation），R 称为参照关系（referential relation）。

定义 2.5（参照完整性）：关系模式 R 的参照完整性（referential integrity）是指 R 的任意一个外码值必须等于被参照关系 S 中所参照的候选码的某个值，或者为空。

参照完整性完全是由关系模式的外码来定义的。参照完整性要求关系模式的外码要么为空（前提是外码不是主属性，因为要满足实体完整性），要么等于被参照关系中所参照的某个属性值。

实体完整性和参照完整性给出了针对主码和外码的语义约束，但实际应用还常要求对一些非码属性添加完整性约束条件。因此，在关系数据模型中，引入了第三类完整性约束——用户自定义完整性，用来表达根据应用环境要求而设定的语义约束。

定义 2.6（用户自定义完整性）：用户自定义完整性（user-defined integrity）是指关系模式针对某一具体数据的要求而制定的约束条件，反映某一具体应用所涉及的数据必须满足的特殊语义。

用户自定义完整性通常以不等式、等式等给出，并且可以通过逻辑操作符连接多个谓词条件。例如，对于选课关系中的"成绩"，某一应用环境可能要求"成绩"取值在 [0,100] 之间，在关系数据模型中可以使用"成绩 >=0 AND 成绩 <=100"这样的表达式来定义完整性约束；而在另一应用中，"成绩"可能采用 5 分制，因此要求"成绩"取值只能是 {1,2,3,4,5}，这时可以使用"成绩 IN {1,2,3,4,5}"这样的表达式来定义完整性约束。

2.1.5 关系代数表达式

关系代数是关系数据模型中数据操作的实现方式。关系代数只是给出了一个操作集合，在实际回复用户的查询时，关系数据模型是通过所谓的关系代数表达式来实现的。也就是说，在关系数据模型中所有的用户查询或者其他操作最终都是通过关系代数表达式来完成的。

定义 2.7（关系代数表达式）：

1）关系代数中的基本表达式是关系代数表达式，基本表达式由如下之一构成：

❑ 数据库中的一个关系；

❑ 一个常量关系。

2）设 E1 和 E2 是关系代数表达式，则下面的都是关系代数表达式：

❑ $E1 \cup E2$、$E1-E2$、$E1 \times E2$；

❑ $\sigma_P(E1)$，其中 P 是 E1 中属性上的谓词；

❑ $\pi_S(E1)$，其中 S 是 E1 中某些属性的列表。

在关系数据模型中，用户的所有数据操作请求最终都是通过关系代数表达式来表示的。下面分别给出了数据的查询、插入、删除和修改操作的关系代数表达式的例子。

1. 数据的查询

【例 2-1】设数据库中有下面的关系模式：

供应商关系模式为 S(Sno,Sname,City,Status)，其中各个属性分别表示供应商的供应商号、名称、所在城市、状态。

零件关系模式为 P(Pno,Pname,Color,Weight)，其中各个属性分别表示零件号、名称、颜色、重量。

供应关系模式为 SP(Sno,Pno,QTY)，其中 Sno 是外码并且参照 S.Sno，Pno 也是外码并且参照 P.Pno，QTY 为供应量。

下面是一些只涉及单个关系模式的简单查询的例子。

（1）求城市 London 中的供应商的全部信息

相应的关系代数表达式为 $\sigma_{City='London'}(S)$。

（2）求城市 London 中的供应商的供应商号、名称和状态

相应的关系代数表达式为 $\pi_{Sno, Sname, Status}(\sigma_{City='London'}(S))$。

（3）求红色并且重量为 15 的零件号和零件名

相应的关系代数表达式为 $\pi_{Pno, Pname}(\sigma_{Color='Red' \wedge Weight=15}(P))$。

（4）求提供零件 P2 的供应商名称

相应的关系代数表达式为 $\pi_{Sname}(\sigma_{Pno='P2'}(S \bowtie SP))$

（5）求提供红色零件的供应商名称

相应的关系代数表达式为 $\pi_{Sname}(\sigma_{Color='Red'}(S \bowtie SP \bowtie P))$

2. 数据的插入

数据的插入操作通过赋值和并操作来表达，即

$$R \leftarrow R \cup E$$

其中 R 是关系；E 是关系代数表达式。如果 E 是常量关系，则可以插入单个元组。

【例 2-2】设有关系模式 S1 和 S2 分别表示本科生数据和研究生数据，并且具有相同的模式，则把 S1 中满足条件 P 的本科生插入 S2 中可表示为

$$S2 \leftarrow S2 \cup \sigma_P(S1)$$

【例 2-3】设学生关系模式为 S(Sno,Sname,Age)，则在 S 中插入一名新的学生可表示为

$$S \leftarrow S \cup \{('001', 'Rose', 19)\}$$

3. 数据的删除

数据的删除操作通过赋值和差操作来表达，即

$$R \leftarrow R - E$$

其中 R 是关系；E 是关系代数表达式。

【例 2-4】设学生关系模式为 S(Sno,Sname,Age)，则在 S 中删除姓名为 Rose 的学生可表示为

$$S \leftarrow S - \sigma_{Sname='Rose'}(S)$$

4. 数据的修改

数据的修改操作通过赋值和扩展投影来实现，即

$$R \leftarrow \pi_{F1,F2,\cdots,Fn}(R)$$

其中 F_i 的定义为：当第 i 个属性没有被修改时是 R 的第 i 个属性；当被修改时是第 i 个属性和一个常量的表达式。如果只想修改 R 中满足条件 P 的部分元组，可以用下面的表达式：

$$R \leftarrow \pi_{F1,F2,\cdots,Fn}(\sigma_P(R)) \cup (R - \sigma_P(R))$$

【例 2-5】设学生关系模式为 S(Sno,Sname,Gender,Age)，则在每名学生的学号前加上字母 S 可表示为

$$S \leftarrow \pi_{'S' \| Sno, Sname\ Gender, Age}(S)$$

在所有男学生的学号前加上字母 M 可表示为

$$S \leftarrow \pi_{'M' \| Sno, Sname\ Gender, Age}(\sigma_{Gender='Male'}(S)) \cup (S - \sigma_{Gender='Male'}(S))$$

2.2 数据库体系结构

数据库体系结构关注数据库的模式结构。目前广泛采用的数据库体系结构称为"ANSI/SPARC 体系结构"。

ANSI/SPARC 体系结构是在 1975 年由美国国家标准协会的计算机与信息处理委员会中的标准计划与需求委员会提出的数据库模式结构。ANSI/SPARC 体系结构定义了标准的数据库模式结构。它不仅可以用来解释已有的商用 DBMS 的数据库模式结构，也可以作为研发新型 DBMS 时的数据库模式组织标准。目前，Oracle、MySQL、Microsoft SQL Server 等商用 DBMS 都遵循和支持 ANSI/SPARC 体系结构。

在详细讨论 ANSI/SPARC 体系结构之前，有必要先说明一下数据库模式和数据库实例的概念。数据库模式是数据库中全体数据的逻辑结构和特征的描述，它仅涉及类型的描述，不涉及具体的值。与数据库模式相对的另一个概念是数据库实例（database instance）。数据库实例是数据库模式的一个具体值。在数据库系统中，数据库模式反映了数据的结构及联系，而数据库实例反映的是某一时刻数据库的状态。一个数据库模式可以对应多个数据库实例（例如不同时刻的数据库状态就对应了一系列的数据库实例）。此外，数据库模式一旦设计完成后相对稳定，一般修改较少，而数据库实例通常是频繁变化的。

图 2-3 给出了数据库模式和数据库实例的一个示例。图左部分是一个教学信息管理系统中的数据库模式，而右部分则显示了不同时刻的数据库实例。需要注意的是，在实际的 DBMS 中，数据库模式的描述比图示要复杂得多，数据库实例所包含的数据也要多得多。这里只是一个例子而已，为了使大家可以明白数据库模式与数据库实例之间的区别。

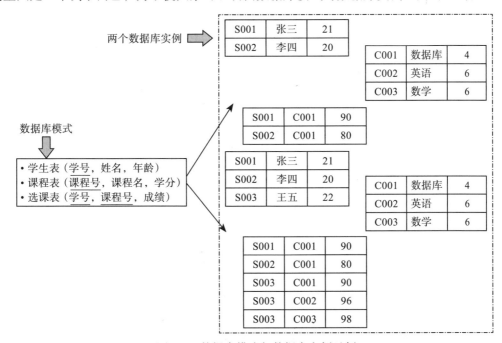

图 2-3 数据库模式与数据库实例示例

ANSI/SPARC 体系结构可以用一句话概括——三级模式结构 + 两级映像。三级模式结构是指数据库模式由外模式（external schema）、内模式（internal schema）和概念模式（conceptual schema）来描述；两级映像是指外模式—模式映像和模式—内模式映像，它们定义了三级模式结构之间的相互关联。图 2-4 所示为 ANSI/SPARC 体系结构。

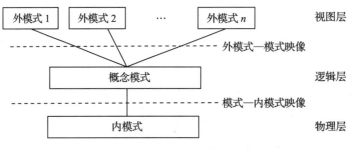

图 2-4　ANSI/SPARC 体系结构

1. 概念模式

概念模式定义了逻辑层（logical level）的模式结构，它表示了整个数据库的逻辑结构。例如数据记录由哪些数据项构成，数据项的名字、类型、取值范围，数据之间的联系，数据的完整性等。概念模式不涉及数据物理存储的细节和硬件环境。一个数据库只有一个概念模式。概念模式的实例称为概念视图（conceptual view），它实际上就是特定时刻的整个数据库，是数据和值的集合。在 ANSI/SPARC 体系结构中，概念模式通过模式 DDL（data definition language）进行定义。DDL 是数据库语言的一类，它的主要功能是操纵数据库模式。在后面介绍 SQL 语言时将会对其进行详细介绍。另外，通常如果不特别说明，"模式"这一名词往往代表的是概念模式的含义。因此，在许多时候可以直接用"模式"来指代"概念模式"。

2. 外模式

外模式也称为用户模式（user schema）或子模式（sub schema），它定义了视图层（view level）的模式结构。它建立在概念模式之上，代表了单个用户所见到的局部数据库数据的逻辑结构。由于数据库系统中一般存在多个用户，而不同用户对数据库的存取需求是不同的，因此每一个用户都应当有自己对应的外模式，也就是说，一个概念模式之上可以定义多个外模式。注意：这里的用户实际对应着数据库应用程序，因为在实际中是由数据库应用程序来负责存取数据库中的数据的。在数据库系统中，外模式定义了用户与数据库系统之间的数据接口，对于用户来说，他们所看到的数据库是由外模式定义的。外模式的引入使得同一个数据库可以对不同用户呈现不同的视图。举个例子，在一个图书馆数据库中，借书者眼里的数据库内容与图书馆工作人员眼里的数据库内容可能完全不同——借书者眼里的图书只有图书名、作者、出版社、ISBN 等内容，而图书馆工作人员眼里的图书则还可能包含库存数、购买价格、购买单位等信息。外模式的实例称为外部视图（external view）。在 ANSI/SPARC 体系结构中，外模式通过外模式 DDL 进行定义。

3. 内模式

内模式定义了物理层 (physical level) 的模式结构，它描述了数据库物理存储结构和存储方式。例如，数据库记录的存储方式是顺序存储、按 B 树组织还是哈希存储，索引是按什么方式组织的，数据是否加密，是否压缩存储，等等。注意：内模式所定义的数据库存储结构是一种基于磁盘块的存储结构，也就是说，它是以磁盘块为基本单位来描述数据库存储结构的。例如前面提到的 B 树、哈希等指的都是磁盘块的组织方法。但是，内模式不涉及磁盘块的大小，也不考虑具体的磁盘物理参数（例如柱面数等）。因此，内模式与底层真正的存储硬件实际上是独立的。由于 DBMS 通常都是建立在操作系统之上的，因此这些与具体硬件打交道的工作实际上是由底层的操作系统负责的。与概念模式类似，一个数据库也只有一个内模式。内模式的实例称为内部视图 (internal view)。在 ANSI/SPARC 体系结构中，内模式通过内模式 DDL 进行定义。

图 2-5 给出了一个教学信息管理系统的三级模式结构的例子。假设在该系统中存在三类用户：学生、选课管理人员、课程评价管理人员。学生只能看到课程信息和自己的选课数据，选课管理人员可以看到所有的课程信息和所有学生的选课数据，而课程评价管理人员则可以看到全部的课程信息和课程评价数据。这三类用户分别定义了三个外模式。

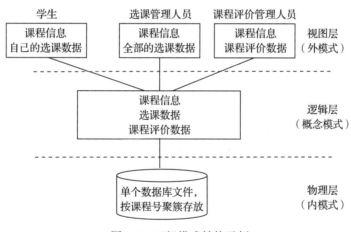

图 2-5 三级模式结构示例

4. 三级模式之间的映像关系

ANSI/SPARC 体系结构中的"两级映像"是指三级模式结构之间的"外模式—模式"映像与"模式—内模式"映像。这两级映象实现了三级模式结构间的联系和转换，使用户可以逻辑地处理数据，不必关心数据的底层表示方式和存储方式。

"外模式—模式"映像定义了外模式与概念模式之间的联系。我们知道外模式是建立在概念模式之上的，那么究竟如何建立？就是通过"外模式—模式"映像来建立的。"外模式—模式"映像的引入使得用户可以使用不同于概念模式中的属性名称来定义外模式，也可以使用一些属性运算从概念模式中得到外模式的属性。但"外模式—模式"映像最重要的价值在于它可以实现数据库的逻辑数据独立性，即概念模式发生改变时，只要修改"外模式—模式"映像，可保持外模式不变，从而保持用户应用程序不变，保证了数据库数据与应用程序的逻辑独立性。

"模式—内模式"映像定义了概念模式与内模式之间的联系。这一级映像的主要作用是保证数据库的物理数据的独立性，即当数据库的内部存储结构发生改变时，只要修改"模式—内模式"映像，可保持概念模式不变，从而保持外模式及用户程序不变，保证数据库与应用程序之间的物理独立性。

举个例子，假设有概念模式 Employee(Eno,Dno,Name,Salary)，下面的语句定义了外模式 EMP(Emp,Dept,Name)，同时也定义了"外模式—模式"映像。（这里使用的是 SQL 语句，具体细节将在后面讨论。）

```
Create View EMP(Emp,Dept,Name)
As
Select Eno as Emp,Dno as Dept,Name
From Employee
```

如果概念模式发生了变化，比如说属性 Eno 修改成了 Emp。新的概念模式为 Employee(Emp,Dno,Name,Salary)。此时，可以执行下面的操作修改"外模式—模式"映像：

```
Drop View EMP;
Create View EMP(Emp,Dept,Name)
As
Select Emp,Dno as Dept,Name
From Employee
```

上述操作的过程是先用 Drop View 语句删除原先定义的外模式（即 SQL 语言中的 View），然后再重新创建一个新的外模式。

执行完这一操作后，应用程序眼里的外模式仍然是 EMP(Emp,Dept,Name)，没有任何变化，因此原先的源程序也不需要做任何修改。这就是所谓的数据库的逻辑数据独立性。物理数据独立性的思想与此类似。

2.3 结构化查询语言

数据库查询语言（简称为数据库语言）是数据库管理系统与用户之间的唯一交互接口。也就是说，用户对数据库的所有操作最终都通过数据库查询语言来实现。由于目前关系数据库技术最为流行，因此本节主要介绍关系数据库查询语言。关系数据库查询语言经过了几十年的发展，现在已经标准化，称为结构化查询语言（structured query language，SQL），并得到了 IBM、Oracle、Microsoft 等主流数据库厂商的支持。SQL 的基本功能包括对数据库模式的操作（数据定义）、对数据库的操作（数据操纵）、对数据库访问控制信息的操作（数据控制），以及对程序开发语言的支持（嵌入式 SQL）等。随着程序开发技术的不断进步，嵌入式 SQL 技术已经很少有人使用了，因此本节将重点讨论 SQL 的数据定义、数据操纵及数据控制功能。

SQL[注]是一种结构化的关系数据库查询语言。所谓结构化，是指 SQL 在书写时需要遵循一定的结构。关系数据库管理系统作为关系数据模型的物理实现，其数据库查询语言的实现也主要依据关系运算的定义。因此可以说，SQL 是关系运算的特定实现。但是，SQL 并非关系运算的唯一实现方式，理论上也可以设计别的查询语言。SQL 之所以著名，主要是因为它已经成为 ANSI 和 ISO 建议的关系数据库标准语言。

1. SQL 的发展历史

SQL 语言最早是 IBM 公司提出的。如前所述，关系数据模型是由 IBM 的 Edgar F. Codd 在 1970 年提出的。在关系模型提出之后，Edgar F. Codd 与他的同事于 1972 年开始研究关系数据模型的系统实现问题，即设计和实现一个基于关系数据模型的 DBMS。他们将这一 DBMS 命名为 "System R"，其中字母 R 是单词 Relational 的首字母，表示这是一个关系数据库系统。System R 一开始配置的数据库语言称为 SQUARE（specifying queries as relational expressions）。就像 SQUARE 的英文含义一样，SQUARE 是通过关系代数表达式来表示查询的，因此使用了大量的数学符号。1974 年，IBM 的 Ray Boyce 和 Don Chamberlin 改进了 SQUARE 语言。他们去掉了 SQUARE 语言中大量的数学符号，改用英语单词和结构式语法来表达查询。改进后的语言一开始被命名为 SEQUEL（Structured English QUEry Language，结构化英文查询语言），后来简称为 SQL，并一直沿用至今。

SQL 提出之后，因其语法简洁、表达能力强大而得到了主流数据库厂商的支持。从 20 世纪 70 年代末开始，Oracle、IBM、Sybase、Microsoft 等纷纷采用 SQL 语言作为他们推出的 DBMS 的查询语言。到了 1986 年，SQL 成为美国国家标准委员会（ANSI）的标准，次年成为 ISO 标准。人们习惯将第一版的 SQL 标准称为 "SQL86"。在 1989 年时，SQL 标准进行了扩展，加入了引用完整性特征。修改后的 SQL 标准被称为 "SQL89"。但由于这一版本与 SQL86 相比改动不是很大，因此 SQL89 标准在数据库历史上影响较小。1992 年，颁布了第二版的 SQL 标准——"SQL92"。SQL92 对 SQL89 做了较大的修改，最主要的修改是加入了对事务和隔离性的规定。SQL92 标准是 SQL 发展历史上影响最大的一个版本，目前的关系 DBMS 在实现时一般都以这一版本为标准。1999 年，ISO 颁布了新的 SQL 标准——"SQL1999"（也称为 "SQL3"）。以往的 SQL 标准都是一个文档，但 SQL3 分成了 SQL/Framework、SQL/Foundation、SQL/CLI、SQL/PSM 和 SQL/Bingdings 五个部分。这是因为在 20 世纪末出现了许多新的技术和应用，如面向对象技术、Web 数据管理等，因此在新的 SQL3 标准中对于不同的技术和应用定义了单独的文档。SQL3 最主要的扩展是加入了对面向对象数据库技术的支持，为研制对象关系 DBMS 提供了数据库语言的实现参考。

SQL 是一种声明性语言（declarative language）。它与 C 语言、PASCAL 等过程化语言（procedural language）有着较大的区别。我们知道，像 C 语言这种过程化语言在书写时不仅要求给出程序的需求（例如输入/输出参数、长度等），而且要求给出详细的算法（例如用

[注] SQL 一般发音为 /'si: kw (ə) l/，很少发音成 Ess-cue-ell，不能发音成 circle /'s3:k (ə) l/。

循环结构还是分支结构来完成处理）。而声明性语言则只要求用户给出操作的需求，即需要什么，而不需要给出如何操作的算法细节。由于 SQL 是声明性语言，因此用户在书写 SQL 语句时只要关注自己的需求即可，不用去关心 DBMS 底层应该采取什么样的执行算法。所以，SQL 虽然也是一种语言，但 SQL 语句的书写比程序设计要简单一些。但由于 SQL 本身表达能力很强，而应用的数据查询需求又千变万化，因此要想熟练掌握 SQL 还需要大量的学习和训练。

2. SQL 的组成

图 2-6 给出了 SQL 的基本组成。需要说明的是，图中只是给出了 SQL 的主要组成语句，全部的 SQL 语句可参考完整的 SQL92 标准文档。此外，虽然 SQL 有国际标准，但是不同的 DBMS 在具体实现 SQL 时仍存在着一些差别，例如数据类型、语句、语法格式等方面，本书后面在讨论 SQL 及过程化 SQL 时以 Microsoft SQL Server 为例。DB2 和 Oracle 中的 SQL 在表达能力上与 Microsoft SQL Server 没什么差别，只是在一些细小的地方有一些不同。例如，变长字符串类型在 SQL Server 中表示为" Varchar"，而在 Oracle 中则表示为" Varchar2"。但这些并不会影响我们对 SQL，以及本书其他内容的讨论和理解，因为所有这些关系 DBMS 的本质都是一样的，即都是基于关系数据模型的。

图 2-6 SQL 的基本组成

从图 2-6 可以看出，SQL 包含了对数据库模式的操作（DDL）、对数据库的操作（DML）、对访问控制信息的操作（DCL），以及嵌入式 SQL 的使用规定。随着面向对象开发技术的发展，嵌入式 SQL 目前已经很少使用了，因此本书对此不做展开讨论。DDL 语句包括了对数据库概念模式、外模式和内模式的操作。ANSI/SPARC 体系结构指出数据库的三级模式结构是通过模式 DDL、外模式 DDL 和内模式 DDL 来定义的。概念模式在 SQL 数据库（支持 SQL 的关系数据库系统）中表现为基本表的集合，外模式表现为视图，而涉及数据库物理结构的内模式在 SQL 中则主要通过索引结构来反映。从图中可以看到，模式 DDL 对应着基本表操作语句，如 Create Table、Alter Table 等；外模式 DDL 对应着视图操作语句，如 Create View 和 Drop View 语句等；而索引操作则可以看成内模式 DDL。这一分类有助于我们更好地理解 ANSI/SPARC 体系结构及 SQL 的体系。

3. SQL 查询示例

图 2-7 给出了三个表：学生表（Student）、选课表（SC）和课程表（Course）。下面以这三个表为例讲解 SQL 查询。

Student(Sno, Sname, Age, Gender)

Sno	Sname	Age	Gender
s1	Rose	18	F
s2	John	19	F
s3	Mary	20	M
s4	Mike	20	M

SC(Sno, Cno, Score)

Sno	Cno	Score
s1	c1	80
s2	c2	85
s3	c2	90
s4	c3	90

Course(Cno, Cname, Credit)

Cno	Cname	Credit
c1	DB	3
c2	MATH	3
c3	C	3
c4	AI	2

图 2-7 Student 表、SC 表和 Course 表

【例 2-6】查询学生的学号、姓名和所选课程号。相应的 SQL 语句为

```
Select Student.Sno, Sname, SC.Cno From Student, SC Where Student.Sno = SC.Sno
```

该查询返回的学号和姓名来自 Student 表，但学生选课的信息来自 SC 表，所以此查询须涉及 Student 表和 SC 表，是一个连接查询。在查询中涉及多个表时一般都是自然连接查询的语义，这是因为自然连接在实际应用中最为普遍。与关系代数中的自然连接操作不同，SQL 中的连接查询要求将连接条件显式地书写在 Where 子句中。以上述例子为例，根据自然连接的语义——连接表的所有公共字段上执行等值比较操作，连接条件为 "Student.Sno = SC.Sno"。

【例 2-7】查询学生 Rose 所选的课程号和课程名。相应的 SQL 语句为

```
Select B.Cno, C.Cname From Student A, SC B, Course C
Where A.Sno=B.Sno and B.Cno=C.Cno and A.Sname='Rose'
```

此查询涉及三个表，这是因为学生姓名信息出现在 Student 表中，学生的选课信息来自 SC 表，而课程名称信息来自 Course 表。Where 子句中的 "A.Sno=B.Sno and B.Cno=C.Cno" 为三个表的连接条件，"A.Sname='Rose'" 是选择条件。在上面的查询中使用了表别名，分别将 Student、SC 和 Course 赋予了别名 A、B 和 C。可以看到，在 From 子句中将表名后直接加上空格和别名即可对表进行重命名。表的别名可以和表名同时在 SQL 语句中使用。

【例 2-8】查询男学生的学号、姓名和所选的课程数，结果按学号升序排列。该查询对应的 SQL 语句为

```
Select A.Sno, B.Sname, Count(B.Cno) as c_count
From Student A, SC B
Where A.Sno = B.Sno and A.Gender='M'
Group By A.Sno, B.Sname
Order By Student.Sno
```

该查询需要统计课程数，所以需要用到分组聚集查询（Group By）。同时，它要求对结果排序，所以需要用 Order By 子句。另外，它要查询学生的姓名和选课信息，这两者分别来自 Student 表和 SC 表，所以还需要用连接查询。

2.4　关系数据库的设计

数据库设计过程通常与软件的开发过程是结合在一起进行的。由于目前关系数据库技术是主流，因此数据库设计基本是针对关系数据库的设计。整个数据库设计过程一般包括六个阶段：需求分析、概念设计、逻辑设计、物理设计、数据库实施、运行与维护。

图 2-8 所示为数据库设计流程。可以看到，数据库设计的输入总共有三个方面：

1）总体信息需求，包括数据库应用系统的目标、数据元素的定义、数据在组织中的使用描述等。

2）处理需求，包括每个应用需要的数据项、数据量，以及处理频率等与处理相关的需求。

3）DBMS 特征，包括 DBMS 说明、支持的模式、程序语法等。

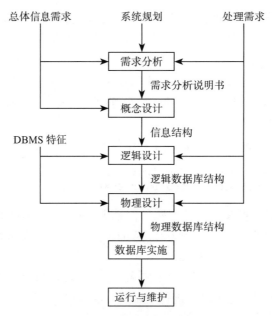

图 2-8　数据库设计流程

数据库设计的最终结果是产生一份数据库设计说明书（完整的数据库逻辑结构和物理结构、应用程序设计说明）。数据库设计说明书将作为软件详细设计和编码阶段的重要依据。

1. 需求分析

需求分析阶段完成需求信息的收集和整理，包括系统的信息需求和处理需求。在实际的数据库设计中，需求分析通常和软件工程的需求分析过程合并进行。因此，软件开发过程中形成的需求规格说明书可以作为数据库需求分析的参考。此外，由于数据库需求分析强调信息需求，而软件需求分析强调处理需求，因此数据库设计者在整个软件开发过程的需求分析过程中要积极参与，从数据库的角度与用户交互以获取确切的数据库设计和使用需求。

2. 概念设计

数据库概念设计的主要目的是建立反映组织信息需求的数据库概念结构，即概念模型。概念模型独立于数据库逻辑结构、DBMS 及计算机系统，侧重于语义表达，因此有时候也把它称作"语义模型"。概念设计侧重于数据内容的分析和抽象，以用户的观点描述应用中的实体及实体间的联系，但是它不描述任何应用系统的行为特征（即处理需求）。一般地，在软件工程中，系统的处理需求通过数据流程图等工具表达，而信息需求则由概念模型进行表达。

目前，数据库概念设计阶段流行的方法是 ER 方法，或称"实体—联系"方法。ER 方法通过建立反映系统信息需求的一组 ER 图（ER diagram）来表达现实应用中的实体及实体之间的联系。

ER 模型是 1976 年由美国路易斯安那州立大学（Louisiana State University）的华人教授 Peter P. Chen（陈品山）提出的。其论文" The Entity-Relationship Model——Toward a Unified View of Data"发表在 *ACM Transaction on Database Systems*（数据库领域顶级的期刊之一）上，是目前数据库乃至整个计算机科学技术领域中引用率较高的论文之一。ER 模型开辟了数据库概念建模这一新的研究方向，并引起了国际数据库界的广泛关注。数据库领域还专门创立了关于概念建模的国际会议（International Conference on Conceptual Modeling，简称 ER 会议）。ER 会议现在是数据库领域非常著名的国际会议之一，具有很高的声望。

ER 模型是一个非常简单的概念模型，但它能够用简单的方法表达现实世界的信息需求。在 ER 模型中，现实世界中的所有数据都可表示为"实体"，实体之间的关联用术语"联系"来表达。因此，ER 模型的基本要素只有三个：

1）实体：现实世界的所有数据都抽象为实体。

2）联系：表示实体之间的关联。联系有不同的类型。

3）属性：实体和联系都可以包含若干描述属性，反映实体和联系的特征。

正如其名称所示，ER 模型的核心要素就是实体和联系，实体和联系都有相应的属性。ER 模型通过建立由实体、联系和属性构成的 ER 图来表示现实世界的信息需求。ER 模型的基本符号如图 2-9 所示。

图 2-9　ER 模型的基本符号

图中，实体在 ER 模型中表示为矩形框，联系表示为菱形框，而属性则用椭圆形来表示。联系的两端通过线段与实体相连，两端分别标上联系的基数。椭圆形的属性与实体或联系之间也通过线段相连。如果某个属性是实体的码，则在其属性名下方加上下划线。

图 2-10 给出了一个教学应用的 ER 模型示例。在该应用中，有三个实体：教师、学生和课程。学生和课程之间存在着 $M:N$ 的选课联系，教师和课程之间存在着 $M:N$ 的授课联系。

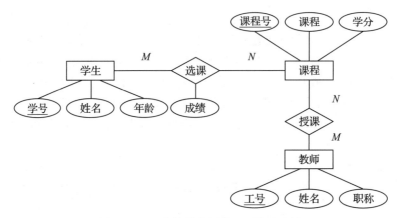

图 2-10　一个教学应用的 ER 模型示例

3. 逻辑设计

逻辑设计的主要任务是建立数据库的逻辑结构。一般地，数据库逻辑结构是指数据库概念模式结构和外模式结构（内模式涉及物理结构，在物理设计阶段进行设计）。在逻辑设计阶段，将概念模型转换为某个 DBMS 支持的数据模型（例如关系数据模型），并建立数据库模式结构。同时，还需要对建立的数据库模式进行优化（例如规范化），最终产生一个优化的数据库逻辑结构。

逻辑设计阶段的设计过程如图 2-11 所示，主要包括以下几个方面的任务。

（1）ER 模型转换成关系数据库模式

逻辑设计阶段的第一个工作就是将概念模型转换为初始的关系数据库模式。这一步在整个数据库设计过程中非常关键，因为它完成了从"面向用户的设计"到"面向实现的设计"之间的转换和衔接。

（2）关系数据库模式的规范化

这一步主要完成初始关系数据库模式的优化。第一步得到的初始关系数据库模式有可能范式级别较低，因此容易出现模式设计问题并影响系统的功能和性能。规范化过程就是将初始的关系数据库模式优化到高级别范式的过程。当然，这一步首先需要确定初始关系数据库模式的范式，也需要确定数据库系统最终想要达到的范式，然后再进行模式分解过程。在实际的数据库设计中，在这一步一般以 3NF 为目标范式进行设计。

（3）模式评价

这一步对上一步规范化后的关系数据库模式进行评价。评价的主要指标包括功能和性能指标。其中的性能指标是评价的重点，这是因为规范化过程本身就是模式分解的过程，模式分解后系统中的连接查询就会增多。如果这些连接查询在整个系统中非常频繁，很显然会影响平均性能。

（4）模式修正

如果模式评价的结果是现有的关系数据库模式不满足要求，则需要进行模式修正。模式修正包括功能性修正和性能修正。最终要产生一个优化的全局关系数据库模式。

（5）外模式设计

在完成全局关系数据库模式设计之后，得到整个数据库的概念模式。逻辑设计阶段还要完成外模式设计的任务。外模式需要根据前端应用的需求进行设计。

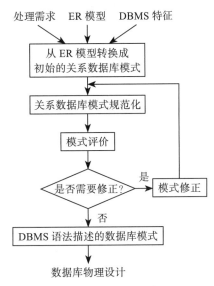

图 2-11　数据库逻辑设计的过程

4.物理设计

在完成数据库逻辑设计后，需要将数据库逻辑结构映射成物理结构。数据库的物理结构是指数据库在物理设备上的存储结构与存取方法。数据库物理设计依赖于给定的 DBMS，因此设计人员必须充分了解所用 DBMS 的内部特征、存储结构和存取方法。

数据库的物理设计步骤通常包括以下内容。

（1）确定数据的存储结构

确定数据库存储结构时要综合考虑存取时间、存储空间利用率和维护代价三方面的因素。这三个方面常常是相互矛盾的，例如消除一切冗余数据虽然能够节约存储空间，但往往会导致检索代价的增加，因此必须进行权衡，选择一个折中方案。

（2）设计数据的存取方法

在关系数据库中，选择存取方法主要是指确定如何建立索引。例如，主索引应该建在什么属性上？辅助索引应该建在哪些属性上？选择什么类型的索引？不同 DBMS 所支持的索引一般有所不同，例如 Oracle 支持位图索引但不支持哈希索引，Microsoft SQL Server 不支持位图索引但支持 B+ 树索引，所以存取方法设计要根据 DBMS 的特性进行。

（3）确定数据的存储位置

为了提高系统性能，数据应该根据应用情况将易变部分与稳定部分、经常存取部分和存取频率较低部分分开存放。此外，表和索引可考虑放在不同的磁盘上，这样查询时可以并行读取。日志文件和备份文件由于数据量大，而且只有恢复时使用，可放到廉价存储设备上。

（4）确定系统配置

DBMS 产品一般都提供了一些存储分配参数，供设计人员和 DBA 对数据库进行物理优化。初始情况下，系统都为这些变量赋予了合理的默认值（例如并发用户数、同时打开的数据库对象数、缓冲区分配参数等）。但是这些值不一定适合每一种应用环境，在进行物理设计时，需要重新对这些变量赋值以改善系统的性能。

5. 数据库实施

数据库实施的主要任务是根据逻辑设计和物理设计的结果，用 DDL 建立数据库并装入初始数据，同时编写和调试应用程序，且完成数据库的一些维护性设计（如故障恢复设计、安全性设计等）。

数据库实施与软件工程的编码阶段有点类似，因为这一阶段也需要编程，当然主要是 SQL 编程，包括用 DDL 建立基本表、视图等结构，导入或编写 SQL 脚本建立初始的数据库（许多系统都有初始的一些数据）。另一个比较重要的任务是编写存储过程和触发器。

6. 运行与维护

这个阶段通常是与数据库应用系统的试运行结合在一起的。因为数据库本身并不能构成一个应用系统，必须和前端的业务处理结合起来才能最终响应用户的需求。在试运行过程中，如果出现数据库方面的问题，则需要数据库设计者进行分析、调试与修改。

本章小结

本章主要回顾了关系数据库技术的相关知识，包括关系数据模型、数据库体系结构、SQL、关系数据库设计等。关系数据库技术涉及的概念和内容较多，本章仅简述了关系数据库技术的知识框架，详细的内容请参考相关书籍。

通过对本章的学习，读者应对关系数据库技术的整体框架有所了解，特别是关系数据模型的建模思想、主要特点及相关概念。

第 **3** 章

新型数据库技术概述

新型数据库技术是相对于传统的关系数据库技术而言的，因此在本书中将近年来新出现的非关系数据库技术统称为"新型数据库技术"。本章将简要介绍新型数据库技术出现的背景、新型数据库技术的特点和类型，以及新型数据库技术的分布式系统基础，为后续详细介绍各类新型数据库技术奠定基础。

内容提要：本章首先介绍新型数据库技术兴起的原因，然后着重介绍新型数据库技术一些共性的特点及目前出现的新型数据库类型，最后介绍新型数据库技术的分布式系统基础。

3.1 新型数据库技术兴起的原因

新型数据库技术目前没有准确的定义，一般泛指近年来新出现的与传统关系数据库技术有着明显区别的数据库技术，例如键值数据库技术、列族数据库技术、图数据库技术、云数据库技术等。也有一些人将新型数据库技术等同于 NoSQL 数据库技术，但从概念上看，新型数据库技术的范畴要大于 NoSQL，即新型数据库技术包含 NoSQL 数据库技术，NoSQL 数据库技术不等同于新型数据库技术。这是因为除了键值数据库技术、列族数据库技术、图数据库技术等典型的 NoSQL 数据库之外，还有一些新出现的数据库技术难以归入 NoSQL 数据库的概念范畴，例如时空数据库技术、云数据库技术、智能化数据库技术等。

新型数据库技术是随着计算机硬件技术、互联网应用、传感器技术等诸多技术的发展而兴起的。进入 21 世纪后，Facebook、Twitter、支付宝等互联网应用极速发展，无论是并发用户数量还是数据量都显著超过了传统关系数据库应用的场景。此外，高分辨率摄像头、各类传感器的出现也使得数据获取的频率和效率得到了极大的提高。这些都对传统数据存储和管理技术提出了新的挑战。总体而言，新型数据库技术兴起的原因大致可归纳为以下几个方面，即新型 Web 应用的发展、新型业务模式的发展、新型数据类型的发展、新型系统架构的发展、新型人工智能技术的发展，以及新型存储的发展。

3.1.1 新型 Web 应用的发展

Web 的主要技术基础是 HTTP（hypertext transfer protocol，超文本传输协议）和 HTML （hypertext markup language，超文本标记语言）。Tim Berners Lee 在日内瓦欧洲离子物理研究所开发计算机远程控制时首次提出了 Web 的概念，并在 1990 年写出了第一个网页，推出了第一个浏览器。随后他设计出了 HTTP、URL（universal resource locator，统一资源定位符）和 HTML 的规范，使互联网能够为普通大众所使用。Tim Berners Leer 也是 W3C（World Wide Web Consortium，万维网联合会）的创立者，因此被尊称为"万维网之父"。

Web 这一概念从 1990 年被提出，到目前经历了从 Web 1.0 到 Web 2.0 的发展，它们对于数据存储和管理技术的要求也存在着较大的差别。近年来还出现了 Web 3.0 的概念，但 Web 3.0 目前还处于概念阶段，因此本书不做详细讨论。

1. Web 1.0

Web 1.0 是指 Web 发展的第一阶段，大约从 1990 年开始到 2004 年左右。在这个阶段，Web 1.0 中只有少数内容创建者，而绝大多数用户是内容的消费者。个人网页很常见，主要由托管在 ISP（Internet service provider，互联网服务提供商）运行的 Web 服务器或免费网络托管服务上的静态页面组成。

在 Web 1.0 应用中，系统架构主要由 Web 服务器和 Web 浏览器构成。Web 服务器中存储了内容创建者制作完成的静态页面（HTML 网页），然后用户通过 Web 浏览器浏览网页。Web 1.0 最主要的特点是用户只能浏览（读取）Web 服务器的内容。因此，Web 上的数据只能由 Web 服务器端的内容生产者写入。传统的网站大都还是基于 Web 1.0 的应用模式，例如政府部门、企业、学校的主页。图 3-1 所示为一个典型的 Web 1.0 网站。在该网站上用户只能浏览网页。从信息流的角度来看，用户只能是 Web 信息的接收者和消费者。一个 Web 1.0 网站通常只包含了静态网页的集合。此时，Web 服务器实际上可视作是静态网页的一个容器，或者一个文件集合。用户浏览网页时，通过 HTTP 向 Web 服务器发出请求，然后 Web 服务器将 HTML 格式的网页文件传输到用户端的浏览器完成解析和显示。

在 Web 1.0 时代，Web 数据的生产只能由 Web 网站的拥有者完成，而且绝大多数政府、组织、企业的网页发布都需要进行审核，因此 Web 数据量的增长非常缓慢。此外，用户对于 Web 的使用也局限于新闻浏览。在这样的应用模式下，许多网站由于更新频率低（例如企业每天没有那么多的新闻可以在网站上展示），导致用户访问量很低，用户对于 Web 应用也没有很强的依赖性。此时，Web 服务器端基本上不需要使用数据库技术，网页数据只需要通过 Tomcat、IIS（Internet information server，互联网信息服务器，是早期微软提供的 Web 服务器软件）等 Web 服务器软件进行管理即可。

到 20 世纪 90 年代的后期，出现了动态网页技术。动态网页允许用户通过查询界面在网页上查询数据。在这种应用中，后端除了 Web 服务器之外一般还需要有数据库服务器，如图 3-2 所示。这是因为 Web 服务器本身只是一个文件的容器，无法提供动态的关键词查询功能。虽然动态网页技术增强了网站的交互性，但一般仍被归入 Web 1.0 的范畴，因为用户本身只能使用网站提供的查询页面查询数据。虽然有些动态网页允许用户写入数据（例如在基于动态网页的教务系统中，教师可以在线登记学生的考试成绩），但这种数据的产生频率和数据量与 Web 2.0 是无法相提并论的。

图 3-1　典型的 Web 1.0 网站

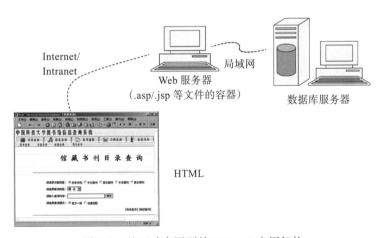

图 3-2　基于动态网页的 Web 1.0 应用架构

2. Web 2.0

Web 2.0 一词是于 2004 年在 Tim O'Reilly 和 Dale Dougherty 举办的 First Web 2.0 会议（后被称为 Web 2.0 峰会）而闻名世界的（事实上，Web 2.0 这个词是由 Darcy DiNucci 在 1999 年创造的，但直到 2004 年才为人们所了解）。Web 2.0 是指允许用户在 Web 上自行生成内容，并可以和 Web 进行互操作（而不仅是单向的读取）。Web 2.0 也称为交互式社交网络。它并没有对 HTTP、HTML 等技术规范进行修改，而是修改了网页的设计和使用方式。作为社交网络中用户生成内容的创建者，Web 2.0 允许在社交媒体对话中相互交互和协作。

Web 2.0 是 Web 1.0 的增强版本。如图 3-3 所示，Web 2.0 与 Web 1.0 相比，最主要的
区别在于，Web 2.0 允许用户读和写 Web 数据，即
与 Web 进行交互，而 Web 1.0 只允许用户读 Web
数据。虽然只是对 Web 数据的使用方式进行了修
改，但给 Web 技术带来了巨大的挑战。首先，由
于普通用户可以生成数据并发布到 Web 上，因此
极大地促进了用户参与 Web 应用的热情，同时也
导致 Web 数据量出现了指数级增长。海量的 Web
数据对后端数据的存储和管理提出了新的挑战。此
时，传统基于静态网页容器思想的 Web 服务器显
然无法满足性能要求。其次，由于社交网络用户数

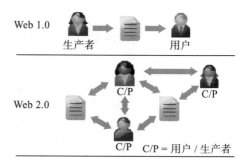

图 3-3   Web 1.0 与 Web 2.0 的区别

的激增，同一时刻生成和写入 Web 数据的并发用户数达到百万、千万甚至亿级。如此海量
的高并发写入操作给后端的数据库带来了极大的压力。传统的关系数据库技术，如 Oracle、
MySQL 等，由于采用集中式管理的思想（数据库技术的核心思想之一就是对所有数据进行
统一存储和管理），一般使用单台数据库服务器进行数据库管理。虽然在实际业务系统中可
能使用双机热备，即采用两台数据库服务器，但这种双机热备技术是为了解决数据库故障
时的可用性问题，对于高并发写请求无能为力。

Web 2.0 的主要特性可总结为以下几个方面。

1）数据可读性：Web 2.0 允许用户自由进行检索和读取。

2）数据可写性：Web 2.0 允许用户自由写入。在社交网络中，数据可写意味着用户可
以在社交网络上自由发布、评论、转发社交网络信息。数据可写特性极大地增强了 Web 2.0
的可交互性。

3）数据可用性：Web 2.0 的数据一般允许用户利用开放的 API 进行使用，例如新浪微
博、Twitter 等均提供了 API 供用户免费爬取微博数据。

4）用户数量大：Web 2.0 的用户数量通常以千万和亿计算。这主要归功于它的数据可
读性和可写性。而且，由于微博等 Web 2.0 应用对用户发布数据的要求很低，因此全社会
绝大多数的用户都能够参与到 Web 2.0 应用中。此外，智能手机的普及也是 Web 2.0 用户数
增加的一个促进因素。

5）数据影响大：Web 2.0 的海量用户群体以及可读和可写的特性使得 Web 2.0 数据很
容易被快速扩散成为热点。近年来所谓的"热搜"大多基于新浪微博、腾讯微博等 Web 2.0
平台。一个事件之所以上了"热搜"，主要借助于微博等 Web 2.0 平台在信息传播方面的巨
大优势。Web 2.0 的信息传播快速和影响力大的特点，也使得微博平台超越传统新闻门户网
站成为当前许多突发新闻事件的首发和传播平台。

具体哪些应用属于 Web 2.0 应用呢？这个问题目前没有定论。理论上只要具备上述特
性的应用都可以称为 Web 2.0 应用。目前常见的一些 Web 2.0 应用有微博、微信、播客、博
客、社交媒体、网络投票等。

Web 2.0 给数据库技术带来的挑战主要包括以下几方面。

（1）海量数据管理的挑战

Web 2.0 的数据增长非常快（例如新浪微博一分钟可以产生几万条微博）。目前，社交网络数据也是大数据的主要来源之一。海量的数据超过了传统关系数据库技术的承受能力。传统关系数据库以表为主要手段存储数据，如果将新浪微博数据存储在单个表中，很容易导致单表数据达到 TB 甚至 PB 级，表中存储的记录数达到亿甚至十亿、百亿条。传统关系数据库技术主要借助 B+-tree 等外存索引来加速查询，但 B+-tree 索引的性能是与索引的数据量直接相关的——数据量越大，索引访问的性能越差。而且，B+-tree 本身属于"读快写慢"的索引结构，处理海量的数据插入请求的性能较差。因此，传统关系数据库技术一般难以满足 Web 2.0 的海量数据管理要求。

虽然目前 MySQL 等提供了数据库集群来优化海量数据管理的性能，但是 MySQL 的集群需要预先进行分库分表，部署、管理和配置都较为复杂。分库分表需要考虑主备之间的数据库复制问题，当主库压力较大时数据库复制将带来较大的延迟，并且主备切换时还可能丢失最后一部分更新的数据，影响数据库的一致性。此外，当系统的数据量和并发访问压力增大时，分库分表的方式需要重新对数据库进行划分，包括逻辑结构和物理结构都需要重新设计，整个过程不仅复杂而且容易出错，期间涉及的原有数据迁移也很难自动化实现。

因此，目前普遍认为 Web 2.0 的数据不适合采用传统关系数据库技术进行存储和管理。

（2）灵活变化的数据格式

Web 2.0 是目前整个计算机领域中非常活跃的一个发展方向。这意味着每年都有新的 Web 2.0 应用出现，已有的 Web 2.0 应用也会出现不断迭代更新的情形。这导致 Web 2.0 应用中涉及的数据格式灵活多变。例如，早期的微信朋友圈只支持发布几十个字的文本，后来可以发布图片，再后来可以发布长文档和视频。如果采用关系数据库技术来存储微信朋友圈的数据，将不得不频繁地修改数据库模式结构。而数据库模式结构的修改会直接导致前端的应用程序代码修改，带来额外的维护成本。另一方面，传统关系数据库技术一般只支持整型、字符型、日期型等一维数据格式，而 Web 2.0 中的数据包括图片、动画、长文档、视频等，这些多维数据都是关系型数据库技术难以高效存储和管理的。

从理论上分析，灵活多变的 Web 2.0 数据格式是与传统关系数据库的设计思路背道而驰的。传统关系数据库的一个核心假设是应用中的数据库模式结构是相对稳定的，而且一个表中的所有记录的格式都是相同的。这对于教务系统、银行业务系统等传统应用而言是成立的。但在 Web 2.0 应用中，这些假设不再成立——数据的模式结构会变化，同一个表中的记录可能存在不同的格式。因此，从这个角度分析，关系数据库技术也无法适应 Web 2.0 的使用需求。

（3）高并发数据访问的挑战

Web 2.0 应用的用户数量巨大（例如 2022 年 3 月新浪微博月活跃用户数为 5.82 亿），导致同一时刻的并发数据访问数量远远超过传统应用。而且，Web 2.0 用户数还在持续增长。传统基于关系数据库技术的数据库服务器通常只能提供几万到几百万 tps（transactions per second，每秒事务数）的性能，对于 Web 2.0 的高并发数据访问难以应对。虽然目前最高性能的关系数据库服务器有可能提供满足要求的 tps，但它的服务器配置成本是一般企业无法承受的。

（4）数据库高扩展性的挑战

Web 2.0 用户数量和数据量日益增加，这要求数据库服务器具备较高的扩展能力以提供相匹配的查询性能。但是，传统的数据库服务器以集中式数据管理为主，主要依靠增加服务器的 CPU、内存等单机硬件来提供性能扩展。这种扩展一般称为"纵向扩展"。纵向扩展虽然在理论上能够提供一定的性能提升，但它存在三个问题。首先，由于主板上的 CPU 插槽、内存插槽数量都是有限的，因此纵向扩展的空间非常有限，例如大部分主板只能支持 16 条内存条，按照目前 32GB 的单条内存容量，最多也只能扩展到 512GB 内存。其次，单机硬件的升级成本很高，CPU 核数升级、内存容量升级所带来的成本增加往往是几倍甚至几十倍，对于企业而言难以负担。第三，单机硬件升级之后只能满足当前的性能需求，由于 Web 2.0 应用的访问负载具有不断增加的特点，所以纵向扩展后的服务器依然难以保证未来的数据存取性能。

因此，对于 Web 2.0 应用，通常需要数据库服务器端提供横向扩展能力，即通过增加廉价的服务器数据量来提供更高的数据访问性能。一般认为，横向扩展的扩展性要远远高于纵向扩展，因为机器数量的增长理论上是没有上限的，因此可以适应未来负载的增长。而且，横向扩展对于增加的服务器性能没有特殊的要求，因此企业可以通过增加廉价的服务器来实现横向扩展。举个例子，假设目前应用的写入速率是 30GB/s，IBM 最新的高性能存储服务器可以提供高达 30GB/s 的写入速率，但是售价高达 1000 万元人民币。如果采用配置 PCIe NVMe SSD 的服务器（写入速率为 1GB/s），假设每台 2 万元人民币，借助 50 台服务器就可以以 1/10 的价格实现希望的性能。而且，如果未来写入负载达到了 50GB/s，此时世界上已经不存在单台服务器能够提供如此高的写吞吐了，但通过横向扩展，简单地增加 50 台服务器就可以满足要求，同时成本只增加了 50 万元人民币。

横向扩展要求许多服务器组成分布式系统，因此需要数据库引擎重新进行设计。传统的关系数据库系统不具备横向扩展的能力。

3.1.2   新型业务模式的发展

数据库技术从 20 世纪 60 年代出现一直发展到今天，所面临的业务模式已经发生了较大的变化。这些变化给传统的关系数据库技术带来了极大的挑战，也促进了新型数据库技术的发展。

1. OLTP

传统的数据库业务模式通常称为 OLTP（on-line transaction processing，联机事务处理）模式，适用于处理事务型应用。也就是说，用户每一次发出的数据库操作请求以事务的方式执行。OLTP 业务模式最常见的例子就是银行转账，当从一个账户转账到另一个账户时，DBMS 一般会以事务方式进行处理。

OLTP 业务模式一般注重每次事务处理的实时性，要求 DBMS 提供事务请求的快速响应，并且要保证事务的 ACID 特性。具体而言，在 OLTP 业务模式下，DBMS 关注于如何保证数据库的增、删、改等操作的快速响应，以实现数据库操作的"低延迟"为主要目标。

传统的关系数据库技术都是面向 OLTP 业务模式的，如 Oracle 通常用在银行系统、医疗系统等对操作的响应速度要求很高的场景。

2. OLAP

除了 OLTP 之外，随着数据仓库和数据挖掘技术而兴起的另一种业务模式称为 OLAP（on-line analytical processing，联机分析处理）。OLAP 适用于处理分析型应用的场景。进入大数据时代，数据量不断增加，服务器的计算能力也不断增强，并出现了分布式存储、分布式计算等技术，许多应用提出了对海量数据进行分析和挖掘的需求。这种分析型的场景一般需要读取大量的数据进行统计分析，对处理速度的要求没有 OLTP 高，而且分析频率也不会像 OLTP 那么高，例如可能每天晚上或每周做一次。此外，OLAP 一般涉及大量的查询操作，对数据的修改需求不高（而 OLTP 业务操作通常都需要修改数据）。

与 OLTP 强调"低延迟"不同，OLAP 更看重 DBMS 的"高吞吐"能力，即 DBMS 每秒能够读取的数据量。例如，假设 OLAP 需要针对 PB 级数据进行分析，这要求 DBMS 提供更高的数据读吞吐量。强调"低延迟"的 OLTP 业务模式和强调"高吞吐"的 OLAP 业务模式对于 DBMS 的架构要求是完全不同的。事实上，目前业界针对这两类业务模式已经演化出了完全不同的技术架构，例如 OLTP 采用行存储的关系数据库架构，而 OLAP 可能采用列存储的架构。

OLAP 与 OLTP 的其他区别主要包括：

1）针对的业务重点：OLAP 允许提取数据以进行复杂分析。为了推动业务决策，查询通常涉及大量记录。相比之下，OLTP 系统非常适合在数据库中进行简单的更新、插入和删除。查询通常只涉及一条或几条记录。

2）涉及的数据源：OLAP 数据库具有多维模式，因此它可以支持从当前和历史数据中对多个数据事实进行复杂查询。不同的 OLTP 数据库可以作为 OLAP 聚合数据的来源，它们可以组织为一个数据仓库。另一方面，OLTP 使用传统的 DBMS 来容纳大量的实时事务。

3）处理时间：OLAP 的响应时间通常比 OLTP 慢几个数量级，这是因为 OLAP 应用需要读取大量的数据，并且在内存中进行复杂的多维分析。OLAP 的工作负载是读取密集型的，涉及大量数据集。OLTP 的工作负载主要包括通过 SQL 进行的简单读 / 写操作，需要较少的时间和存储空间。

4）数据保护：由于 OLAP 通常基于数据仓库，不修改当前数据，因此 OLAP 通常不需要考虑数据一致性的问题，数据库的备份频率也可以降低。另一方面，OLTP 经常修改数据，这是事务处理的本质，因此 OLTP 必须要考虑每次数据库操作的数据一致性问题，例如不允许数据的更新操作被其他操作所覆盖。此外，OLTP 也需要频繁地备份才能保证数据库的可恢复性。

3. HTAP

HTAP（hybrid transaction/analytical processing，混合事务 / 分析处理）是由 Gartner 公司（权威的信息咨询公司）提出的。HTAP 就是 OLAP 和 OLTP 两种业务模式的结合。在对新旧数据进行 OLAP 分析的同时还需要通过事务处理对数据进行更新。

在实际场景中，往往 OLAP、OLTP 是同时存在的。在传统的数据处理框架中，OLTP 和 OLAP 两类系统是割裂的。OLTP 系统需要通过 ETL（extract-transform-load，抽取—转换—装载）工具将事务数据从 OLTP 数据库导入面向 OLAP 的数据仓库，而 ETL 的时延比较大，可以达到数十分钟、几小时，甚至是几天。数据从产生经过 ETL 导入数据仓库，在数据仓库里进行分析，然后做决策，执行相应的动作。由于这一过程耗时长，会导致数据的商业价值大打折扣。因此，最理想的情况是在数据产生后就能迅速对其进行分析。为了解决这个问题，HTAP 应运而生。它的初衷就是要打破 OLTP 和 OLAP 的界限，使企业能够通过 HTAP 系统更好地挖掘市场反馈，有更好的创新。HTAP 能让数据产生后马上就可以进入分析场景。但它面临最大的问题是如何把 OLTP 和 OLAP 两类工作负载更好地放在一个系统中运行。OLTP 事务是短事务，以写为主；OLAP 负载通常是长事务，以读为主，经常需要做全表扫描，在扫描的基础上做统计、聚合等操作。在这种情况下，OLAP 的事务经常需要独占系统资源，使 OLTP 事务吞吐量下降。有研究表明，把 OLTP 和 OLAP 放在一个系统里调度，OLTP 的吞吐量可能会下降到原本的 1/5 ～ 1/3。因此，如何让 OLTP 和 OLAP 在系统运行的过程中相互干扰最小，就成为 HTAP 系统设计的难题。

从过去十多年的发展来看，主要有以下两种实现 HTAP 的方案：

1）OLTP 和 OLAP 共存的方式：在现有 OLAP 或 OLAP 系统上延伸扩展，打造一个 HTAP 的系统来满足业务的需要。例如，可以将数据分为冷热数据，新到达的数据放在内存数据库（例如 Redis）中，以支持 OLTP。当数据变冷后，将数据移到外存数据库（例如 HBase）上，以支持后续的 OLAP 分析。以在线旅游网站为例，最近一周内的预订记录、旅游博客等被修改、评论、点赞、转发的频率较高，因此可以将其放在内存数据库中以保证高的 OLTP 性能。一周之后热数据变成了冷数据，则可以将其移到其他支持 OLAP 的数据库中以保证高的 OLAP 性能。

2）全新的 HTAP 系统：从头开始设计一个具有颠覆性的 HTAP 系统。虽然这种方式会产生更多有价值的技术，但也涉及比较多技术难题，包含技术突破、业务适配等。

3.1.3　新型数据类型的发展

新数据类型的出现是促进数据库技术发展的主要因素之一。传统关系数据库技术适合处理整型、字符型、日期型等一维数据。实体的属性值不可分也是关系数据模型的 1NF（第一范式）基本要求。1NF 要求虽然简化了关系数据库系统的实现，但也使得它在面临复杂数据类型的时候难以胜任。

新的数据类型往往是随着新的信息获取技术、新的应用模式等出现的。下面列出了近年来出现的一些新数据类型。

1）时空数据。时间和空间是信息的两个重要维度。但是，传统的关系数据库技术既不支持时序数据，也不支持空间数据，更不支持时空数据，因此难以满足时空应用的数据管理要求。所谓时空数据，是指随时间而变化的空间数据。时空数据对于国土资源分析、位置服务、态势监测等应用具有重要的价值。它的出现对传统数据库技术提出了新的挑战。

2）多模态数据。随着互联网信息技术和多媒体存储与管理技术的飞速发展，信息的获取手段越来越多，同时信息的表示手段也日益丰富。相比于传统的文本描述形式，图片、视频等信息表示形式更具有视觉冲击力。在此背景下，多模态数据（multi-modal data）的研究应运而生。相较于图像、视频、音频等多媒体数据的划分方式，模态是一个粒度更细的概念。信息的一个模态通常指信息的一种呈现形式。例如，一部电影可以分解为视频帧、语音、字幕文本等多个单模态数据。在描述同一个特定对象或主题时（例如一首歌曲、一部电影等），多种单模态信息共生共现是常见的现象。共现的多种单模态信息的组合称为多模态信息。在电子政务、电子商务、智慧医疗等互联网应用中，一个事物（如新闻、商品、医疗诊断等）除了有文本描述之外，通常都会包含一些在语义上相关但模态不相同的媒体对象（文本、图像、音频、视频等）。与传统的单模态数据相比，多模态数据往往具有多样性、异构性、海量性等特征，因此对传统数据库技术提出了新的挑战。

3）社交网络数据。社交网络数据是随着 Web 2.0 的发展而出现的，目前主要以微博、社区等数据为主。社交网络数据的一个典型特征是网络化，例如在微博平台中，用户、用户发布的微博内容、用户的粉丝、用户的关注者、用户的评论 / 转发等构成了数据之间错综复杂的网络结构。这类数据的存储、管理和使用也超出了传统关系数据库技术的能力，成为新型数据库技术兴起的一个重要原因。

4）流数据。在物联网、电磁空间网络等应用中，各类传感器监控的数据以数据流的形式源源不断地送入数据库系统。这与传统数据库中的离散记录插入方式有着重要的区别。流数据的出现对数据库技术提出了新的挑战。例如，如何保证高速到达的流数据能够快速写入数据库？传统的磁盘只能提供每秒几十兆字节的写入带宽，如何满足流数据的存储需求？同时，流数据的查询往往以分析类查询为主。例如在一个地铁状态监控系统中，需要根据当前获取的传感器感知数据实时分析地铁运行线路上的故障情况。这类实时查询与高速的数据写入之间如何协调？流数据的这些问题也促进了时序数据库、物联网数据库、不确定数据库等新的数据库研究方向的发展。

3.1.4 新型系统架构的发展

随着云计算、大数据等技术的发展，数据库系统的架构也逐渐由传统的集中式架构向分布式架构迁移。事实上，绝大多数的 NoSQL 数据库系统都基于分布式架构。近年来，由于我国互联网应用的快速发展，以及政务、金融等领域关键核心业务在自主可控、安全可靠方面的需要，基于分布式架构的新型数据库系统也得到了快速发展。例如，OceanBase 的设计与实现主要面向高压力负载，其于 2019 年和 2020 年两次在数据库性能基准测试 TPC-C 中排名第一，并保持纪录至今。PolarDB 以云计算场景为目标，通过将存储和计算等不同任务解耦合，设计了新的数据库系统体系结构。TiDB 针对 HTAP 应用场景，通过将行与列存储分布到不同节点，并采用高效同步机制，实现强一致的事务处理。openGauss 则针对复杂应用环境下的系统性能调优设计了新的系统架构和一系列自动优化技术。

目前，绝大多数基于分布式架构的新型数据库系统都与 NoSQL 技术相结合，大都以键值数据存储为基础。虽然国内外在分布式架构数据库技术方面已经取得了一些进展，但目前依然存在着诸多的挑战，例如智能数据分布技术、分布式查询优化技术、分布式事务处理技术、分布式高可用技术等。这些挑战促进了新型数据库技术的发展。

此外，虽然分布式存储、分布式事务处理、高可用机制在以往的分布式数据库系统中已经进行了研究，但当前的挑战不同于传统分布式数据库系统中所研究的问题。新的挑战主要来自互联网化的应用带来的更开放和动态的应用环境，以及由此引发的问题。一方面，系统的节点数从几十增长到几百甚至几千。例如，OceanBase 在 2020 年的数据库性能基准测试 TPC-C 中使用的计算机配有 3114 个处理器。研究的重点在于大规模的分布式存储和并发事务处理，以及如何应对高出均值 2 个数量级的负载压力。另一方面，系统的范围已经从局域网拓展到了跨数据中心，系统所要应对的故障种类和模型不同。这些问题还会衍生出更为复杂的应用和系统，对系统的性能、可扩展性和易用性提出了更高的挑战。

3.1.5 新型人工智能技术的发展

人工智能（artificial intelligence，AI）是近年来国内外的发展热点。在数据库领域，如何利用人工智能技术解决或者改进传统 DBMS 所存在的问题（所谓的 AI4DB），以及如何利用数据库技术来优化人工智能领域的问题（所谓的 DB2AI），都是近几年的研究热点。新型人工智能技术的发展给数据库技术带来的挑战大致可归纳为以下几个方面。

1. 面向 AI4DB 的数据模型

目前数据库系统支持 AI 操作存在数据模型不一致的问题。数据库中的数据多是关系数据，而 AI 操作存在大量张量（tensor）型数据。这导致在用数据库管理 AI 时存在大量的数据存储开销，如存在格式转换、数据丢失等问题，而且会降低执行效率，如在用机器学习做图片分类问题时，图片都是张量格式，而在进行类别判断（如删掉标签"猫"等），需要进行一些标量计算，导致执行引擎需要在不同的数据模型上分别操作，增加了执行开销。所以，未来需要研究用统一的数据模型同时支持标量、向量、大规模张量等不同类型的数据操作，更好地支持 AI 计算和数据库查询。

2. 面向 AI 的数据库查询优化

查询优化是传统数据库系统中的一个核心问题。但传统的数据库查询优化大都基于经验性策略，包括基数估计、计划选择等。人工智能和机器学习技术的出现为实现基于 AI 的数据库查询优化提供了可能。

（1）查询计划的基数/代价估计

数据库选择优化策略需要依靠代价和基数估计，但传统技术无法有效捕获不同列表之

一致性、可恢复性等问题，均是需要深入研究的新问题。

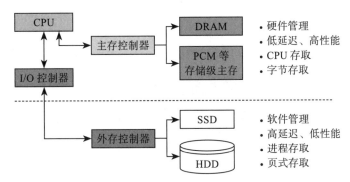

图 3-4　新型存储给计算机系统架构带来的影响

3.2　新型数据库技术的类型

目前对于新型数据库技术的类型划分还没有一个明确的标准。DB-Engines（https://db-engines.com）每个月会根据网络流行度对世界上主要的 DBMS 进行排名。它对于数据库技术的分类依据是数据模型。本节参照 DB-Engines 的基于数据模型的分类给出新型数据库技术的一个参考分类。

图 3-5 给出了 2022 年 7 月 DB-Engines 对主要的 DBMS 的一个分类统计结果。可以看到，关系数据库技术（relational DBMS）依然是当今最流行的 DBMS。理论上其他的 DBMS 都可以称为非关系 DBMS。在这些 DBMS 中，有一些属于使用率较低的数据库技术，在此不做详细介绍。此外，搜索引擎（search engines）在数据库领域中一般不视作 DBMS，因为它除了索引之外，其余技术基本跟 DBMS 没有太大的关系。最终，新型数据库技术大致包括以下 6 类：键值数据库（key-value DB）技术、文档数据库（document DB）技术、列族数据库（wide column DB）技术、图数据库（graph DB）技术、时序数据库（time series DB）技术、时空数据库（spatio-temporal DB）技术。其中，时空数据库技术是图 3-5 中空间数据库（spatial DB）技术和时序数据库技术的结合，是目前在时态和空间数据管理方面的研究热点。此外，从系统架构角度分类，新型数据库技术还包括目前热门的云数据库技术、内存数据库技术和智能化数据库技术。因此，本书也将其单独列入新型数据库技术的分类体系。需要注意的是，云数据库技术、内存数据库技术和智能化数据库技术中也会涉及键值存储等技术，存在着一定的交叉。图 3-6 给出了新型数据库的主要类型。本书的后续章节将对这些新型数据库技术进行详细介绍。

1. 键值数据库

键值数据库是以键值对（key-value pair）为基本数据存储结构的 NoSQL 数据库技术。键值对中的键和值一般都是字节流（string）。由于键和值都没有特别的类型要求，因此键值数据库可以表示任意的数据类型，例如整型、字符型、图像、数组等，而字节是目前计算机系统中数据表示的原子单位。表 3-1 列出了键值数据库的主要特性，详细的内容将在后第 4 章介绍。

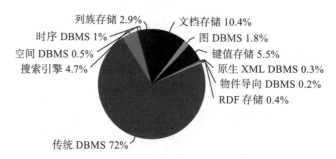

图 3-5   2022 年 7 月 DB-Engines 公布的不同数据模型的 DBMS 的使用占比

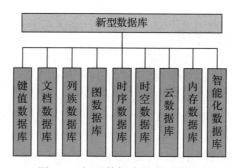

图 3-6   新型数据库的主要类型

表 3-1   键值数据库的主要特性

项目	属性
相关产品	Redis、Riak、SimpleDB、Chordless、Scalaris、Memcached 等
数据模型	❏ 键 / 值对 ❏ 键是一个字符串对象 ❏ 值可以是任意类型的数据，如整型、字符型、数组、列表、集合等
典型应用	❏ 涉及频繁读 / 写、拥有简单数据模型的应用 ❏ 内容缓存，如会话、配置文件、参数、购物车等 ❏ 存储配置和用户数据信息的移动应用
优点	扩展性好，灵活性好，大量写操作时性能高
缺点	无法存储结构化信息，条件查询效率较低
不适用情形	❏ 不是通过键而是通过值来查。键值数据库根本没有通过值查询的途径 ❏ 需要存储数据之间的关系。在键值数据库中，不能通过两个或两个以上的键来关联数据 ❏ 需要事务的支持。一些键值数据库产生故障时，不可以回滚
目前主要的使用者	百度云数据库（Redis）、GitHub（Riak）、BestBuy（Riak）、Twitter（Redis 和 Memcached）、StackOverFlow（Redis）、Instagram（Redis）、Youtube（Memcached）、Wikipedia（Memcached）

目前，键值数据库是理想的缓冲层解决方案。如图 3-7 所示，系统可以在 RDBMS 的基础上增加一个键值数据库缓冲层，例如使用 Redis 或者 Memcached。当用户从 RDBMS

中第一次查询数据时，查询结果在返回给用户的同时也缓存在键值数据库中。之后，如果用户再次查询同一数据时，则可以直接在内存中返回。由于键值数据库缓冲层缓存的是用户读的数据，因此不需要考虑数据库故障时的恢复问题。Redis 和 Memcached 目前已经被广泛应用于分布式系统的查询性能加速。

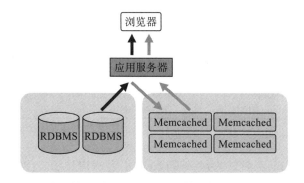

图 3-7 利用键值数据库缓冲层加速查询性能

2. 文档数据库

文档数据库是目前 NoSQL 数据库技术中使用较广泛的一种。文档数据库以文档作为基本的数据库存储对象。"文档"其实是一个数据记录，这个记录能够对包含的数据类型和内容进行"自我描述"。XML 文档、HTML 文档和 JSON 文档就属于这一类。例如，SequoiaDB 就是使用 JSON 格式的文档数据库，它存储的数据格式例子如图 3-8 所示。在

文档数据库中，数据是不规则的，每一条记录包含了所有的有关信息而没有任何外部的引用，即记录本身就是"自包含"的。这一设计要求可以使记录很容易完全迁移到其他服务器，因为这条记录的所有信息都包含在里面了，不需要考虑还有信息在别的表没有一起被迁移。同时，因为在移动过程中，只有被移动的那一条记录（文档）需要操作，而不像关系数据库中每个有关联的表都需要锁住来保证数据的一致性。

```
{
  "ID" :1,
  "NAME" : "SequoiaDB" ,
  "Tel" : {
        "Office" : "123123" , "Mobile" : "132132132"
     }
  "Addr" : "China, GZ"
}
```

图 3-8 文档数据库 SequoiaDB 中的文档格式
示例

表 3-2 列出了文档数据库的主要特性，详细内容将在第 5 章介绍。

表 3-2 文档数据库的主要特性

项目	属性
相关产品	MongoDB、CouchDB、Terrastore、ThruDB、RavenDB、SisoDB、RaptorDB、CloudKit、Perservere、Jackrabbit、SequoiaDB 等
数据模型	键 / 值，值是版本化的文档

（续）

项目	属性
典型应用	□ 存储、索引并管理面向文档的数据或者类似的半结构化数据 □ 后台具有大量读 / 写操作的网站、使用 JSON 数据结构的应用、使用嵌套结构等非规范化数据的应用程序
优点	□ 性能好（高并发），灵活性高，复杂性低，数据结构灵活 □ 提供嵌入式文档功能，将经常查询的数据存储在同一个文档中 □ 既可以根据键来构建索引，也可以根据值来构建索引
缺点	缺乏统一的查询语法
不适用情形	在不同的文档上添加事务。文档数据库并不支持文档间的事务
目前主要的使用者	百度云数据库（MongoDB）、SAP（MongoDB）、Codecademy（MongoDB）、Foursquare（MongoDB）、NBC News（RavenDB）

3. 列族数据库

列族数据库是以列式存储结构为基础的 NoSQL 数据库技术。传统关系数据库的底层存储结构是以一行行的记录为基本结构，每个磁盘块中存储的是记录的集合。而在列式存储中，所有记录的同一列数据被单独提取出来存储到磁盘块中。图 3-9 显示了行存储和列存储之间的主要区别。

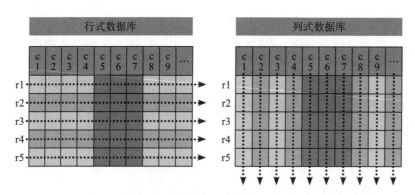

图 3-9   行存储和列存储的对比

以表 3-3 中的记录为例，行存储的格式为

1, Smith, 20;

2, Jones, 21;

3, Johnson, 19;

而列存储的格式为

1, 2, 3;

Smith, Jones, Johnson;

20, 21, 19;

表 3-3   员工记录示例

ID	Name	Age
1	Smith	20
2	Jones	21
3	Johnson	19

列存储的主要目的是减少数据库查询时的 I/O 代价。例如，假设一个表 T 中有 100 万条记录，每条记录长度为 1KB，列 C1 和 C2 的长度为 100B。假设执行查询 Select C1, C2

From T：如果采用行存储，则需要读取大约 1GB 的数据，而实际返回的有效数据量只有 100MB；如果采用列存储，则只需要读取 100MB 的数据即可完成查询，I/O 代价相比行存储减少了 90%。

在实际实现列存储数据库时，一般将多个列组成列族（column family）。这是因为实际应用中某些列是组合在一起使用的。例如地址信息可能包含城市（city）、街道（street）、门牌号（room），此时将 city、street、room 三个列存储在一起是更好的选择，在列族数据库中这三个列可以设计为一个列族。每个列族赋予一个唯一的列族名，例如上面的地址列族可以命名为 address。每个列族中的列依然可以通过列名进行访问。图 3-10 给出了列族数据库的基本存储结构。数据最终的存储格式依然是键和值，其中键是图中的行键，值是列族对应的值。

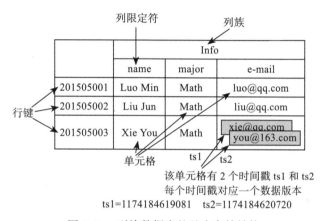

图 3-10　列族数据库的基本存储结构

表 3-4 列出了列族数据库的主要特性，详细的内容将在第 6 章介绍。

表 3-4　列族数据库的主要特性

项目	特性
相关产品	BigTable、HBase、Cassandra、HadoopDB、GreenPlum、PNUTS 等
数据模型	键 / 值 + 列族
典型应用	❑ 分布式数据存储与管理 ❑ 数据在地理上分布于多个数据中心的应用程序 ❑ 可以容忍副本中存在短期数据不一致情况的应用程序 ❑ 拥有动态字段的应用程序 ❑ 拥有潜在大量数据的应用程序，数据量级为 TB
优点	❑ 查找速度快 ❑ 可扩展性强，容易进行分布式扩展 ❑ 复杂性低
缺点	功能较少，大都不支持强事务一致性
不适用情形	需要 ACID 事务支持的情形
目前主要的使用者	eBay（Cassandra）、Instagram（Cassandra）、NASA（Cassandra）、Twitter（Cassandra and HBase）、Facebook（HBase）、Yahoo（HBase）

4. 图数据库

随着社交、电商、金融、零售、物联网等行业的快速发展，现实社会织起了一张庞大而复杂的关系网。传统数据库很难处理关系运算。大数据行业需要处理的数据之间的关系随数据量呈几何级数增长，急需一种支持海量复杂数据关系运算的数据库，图数据库应运而生。

图数据库是以图结构为基本存储结构的 NoSQL 数据库技术。图结构使用节点、边和属性来表示和存储数据。图数据库直接将存储中的数据对象与表示数据对象之间关系的边的集合相关联。这些关系允许直接将存储区中的数据链接在一起，并且在许多情况下，可以通过专门的图操作进行检索。图数据库以数据之间的关系作为优先级。查询图数据库中的关系很快，因为它们永久存储在数据库本身。图数据库可以直观地显示数据之间的关系，因此特别适合社交网络等高度互相关联的数据。

世界上很多著名的公司都在使用图数据库。例如：

1）社交领域：Facebook、Twitter、Linkedin 用它来管理社交关系，实现好友推荐。

2）零售领域：eBay、沃尔玛使用它实现商品实时推荐，给买家更好的购物体验。

3）金融领域：摩根大通、花旗和瑞银等银行用图数据库做风控处理。

4）汽车制造领域：沃尔沃、戴姆勒和丰田等汽车制造商依靠图数据库推动创新制造解决方案。

5）电信领域：Verizon、Orange 和 AT&T 等电信公司依靠图数据库来管理网络，控制访问并开展客户支持。

6）酒店领域：万豪和雅高等使用图数据库来管理复杂且快速变化的库存。

与关系数据库技术和其他 NoSQL 数据库相比，图数据库具有如下优势。

（1）更快速的查询和分析

无论数据大小，图数据库均可出色查询相关数据。图模型提供了内置的索引数据结构，它无须针对给定查询而加载或接触无关数据。图模型的高效率使其成为出色的解决方案，能够更好、更快地进行实时大数据分析与查询。这与其他 NoSQL 数据库（如 MongoDB、HBase/HDFS (Hadoop) 和 Cassandra）相反。NoSQL 数据库的架构针对数据湖、顺序扫描和新数据附加（不随机查找）而构建，每次查询都会涉及大部分的数据文件。关系数据库则更加严重，它会处理全量数据，并且需要给表建立连接才能呈现表间的关系。

（2）支持面向对象的思维

在图数据库中，每个点和边都是自包含对象实例。在基于模式的图数据库中，用户定义点类型和边类型，就像对象类一样。此外，将点关联至其他点的边有点类似于对象方法，因为边说明点可以"做"什么。要处理图中的数据，需要"遍历"边，在概念上是指从一个点遍历到相邻点，保持数据的完整性。相较而言，在关系数据库中，要关联两个记录，必须将它们相连并创建新的数据记录类型。

（3）深度关联分析

图数据库的一个重要优势就是能够在超大图上实时处理遍历多步（10 步以上）的查询。

原生图存储（加快每次数据访问速度）和并行处理（同时处理多个操作）相结合，可将许多用例从不可能变为可能。

（4）多维度数据表示

假设要向实体添加地理位置属性，或者想要记录时间序列数据，虽然，可以使用关系数据库来完成，但通过图数据库，可以选择将位置和时间视为点类型和属性，或者使用带有权重的边来明确关联在空间或时间上彼此接近的实体，可以创建一系列边以表示因果变化。与关系模型不同的是，无须创建多维数据集来表示多个维度。每个新点类型和边类型均表示潜在的新维度，实际边表示实际关系，从而让多维度表现关系成为无限可能。

（5）高效的聚合分析

除了传统的分组聚集操作之外，图数据库还可以执行更复杂的聚合分析。这些聚合分析在关系数据库中是难以实现的。由于采用表模型，关系数据库的聚合查询受到数据分组方式的极大限制。与此相反，图的多维度性质和新型图数据库的并行处理功能可让用户高效地分割、切分、汇总、转换，甚至更新数据，而无须预处理数据或使数据进入强模式。

（6）与人工智能和机器学习无缝结合

图数据库可以用作知识图谱的存储。此外，任何图都是优化机器学习的强大武器。首先，对于无监督学习，图模型可出色检测集群和异常，因为用户只需关注关联。监督学习始终需要更多、更好的训练数据，而图能够提供先前被忽视的特性，是出色的提供源。例如，实体出度或两实体之间的最短路径等简单特性可提供缺失部分以提高预测的准确性。如果机器学习和人工智能应用需要实时决策，可借助图数据库构建知识图谱，并将其作为实时人工智能的数据基础架构。

表 3-5 列出了图数据库的主要特性，详细的内容将在第 7 章介绍。

表 3-5　图数据库的主要特性

项目	特性
相关产品	Neo4J、OrientDB、InfoGrid、InfiniteGraph、GraphDB 等
数据模型	图结构
典型应用	❑ 专门用于处理具有高度相互关联关系的数据 ❑ 社交网络分析、模式识别、依赖分析、推荐系统等 ❑ 路径寻找等
优点	❑ 灵活性高 ❑ 支持复杂的图算法 ❑ 可用于构建复杂的知识图谱
缺点	复杂性高，只能支持一定的数据规模
目前主要的使用者	Adobe（Neo4J）、Cisco（Neo4J）、T-Mobile（Neo4J）

5. 时序数据库

时序数据是随时间不断产生的一系列数据，简单来说，就是带时间戳的数据。时序数据库是优化用于摄取、处理和存储时间戳数据的数据库。此类数据包括来自服务器和应用程序的指标、来自物联网传感器的读数、网站和应用程序上的用户交互，或金融市场上的交易活动等。

时序数据的每个数据点都包含用于索引、聚合和采样的时间戳。该数据也可以是多维的和相关的。时序数据库的负载具有写多读少的特征，需要支持秒级或毫秒级甚至纳秒级的高频写入，而查询通常是多维聚合查询，对查询的延迟要求比较高。

时序数据的汇总视图（例如下采样或聚合视图、趋势线）可能比单个数据点提供更多的洞察力。例如，考虑到网络不可靠性或传感器读数异常，可能会在一段时间内的某个平均值超过阈值时设置警报，而不是在单个数据点上这样做。

虽然其他数据库也可以在数据规模较小时在一定程度上处理时间序列数据，但时序数据库可以更有效地处理随时间推移的数据摄取、压缩和聚合。以车联网场景为例，有 20000 辆车，每辆车有 60 个指标，假设每秒采集一次，那么每秒将上报 $20000 \times 60 = 1200000$ 指标值，每个指标值为 16B（假设仅包括 8B 时间戳和 8B 的浮点数），则每小时将产生 64GB 左右的数据。而实际上每个指标值还会附带标签等额外信息，实际需要的存储空间会更大。

简而言之，时序数据库是专门用于存储和处理时间序列数据的数据库，支持时序数据高效读 / 写、高压缩存储、插值和聚合等功能。近年来，随着物联网技术的快速发展，时序数据库成为 NoSQL 数据库领域中发展最快的一种技术。图 3-11 所示为 2020 年 7 月—2022 年 7 月各种 NoSQL 数据库技术的增长趋势。可以看到，时序数据库技术在这期间始终是最受关注的数据库技术，也是增长最快的。国内外围绕时序数据库技术，已经诞生了 InfluxDB、DolphinDB 等一系列初创企业，并在地铁线路监控、电力线路巡检等领域发挥了巨大的作用。

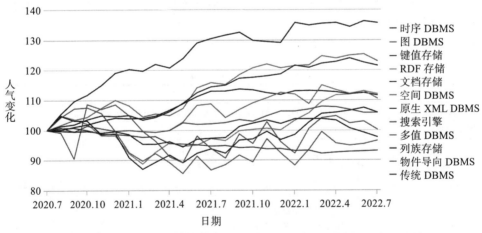

图 3-11   2020 年 7 月—2022 年 7 月各种 NoSQL 数据库技术的增长趋势（详见彩插）

6. 时空数据库

时空数据库是以有效支持时空数据管理为目标的数据库技术，在交通管理、城市区划、森林火灾监测等领域有着广泛的应用需求。随着这类复杂应用的不断出现，时空数据管理的问题越来越突出，时空数据库技术也成为近年来国内外研究的热点问题。

时空数据库这一研究领域的产生与空间数据库和时态数据库的研究密不可分。过去，空间数据库和时态数据库是两个相互独立、毫不相关的研究领域。自 20 世纪 90 年代开始，空间数据库和时态数据库的研究者才逐渐认识到各自研究领域里存在的一些问题及两者之间存在的联系，开始探索将空间数据库和时态数据库相结合的相关技术。G. Langran 于 1992 年撰写了关于时空数据库的第一本专著 *Time in Geographic Information System*，为推进时空数据库的研究做出了重要贡献。

一般认为，时空数据库是支持空间、时态和时空概念的，并可以同时捕捉数据的空间特性和时间特性的数据库。更简单地讲，时空数据库就是支持空间对象随时间而发生变化的数据库。空间对象随时间而发生的变化在时空数据库里称为时空变化（spatiotemporal change）。连续时空变化指空间对象随时间连续变化，而离散时空变化指空间对象的时空变化是间隔的。具有时空变化的空间对象称为时空对象。时空对象随时间而变化的空间数据称为时空数据。对时空数据的管理能力是时空数据库与时态数据库、空间数据库的主要区别。

时空数据的管理不是空间数据管理和时态数据管理的简单组合。如果给每个空间数据附上一个时态数据，相当于给空间数据做版本。这样只能获得每次版本时间里的时空对象快照，从而只能表示离散的时空变化。而且这种方法也会导致大量的冗余存储。因此，真正实现时空数据管理还要探寻新的技术。

有效地管理时空数据是时空数据库的研究目标。时空数据库的主要关键问题包括：①时空语义；②时空数据模型；③时空查询语言；④时空索引；⑤时空数据库系统实现结构。这些问题也正是目前国内外的研究热点。

（1）时空语义

时空语义是指时空数据和时空变化的语义，它是构建时空数据模型和时空数据库管理系统的基础。时空语义主要回答"什么是时空数据"以及"什么是时空对象"等问题，由此产生了一些新的研究问题，如时空本体（spatiotemporal ontology）。目前对时空语义的研究所存在的主要问题是缺乏能够完整描述时空对象和时空变化的系统框架。

（2）时空数据模型

时空数据模型是描述现实世界中的时空对象、时空对象间的时空联系，以及语义约束的模型。与传统的数据模型一样，时空数据模型同样也分为语义型（或称概念型）和结构型两种时空数据模型。时空语义模型侧重于时空语义的表达，以用户的观点描述现实世界中的时空对象及对象间的时空联系。因此，时空语义模型的抽象程度较高，对模型中的要素的描述也没有严格的形式化定义，一般独立于计算机系统。在建模层次上，时空语义模型与传统的实体—联系（E-R）模型是一致的。目前，基于 E-R 模型的时空语义建模也是建立时空语义模型的主要手段之一，其他技术包括基于 UML（unified modeling language）的时空语义建模、基于 OMT（object modeling technology）的时空语义建模等。结构型时空数据模型则直接面向时空数据在数据库中的逻辑结构，有着严格的形式化定义（以便在计算机系统中实现）。通常，时空数据模型指结构型时空数据模型。

（3）时空查询语言

时空查询语言与时空数据模型是密不可分的。每一种时空数据模型总是伴随着自己的查询语言。以往提出的时空查询语言基本上集中于两个方向：基于 SQL 的时空查询语言和基于 OQL（object query language）的时空查询语言。SQL 是流行的关系数据库语言，已经得到了包括 Oracle、Informix 等主流数据库厂商的支持。OQL 是 ODMG 提出的面向对象数据库的查询语言，已成为面向对象数据库的标准语言，并得到了 O2、Versant 等面向对象数据库产品的支持。

基于 SQL 的时空查询语言通常应用于基于数据类型的时空数据库中。由于 SQL3 提供了抽象数据类型的扩展能力，因此基于数据类型的时空数据模型可以和 SQL3 无缝结合。

还有一些以 ODMG 对象模型为基础的时空数据模型和时空查询语言。ODMG 提出了对象查询语言 OQL，因此可以在 OQL 基础上实现时空数据库查询语言。

（4）时空索引

在时空数据库中，历史数据通常不被删除而是保存在数据库中，因此在实际应用中时空数据一般都具有海量的特性。查询海量的时空数据，如果没有高效的索引支持其效率将会非常低，因此时空索引也是时空数据库研究的关键问题之一。

时空索引的主要研究目标是实现对历史数据和未来数据的高效查询技术。由于查询是数据库应用中的主要操作，因此尽管索引技术带来了索引更新、索引建立等额外代价，但对于应用的总效率而言仍是值得的。

对于历史数据的查询，目前采用的方法有：①简化时间维的方法，如 RT-tree、3D R-tree、STR-tree 等；②基于重叠和多版本结构的索引，如 MR-tree、HR-tree、MV3R-tree 等；③面向轨迹的索引，如 TB-tree、SETI、SEB-tree 等。

对于未来数据的查询，即预言未来时空状态，通常假设除了知道当前位置，也要知道移动对象的速度。在给定当前运动位置数组的情况下，可以获得在未来一个时间戳满足一定空间条件的对象。这类索引技术有 TPR-tree、TPR*-tree 等。

（5）时空数据库系统实现结构

实现一个能满足实际应用需求的时空数据库管理系统是时空数据库研究的最终目标。以往的工作大都集中于时空数据模型和时空数据库语言方面，真正实现的时空数据库管理系统很少。到目前为止，已提出了多种时空数据库管理系统的实现结构，其中代表性的是层次型结构和扩展型结构。层次型结构是在传统的关系型数据库管理系统之上附加一个时空层，通过时空层来完成对时空数据的操作。时空层承担了时空数据库语言与 SQL 间的翻译、时空查询优化等几乎所有的时空数据管理工作，因此易成为应用开发的瓶颈。扩展型结构是在对象关系数据库管理系统之上进行基于内核的时空扩展，包括时空数据类型、时空操作及时空索引的扩展。

随着对象关系数据库技术的不断发展，主流数据库产品已逐步提供了对象扩展功能，如 Oracle 的 Cartridge 技术、Informix 的 DataBlade 技术，以及 DB2 的 Extender 技术等。部分厂家还开始实践数据库的时态、空间及时空扩展。例如，Informix 研制了用于金融领域时态数据建模的时间序列分析模块 "Timeseries DataBlade" 和二维空间数据管理模块 "Spatial DataBlade"，Oracle 公司也提供了空间数据管理扩展模块 "Oracle Spatial"，以及时间序列分析模块"Oracle Timeseries"。

时空数据库应用是以支持时空对象及时空对象间联系为核心的复杂应用。根据所涉及的时空对象的类型,时空数据库应用可分为以下三类。

1)涉及连续移动的时空对象的应用。在这种应用中,时空对象的位置随时间而连续变化,但几何形状不变。与交通相关的时空数据库应用可归为这类应用,包括车辆交通管理、轮船航行管理、飞机航线管理,以及一些军事应用(如对航母的监视)等。

2)涉及离散变化的时空对象的应用。这样的应用所涉及的时空对象有一个空间位置,并且它们的空间属性,如形状和位置都可能随时间发生离散变化。这类应用包括地籍管理、城市区划管理、地表植被变化监测、疾病传染区域的监测等。

3)涉及连续移动并且形状也同时变化的时空对象的应用。这类应用一般与环境相关,例如风暴监视与预测、森林火灾监控、海上石油污染监控、种群的迁移、生物信息处理应用等。

7. 云数据库

云数据库是一种通过云平台构建、部署和交付的数据库服务。云数据库使得用户不必专门自行维护数据库服务器,而是利用云数据库服务商提供的服务来实现数据管理,并且可以根据业务需要动态地扩容,实现按需构建数据库服务体系。云服务器是弹性可伸缩的,能有效利用资源,大大降低了使用成本;而自购服务器搭建的传统数据库需硬件采购、机房托管、部署机器等工作,周期较长,还需有专职的 DBA 来维护,花费大量的人力成本。

相比于传统自建的数据库服务器,云数据库具有如下优势:

1)高性价比。无可否认,这是大多数企业选择使用云数据库的原因。可从硬件(计算机、网络交换器等设备)、软件、搭建、部署、运维等多个方面节省人力、物力和时间成本,远比自建数据库所需的成本要低得多。

2)可操控性高。云数据库版本更新速度快,紧跟 MySQL 最新版本,减少运维人员的工作量;2min 内可创建完成并投入使用,还可以通过控制台操作自动主备复制、数据备份、日志备份等,无须关注 CLI 和 CONF 界面。目前多个云服务商都能提供各种特性功能,给用户良好的使用感受。

3)高可扩展性和高恢复性。云数据库由于其云计算特性且可拓展性高,用户可按需弹性拓展云数据库。基础版的云数据库约 15min 即可完成故障转移,30s 内可实现故障恢复。云数据库具有更经济、更专业、更高效、更安全、简单易用等特点,用户能更专注于核心业务。

云数据库技术的主要劣势如下:

1)数据安全问题。部分企业不愿意将数据存储在云数据库中,就是担心云数据库通过网络进行交互时会被攻击,导致资料泄露、数据丢失等安全问题。因此,云服务商的选择十分重要!一定选择能提供安全防护措施和完善性能监控平台的云服务商。

2)定制化服务不完善。虽然目前市面上云服务商提供的云数据库的服务基本完善,但涉及需要深度定制的云数据库或特殊定制需求,就要找到能提供定制化服务的云服务商。

需要注意的是,云数据库技术底层采用的 DBMS 仍然以关系数据库系统(如 MySQL)

和 NoSQL 数据库技术（如 HBase）为主。云数据库技术主要的挑战在于云平台和弹性计算等架构带来的多租户（tenant）并发任务调度、资源隔离、服务质量保证等问题。这些问题都是传统数据库技术中不曾涉及的。

8. 内存数据库

内存数据库，顾名思义，是将数据库放在内存中，通过内存操作实现数据库存取的数据库技术。由于内存的访问是几十纳米的延迟，而磁盘的访问是几十毫秒的延迟，两者的访问延迟相差一百万倍。因此，如果能够保证所有的数据库访问都以内存延迟来回答，则可以提供实时的数据查询能力。这对于大数据的实时处理、存储和访问具有极大的吸引力。

内存数据库架构需要一个管理系统，旨在使用计算机的内存作为主体来存储和访问数据，而不是磁盘驱动器。虽然数据库系统确实具有广泛的用途，但它们主要用于需要高性能技术的实时应用程序。这些系统的用例包括实时响应的应用程序，如金融、国防、电信和情报行业。需要实时数据访问的应用程序（例如流媒体应用程序、呼叫中心应用程序、预订应用程序和旅行应用程序）也可以与内存数据库很好地配合使用。

内存数据库的主要问题在于成本高、缺乏对事务 ACID 和持久性的支持。缺乏持久性是指如果断电，内存数据就会丢失。如果内存数据库中的数据发生了更新（大多数数据库应用中都有更新，尤其是 OLTP 应用），则数据的持久性和一致性无法保证，就不能满足应用的实际要求。此外，内存相对比较昂贵，而数据库的大小通常以 TB 甚至 PB 计算。对于大规模的数据库，如果全部将其放置在内存中，一方面成本昂贵，另一方面现有的 DRAM 由于密度低（单片 DRAM 的容量最大一般为 32GB），构建 TB 乃至几百 TB 级别的内存系统是非常困难的一件事，因为现有的服务器主板、电源等均很难支持超大规模内存的服务器。

近年出现的持久性内存为构建真正可用的内存数据库系统提供了可能。Intel 于 2019 年 4 月发布的傲腾持久性内存单片最大容量达到了 512GB。由于持久性内存不仅具有传统 DRAM 按字节寻址的特性（因此可以作为主存使用，可被 CPU 直接存取），而且是非易失存储，可以在掉电时保证数据的持久性，再加上持久性内存的密度高于 DRAM，容量上也大于 DRAM，因此利用持久性内存构建大内存、持久化的内存数据库系统对于大数据应用具有巨大的吸引力。但是，持久性内存目前的读 / 写延迟仍然高于 DRAM（虽然比 SSD 要快很多），而且持久性内存对于写操作次数还有限制，如果写次数过多会导致数据不稳定，影响使用寿命和数据库的可靠性。因此，如何在内存数据库系统中高效、合理地使用持久性内存依然是需要进一步探索的问题，包括索引、查询处理算法、恢复机制等。

9. 智能化数据库

智能化数据库是人工智能技术和数据库技术的融合，即 AI4DB。利用人工智能和机器学习技术，对传统 DBMS 的核心模块进行优化，是智能化数据库技术的主要目标。严格来说，智能化数据库技术只是一个研究方向，目前还没有出现可以称为智能的 DBMS。

传统 DBMS 中所有的核心问题几乎都可以跟人工智能和机器学习技术进行结合。智能化数据库技术的前身可以回溯到自动驾驶数据库管理系统（self-driving DBMS）。自动驾驶数据库管理系统旨在通过自动参数调优，使 DBA 从人工参数调优中解脱出来，数据库的物理结构和参数能够自动适用负载的变化。自动驾驶数据库管理系统大多依赖机器学习模型来预测最优化的参数配置。近年来，智能化数据库技术的研究相对较多地包括学习索引（机器学习和索引技术的结合）、学习型缓存（机器学习和数据库缓存管理的结合）、学习型查询代价估计（机器学习和查询代价估计的结合）等。

人工智能和机器学习技术虽然具有自适应高等优点，但也存在着训练代价高、训练时间长、模型切换代价高、样本依赖性高等问题。如何将人工智能和机器学习技术合理、高效地结合到 DBMS 内核中，是未来新型数据库技术的一个主要发展方向。

3.3　新型数据库技术的分布式系统基础

第 3.2 节中给出的新型数据库技术，大部分都属于 NoSQL 数据库技术。因此，在本节着重介绍与 NoSQL 相关的分布式系统基础，包括 CAP 定理和 BASE 理论。

NoSQL 数据库技术具有与传统的关系数据库技术不同的一些特点，包括非关系的、分布式架构、开源、支持横向扩展、无模式、支持简单 API 而非 SQL 等。目前，关系数据库技术和 NoSQL 数据库技术各有优势和劣势，属于共存的状态。关系数据库技术的优势在于：以完善的关系代数理论作为基础、有严格的标准、支持事务 ACID、提供严格的数据一致性、借助索引机制可以实现高效的查询、技术成熟、有专业公司的技术支持。其劣势在于：可扩展性较差、无法较好地支持海量数据存储、采用固定的数据库模式而无法较好地支持 Web 2.0 应用、事务机制影响系统的整体性能。另一方面，NoSQL 数据库技术的优势在于：可以支持超大规模数据存储、数据分布和复制容易、灵活的数据模型可以很好地支持 Web 2.0 应用、具有强大的横向扩展能力。其劣势为：缺乏数学理论基础、复杂查询性能不高、大都不能实现事务强一致性、很难实现数据完整性、技术尚不成熟、缺乏专业团队的技术支持、维护较困难、目前处于百花齐放的状态用户难以选择（目前有 120 多个 NoSQL 产品，而且还在不断发展）。

表 3-6 总结了 NoSQL 数据库技术 RDBMS 之间的主要区别。总体而言，NoSQL 和 RDBMS 各有优缺点，彼此很难替代。RDBMS 主要适用于电信、银行等领域的关键业务系统，提供强事务一致性保证；NoSQL 数据库技术主要应用于互联网企业及传统企业的非关键性业务（例如数据分析）。目前，也有很多企业同时采用了 RDBMS 和 NoSQL 数据库技术。

从表 3-6 可以看出，NoSQL 与 RDBMS 相比的一个劣势是缺乏完整的数据库理论支持。目前，NoSQL 数据库技术只是以分布式系统中的一些理论作为基础。从一个研究领域来看，缺乏自身特有的理论是一个弱项，这将影响该领域的未来发展。也许未来学术界会提出 NoSQL 的相关特色理论，但到目前为止，它还只有分布式系统中的相关理论。因此，下面来重点介绍分布式系统中的两个基础理论：CAP 定理和 BASE 理论。这两者目前对 NoSQL 数据库技术都提供了理论支持。

表 3-6　NoSQL 数据库技术与 RDBMS 之间的对比

比较标准	RDBMS	NoSQL	比较内容
数据库理论	完整	部分	❑ RDBMS 以关系代数理论作为基础 ❑ NoSQL 没有统一的理论基础
数据规模	大	超大	❑ RDBMS 一般支持 GB 或者 TB 级别的数据库规模 ❑ NoSQL 支持 PB 级别或者更大的数据规模
数据库模式	固定	灵活	❑ RDBMS 需要定义数据库模式，严格遵守数据定义和相关约束条件 ❑ NoSQL 不存在数据库模式，可以自由灵活地定义并存储各种不同类型的数据
查询效率	高	低	❑ RDBMS 借助索引机制可以实现快速查询（包括记录查询和范围查询） ❑ 很多 NoSQL 数据库只支持 Get/Put 等简单查询，没有回答复杂查询的能力
一致性	强一致性	弱一致性	❑ RDBMS 严格遵守事务 ACID 模型，可以保证事务强一致性 ❑ NoSQL 数据库放松了对事务 ACID 的要求，而是遵守 BASE 模型，只能保证最终一致性
数据完整性	容易实现	很难实现	❑ RDBMS 很容易实现数据完整性，包括实体完整性、参照完整性和用户自定义完整性 ❑ NoSQL 数据库很难实现数据完整性
扩展性	一般	好	❑ RDBMS 很难实现横向扩展，纵向扩展的空间也比较有限 ❑ NoSQL 在设计之初就考虑了横向扩展的需求，可以很容易地通过添加廉价设备实现扩展
标准化	是	否	❑ RDBMS 已经标准化（SQL） ❑ NoSQL 还没有行业标准，不同的 NoSQL 数据库都有自己的查询语言和应用程序接口。NoSQL 缺乏统一的查询语言，这将会阻碍 NoSQL 的发展
技术支持	高	低	❑ RDBMS 经过几十年的发展，已经非常成熟，Oracle 等大型数据库厂商都可以提供很好的技术支持 ❑ NoSQL 在技术支持方面仍然处于起步阶段，还不成熟，缺乏有力的技术支持

3.3.1　CAP 定理

CAP 是三个英文单词的首字母缩写，分别对应一致性（**c**onsistency）、可用性（**a**vailability）和分区容忍性（tolerance of network **p**artition）。

其中，C 表示一致性，是指任何一个读操作总是能够读到之前完成的写操作的结果，也就是在分布式环境中，多点的数据是一致的，或者说，所有节点在同一时间具有相同的数据；A 表示可用性，是指用户可以快速获取数据，系统可以在确定的时间内返回操作结果，保证每个用户请求不管成功或者失败都有响应；P 表示分区容忍性，是指当出现网络分区的情况时（即系统中的一部分节点无法和其他节点进行通信），分离的系统也能够正常运行，也就是说，系统中任意信息的丢失或失败不会影响系统的继续运作。

CAP 定理最早在 2000 年 7 月由加州大学伯克利分校的 Eric Brewer 教授在 ACM PODC会议上提出。他提出了一个所谓的 CAP 猜想：一个分布式系统不可能同时满足一致性、可用性和分区容忍性这三个需求，最多只能同时满足其中两个。两年后，麻省理工学院的 Seth Gilbert 和 Nancy Lynch 从理论上证明了 CAP。之后，CAP 定理正式成为分布式系统领域的公认定理。

图 3-12 给出了一个牺牲一致性来换取可用性的例子。假设初始状态时有两个节点 M_1 和 M_2，分别存储了数据的一个副本，如图 3-12a 所示。正常执行时，节点 M_1 先更新了数据，然后将更新后的新值传播到节点 M_2（见图 3-12b），之后两个节点的数据保持一致。当发生网络故障导致更新传播失败时，节点 M_1 中因为已经完成了更新，持有了新的值，而节点 M_2 因为更新传播失败，还是持有旧值。此时，分布式系统存在着两种选择方案：一种是必须要求更新传播后才能返回，即强调一致性，也就是如果要求一致性，当发生网络故障无法完成更新传播时，用户读取 M_2 节点中的旧值时将被拒绝，可用性无法保证；另一种方案则如图 3-12c 所示，更新传播失败时依然允许用户读取节点 M_2 中的旧值，保证了用户端的可用性，但读取的数据不一定是更新后的最新数据，即牺牲了一致性。可以发现，在这个例子中，一致性和可用性是冲突的，只能选择实现其中的一个。这就是 CAP 定理的含义。

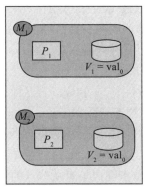

a）初始状态

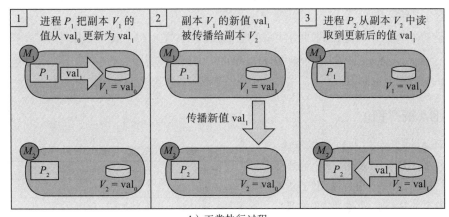

b）正常执行过程

图 3-12　牺牲一致性来换取可用性的例子

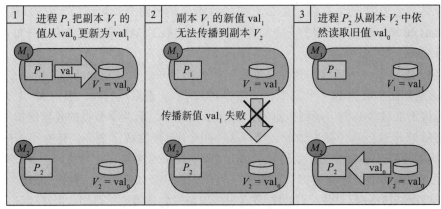

c）更新传播失败时的执行过程

图 3-12　牺牲一致性来换取可用性的例子（续）

按照 CAP 定理，当设计分布式系统时，选择实现 CAP 三者中的哪两者将导致不同的设计结果。

1）选择 CA：也就是强调一致性（C）和可用性（A），放弃分区容忍性（P）。最简单的做法是把所有与事务相关的内容都放到同一台机器上。很显然，这种做法会严重影响系统的可扩展性。传统的关系型数据库（如 MySQL、Microsoft SQL Server 和 PostgreSQL 等）都采用了这种设计原则，因此，扩展性都比较差。

2）选择 CP：也就是强调一致性（C）和分区容忍性（P），放弃可用性（A）。当出现网络分区的情况时，受影响的服务需要等待数据一致，因此在等待期间就无法对外提供服务。文档数据库 MongoDB、列族数据库 HBase、图数据库 Neo4J、键值数据库 Redis 等均采用CP 原则。在 CP 原则下，数据通常要求写入到一个主节点（master），然后由主节点将数据复制到从节点（slave）。只有当主节点完成了对从节点的复制后才允许用户读取从节点上的新数据。CP 原则在保证一致性的同时牺牲了可用性，因为用户在读取正在更新的数据时可能会被拒绝或者等待。

3）选择 AP：也就是强调可用性（A）和分区容忍性（P），放弃一致性（C），即允许系统返回不一致的数据。目前，Cassandra、Dynamo、CouchDB 等 NoSQL 数据库系统采用的AP 原则进行设计。

3.3.2　BASE 理论

BASE 理论是由 Dan Pritchett 在 2008 年提出的，是对 CAP 定理的延伸，主要针对 C 和 A 做出了进一步的研究。BASE 理论的初衷是希望给出与传统关系数据库技术类似的 ACID 性质（见表3-7）。因为

表 3-7　ACID 与 BASE 的对比

ACID	BASE
原子性（atomicity）	基本可用（basically available）
一致性（consistency）	软状态（soft state）
隔离性（isolation）	最终一致性（eventual consistency）
持久性（durability）	

事务的 ACID 性质奠定了关系数据库技术的事务处理理论基础，因此希望 BASE 理论也能成为 NoSQL 数据库系统的理论基础（但事实上 BASE 理论的地位还无法和事务的 ACID 性质相提并论）。

BASE 理论包含了三个性质。

1）BA，即基本可用（**b**asically **a**vailable），是指一个分布式系统的一部分发生问题变得不可用时，其他部分仍然可以正常使用。也就是允许损失部分可用性。

2）S，即软状态。"软状态"是与"硬状态"相对应的一种提法。数据库保存的数据是"硬状态"时，可以保证数据一致性，即保证数据一直是正确的。"软状态"是指状态可以有一段时间不同步，具有一定的滞后性。

3）E，即最终一致性。一致性的类型包括强一致性和弱一致性。对于强一致性而言，当执行完一次更新操作后，后续的其他读操作就可以保证读到更新后的最新数据。如果不能保证后续访问读到的都是更新后的数据，那么就是弱一致性。最终一致性是弱一致性的一种特例，即允许后续的访问操作可以暂时读不到更新后的数据，但是经过一段时间之后，必须最终读到更新后的数据。最常见的实现最终一致性的系统是 DNS（domain name service，域名服务）。一个域名更新操作根据配置的形式被分发出去，并结合有过期机制的缓存，最终所服务的客户端都可以看到最新的值。最终一致性的另一个例子是微信朋友圈。当你在朋友圈发布了一条新动态时，你在美国的朋友可能无法第一时间看到你的新动态，因为更新传播需要一定的时间。但是，最终经过一段时间后（例如一个小时后），你的美国朋友可以看到你的朋友圈新动态。对于微信朋友圈而言，牺牲一定的一致性对于用户而言并没有什么损失。

最终一致性根据更新数据后各进程访问到数据的时间和方式的不同，又可以分为以下几种。

1）因果一致性（causal consistency）。如果进程 A 通知进程 B 它已更新了一个数据项，那么进程 B 的后续访问将获得 A 写入的最新值。而与进程 A 无因果关系的进程 C 的访问，仍然遵守一般的最终一致性规则。

2）"读己之所写"一致性（read-your-writes consistency）。它可以被视为因果一致性的一个特例。当进程 A 自己执行一个更新操作之后，它自己总是可以访问到更新过的值，绝不会看到旧值。

3）单调读一致性（monotonic read consistency）。如果进程已经看到过数据对象的某个值，那么任何后续访问都不会返回在那个值之前的值。

4）单调写一致性（monotonic write consistency）。系统保证来自同一个进程的写操作顺序执行。系统必须保证这种程度的一致性，否则将难以编程。

5）会话一致性（session consistency）。它把访问存储系统的进程放到会话（session）的上下文中。只要会话还存在，系统就保证"读己之所写"一致性。如果由于某些失败情形令会话终止，就要建立新的会话，而且系统保证不会延续到新的会话。

如何实现各种类型的一致性？对于分布式系统，假设：N 是数据复制的份数，W 是更新数据需要保证写完成的节点数，R 是读取数据时需要读取的节点数。

- ❑ 如果 $W+R > N$，写的节点和读的节点重叠，则是强一致性。例如，对于典型的一主一备同步复制的关系数据库，$N=2$，$W=2$，$R=1$，则不管读的是主库还是备库的数据，都是一致的。一般设定是 $R+W = N+1$，这是保证强一致性的最小设定。
- ❑ 如果 $W+R \leqslant N$，则是弱一致性。例如，对于一主一备异步复制的关系数据库，$N=2$，$W=1$，$R=1$，则如果读的是备库，就可能无法读取主库已经更新过的数据，所以是弱一致性。

对于分布式系统，为了保证高可用性，一般设置 $N \geqslant 3$。不同的 N、W、R 组合，是在可用性和一致性之间取一个平衡，以适应不同的应用场景。如果 $N=W$，$R=1$，任何一个写节点失效，都会导致写失败，因此可用性会降低，但是由于数据分布的 N 个节点是同步写入的，因此可以保证强一致性。

例如，HBase 是借助其底层的 HDFS 来实现数据冗余备份的。HDFS 采用的就是强一致性保证。在数据没有完全同步到 N 个节点前，写操作是不会返回成功的。也就是说，它的 $W=N$，而读操作只需要读到一个值即可，也就是说它的 $R = 1$。像 Cassandra 和 Dynamo 这类系统，通常都允许用户按需要设置 N、R 和 W 三个值。即使是设置成 $W+R \leqslant N$ 也是可以的，也就是说，允许用户在强一致性和最终一致性之间自由选择。当用户选择了最终一致性，或者是 $W<N$ 的强一致性时，总会出现一段各个节点数据不同步导致系统处理不一致的时间。为了提供最终一致性的支持，这些系统会提供一些工具来使数据更新被最终同步到所有相关节点。

本章小结

本章主要介绍了新型数据库技术兴起的原因，从应用、数据、体系结构和新型存储等角度进行了深入分析。在此基础上，结合 DB-Engines 以及其他已有工作，给出了新型数据库技术的一个分类。最后，介绍了 NoSQL 数据库技术中的分布式系统基础，包括 CAP 定理和 BASE 理论。

通过本章的学习，读者可了解新型数据库技术的产生背景、常见的新型数据库类型，以及 CAP 定理和 BASE 理论的相关知识。

第 4 章

键值数据库技术

关系数据库技术由于要求一个表中的所有记录结构一致，因此无法满足快速新型数据的存储要求。特别是在 Web 领域，新的应用和数据类型层出不穷，传统关系数据库技术很难有效地表示和存储新的数据类型。键值数据库技术是目前 NoSQL 领域发展较快的一个方向，它通过将所有的数据统一地表示为无结构的键值记录，实现了对任意数据类型的表示和存储支持。键值记录存储的这一思想也成为目前 NoSQL 数据库领域中普遍采用的技术。

内容提要： 本章首先介绍了键值数据库技术的基本概念，然后介绍了键值数据库的数据模型和数据操作，接着着重介绍了键值数据库的系统架构和访问接口，最后讨论了两种典型的键值数据库系统——Redis 和 LevelDB，并给出了使用示例。

4.1 键值数据库技术概述

键值数据库管理系统是那些支持简单的键值访问接口，并存储和管理键值对的系统。在 21 世纪，这样的键值系统无处不在，它们为现代多样的应用提供了一个可靠、高效的存储后端。这些应用包括社交媒体中的图处理操作、网络安全领域中的事务日志处理、应用程序的数据缓存、NoSQL 存储引擎、SSD 的 Flash 翻译转换层（FTL）、时序数据管理系统，以及在线事务处理系统等。此外，键值存储作为复杂的数据密集型应用、机器学习管道和支持更复杂数据模型的大型系统的嵌入式系统，越来越成为一个有吸引力的解决方案。此外，键值存储还可以用于传统的关系数据库管理系统中，例如 FoundationDB 是 Snowflake 的核心部分，而 My-Rocks 整合了 MySQL 中的 RockDB 作为其后端存储。

键值存储是键值数据库的核心部分，它实现了一个存储键值对的数据结构。每个数据结构的设计都要在读取、更新和内存放大的基本权衡方面实现特定的平衡。例如，读取放大被定义为"在访问这个特定的键的基础上，要为每个键多读取多少数据"。事实上，读取、更新和内存放大进一步细分为更细化的指标，如点读取、范围读取、更新、删除、插入和缓存所需的内存。核心数据结构的设计影响着这些性能属性中的每一个，以及系统的每个特征和属性。例如，为了支持时间旅行查询，需要决定如何存储时间戳；为了加速对最近访问的数据的查询，需要在缓存和其他加速处理基本数据所需的结构之间平衡可用的内存，如内存中的布隆过滤器、帮助跳过 I/O 的栅栏指针；为了支持高效的并发读/写请求，一个存储引擎可能需要改变。

在大数据时代，人们比以往任何时候都更希望快速建立或改变和调整数据系统，以便能够跟上不断变化的应用程序和硬件的需求。新的应用或现有应用中的新功能，以及新的工作负载模式经常出现，一个单一的系统不能够有效地支持不同的工作负载。这一问题越来越紧迫的原因：第一，许多新的应用程序中引入了新的工作负载模式，这在以前是不典型的；第二，现有的应用程序不断重新定义它们的服务和功能，这直接影响到它们的工作负载模式，并且很大概率会使现有的基础存储决策变得次优甚至糟糕；第三，硬件不断变化，影响了 CPU、带宽、延迟的平衡。最优的性能需要低级别的存储设计能够做到自适应，对整个系统设计和存储层都是如此。特别是，在现今基于云的世界里，即使是 1% 的轻微次优的设计，也会转化为能源利用率的巨大损失，从而影响成本。

面对现代的新型硬件，新的数据类型及不断变化的业务场景，键值数据库并不存在一个完美的"万金油"解决方案。在这些纷繁复杂的设计方案中，有三类设计脱颖而出，它们分别是基于哈希表的存储引擎、基于 B+ 树的存储引擎和基于 LSM-tree 的存储引擎。这三种存储引擎最大的区别在于上层索引数据的索引结构不同，在读/写性能、空间效率和是否支持范围查询等方面也存在区别。

4.2　键值数据库的数据模型

和传统关系数据库不同的是，键值数据库采用键值对的方式存取数据。每一个数据对由键和值组成，其中键为一个字符串，值可以为任意类型，如整型、浮点数、字符串，甚至是集合等复杂类型。键值数据库中存储一个键值对的集合，形成一个类似字典的数据结构，并且存储在里面的键值对必须是不重复的，这样可以保证存取数据的时候不会发生冲突。键值数据库的数据模型足够简单，这使得键值数据库高度可分区，并且允许以其他类型的数据库无法实现的规模进行水平扩展，从而提供更高的性能和可用性。

以关系数据库中的某个 Student 表为例（见表 4-1），如果希望将基本表存储在键值数据库中，可以将其转成表 4-2 所列的键值对存储方式。

表 4-1　Student 表

SID	Name	Age
100	李明	20
101	陈雪	21
102	刘晓军	19

表 4-2　键值对存储方式

键	值	键	值
100:Name	李明	101:Age	21
100:Age	20	102:Name	刘晓军
101:Name	陈雪	102:Age	19

从表 4-2 可以看出，键会采用"主键：列名"构成，键所对应的值为指定行的指定列值。特别地，如果要将不同表格的数据均存储在同一个键值数据库中，则键会由"表名：主键：列名"构成。例如表 4-2 中的第一个键值对会相应地改动为 (Student:100:Name，李明)。

4.3 键值数据库的数据操作

尽管不同的键值数据库采用了不同的实现细节，有些甚至采用了分布式架构，或者具有多机备份能力，但是这些键值数据库对用户而言提供的都是相似的数据接口，包括 Put、Del、Get 和 Range（部分键值数据库支持）等。简单来说，Put、Del、Get 和 Range 操作分别对应插入 / 修改一个键值对、删除一个键所对应的键值对、查询一个键所对应的键值对，以及按照键的字典序查询数据库中从某个键开始的若干个键值对。采用哈希索引结构的键值数据库，例如 Redis、Memcached 和 FASTER 等放弃了对范围查询操作的支持，但是换来了更好的性能和更高的分区扩展性；而 RocksDB、LevelDB 和 BerkelyDB 这些采用有序存储结构或者范围索引的数据库则提供了对范围查询的支持，以满足部分用户的范围查询需求。

下面来详细定义一下这 4 种基本的数据操作。

1）Put(k,v)：如果键 k 在数据库中存在，将键 k 所对应的值修改为 v；否则，将 (k,v) 插入到数据库中。

2）Del(k)：如果键 k 在数据库中存在，将键 k 所对应的键值对从数据库中删除；否则不做任何操作。

3）Get(k)：如果键 k 在数据库中存在，返回键 k 所对应的值；否则，返回 null。

4）Range(k,len)：假定数据库中的键值按照键的字典序升序排列，Range 操作首先定位到第一个大于或等于 k 的键，并从这个键开始返回 len 个键值对。

大部分键值存储引擎只提供了上面 3 ～ 4 种基本数据操作，并且提供了多个操作的并行支持，例如 FASTER、RocksDB、LevelDB 等，这些数据操作足以向多个并发用户提供对数据库的读 / 写操作，并且保证较高的读写吞吐。对于现如今的新媒体时代的应用，例如短视频应用、云音乐应用等在线媒体服务器，其后端均采用了类似上述 4 种基本数据操作的键值数据库。

尽管一个支持多线程的键值存储引擎能够满足绝大部分的键值存取需求，但是为了实现更高层的业务逻辑，保证敏感性业务的可靠性和一致性，部分键值数据库也提供了类似关系数据库的事务操作，例如 Redis、Riak、CosmosDB 等。考察一个由基本操作构成的序列，键值数据库的事务操作类似关系数据库的事务，提供了对事务内部基本操作序列的 ACID 性质保证。举例来说，对于一个基本操作序列 T：

```
Get(k1), Put(k2,v2), Get(k3), Put(k4,v4), Del(k1)
```

键值数据库的事务操作能够保证 T 的操作是原子执行的，这意味着，T 的整个执行序列要么完全执行，要么都不执行，不会出现部分执行的状态。并且事务 T 的执行不会与基本操作序列发生冲突，以对执行事务 T 的上层应用提供一种在单独访问数据库的抽象。

下面以 LevelDB 为例，介绍不同的数据操作在代码层面的实现。在 LevelDB 中，首先需要使用 Open 函数打开数据库。Open 函数包括 3 个参数：第一个参数是 options，传入数据库配置信息；第二个参数是数据库名称，也就是数据库路径；第三个参数是被打开的数据库指针所保存的位置，如果数据库打开失败，返回值 Status 将不会是 Status::OK()，而是其他错误信息。

```
Status Open(const Options& options, const std::string& name, DB** dbptr);
```

打开数据库后，需要用数据操作函数进行操作。常用的数据操作函数有如下 5 个：

```
Status Put(const WriteOptions& options, const Slice& key, const Slice& value);
Status Delete(const WriteOptions& options, const Slice& key);
Status Write(const WriteOptions& options, WriteBatch* updates);
Status Get(const ReadOptions& options, const Slice& key, std::string* value);
Iterator* NewIterator(const ReadOptions& options);
```

Put 可以向数据库写入一条记录，Delete 可以删除一条记录，Write 则可以将包含多个记录的更改一并提交，Get 可以被用于读取数据中心的某条记录，NewIterator 用于获得一个迭代器，一般用于范围查询中遍历多条记录。

LevelDB 还提供了一些查询相关的函数支持数据查询操作，例如：

```
bool GetProperty(const Slice& property, std::string* value);
void GetApproximateSizes(const Range* range, int n, uint64_t* sizes);
```

GetProperty 以字符串形式获得数据库的某项信息，例如打印当前数据库基本状态可以用 GetProperty("leveldb.stats",&stats)。GetApproximateSizes 则可以粗略查询一个或多个区间占用的总空间，例如 GetApproximateSizes(&range, 1, &size) 可以查询一个区间的大小并将其保存在 size 中。

4.4　键值数据库的系统架构

通用的键值数据库的系统架构如图 4-1 所示。由图可知，键值数据库从上到下分为访问接口层（第 4.5 节介绍）、操作接口层（第 4.3 节介绍）和存储引擎层，对于分布式键值数据库而言，还存在一个额外的分区派遣 / 备份模块。本节详细介绍一下存储引擎层的主要功能，并简单对分区派遣 / 备份模块进行进述。

存储引擎层是键值数据的核心单元。数据存储在存储引擎中，并采用索引结构提升存储引擎中数据的存取性能。存储引擎对上层提供 Put、Get、Del 和 Range 函数接口，这些接口分别负责往该存储引擎内部插入 / 修改键值对、查询键值对，删除键值对和范围查询键值对。

一般来说，存储引擎主要分为 4 个模块：索引模块、存储模块、持久化模块和空间分配 / 垃圾回收模块。其中，存储模块负责键值对的物理存储，索引模块负责对每个键值对的快速定位，持久化模块负责对存储模块的持久化和可恢复性的保证，空间分配 / 垃圾回收模块负责空间的申请、分配及当空间使用率过高时的垃圾回收任务。对于部分有特殊需求的键值数据库，可能还会有额外的模块，如加解密模块和压缩模块等。

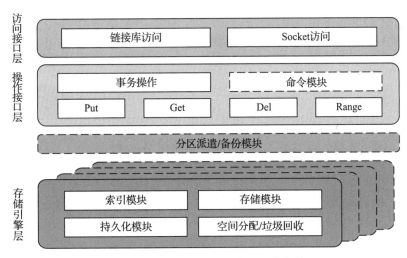

图 4-1 通用的键值数据库的系统架构

根据采用的索引和存储结构的不同，典型的存储引擎可以分为三大类。

1）基于哈希表的存储引擎。

2）基于 B+ 树的存储引擎。

3）基于 LSM-tree 的存储引擎。

通常而言，一个键值数据库可以采用如下实现方式：将数据存储在 .log 文件中，并且使用一个内存或磁盘索引检索每个数据项，如图 4-2 所示。

当然，部分基于 B+ 树的存储引擎可以将键值对

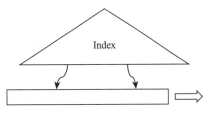

图 4-2 通用的键值数据存储引擎结构

存储在叶子节点中，大部分基于 LSM-tree 的键值存储引擎会将索引和数据集成在一起，从而得到一个更为紧凑的结构。下面来详细介绍上述三种不同的存储引擎，这里主要围绕每种存储引擎的索引的结构特点及相关的设计考虑点进行讲述。

4.4.1 基于哈希表的存储引擎

哈希表是一种无序的数据结构，它提供了快速的插入操作和查找操作。一个好的哈希表能够保证插入和查找的时间复杂度为 $O(1)$，即插入和查询性能与哈希表中的数据量无关。基于哈希表的键值存储引擎将键值对存储在持久性的日志文件中，然后构建一个内存哈希表用于索引日志中的键值对。常见的基于哈希表的键值存储引擎有 Riak 公司的 BitCasker，微软的 FASTER、Memcached 和 Redis。总体来说，这种设计可以实现高效的写性能和查询性能，但是它牺牲了范围查询性能。

在基于哈希表的键值存储引擎中，哈希表的重要性不言而喻。哈希表索引由哈希函数和多个哈希桶结构组成，其中哈希函数将哈希键映射到一个整数域 $[0, B-1]$，B 为哈希桶的数量。图 4-3 所示为一个简单的哈希表结构。该哈希表结构由 4 个桶组成，每个桶中可以容纳 2 个键值对，哈希表存储了 a ～ f 6 个键值对。在该结构中，部分键值对会被映射到同

一个桶中。如果有超过 2 个键值对映射到同一个桶中，则发生哈希冲突，此时需要设计一定的冲突处理机制来维持哈希索引结构的正确性。

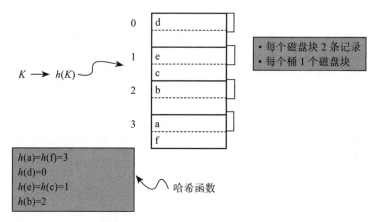

图 4-3　一个简单的哈希表结构

哈希表结构设计中最关键的问题就是：①如何选择合适的哈希函数；②如何选择合适的哈希冲突处理机制。比较常见的哈希函数有 MurMurHash、CityHash、FarmHash 等。其基本运算逻辑是将哈希键按固定长度进行切分，然后每个分片进行相应的位运算，并且按照一定的串联规则将不同分片的结果最终体现在哈希结果中。

图 4-4 给出了常见的哈希函数的性能测试结果。图中的 x 轴表示哈希键的长度，y 轴表示哈希函数计算的吞吐率（perations per second，ops）。在实际使用，可以根据负载的哈希键的长度特点选择合适的哈希函数。

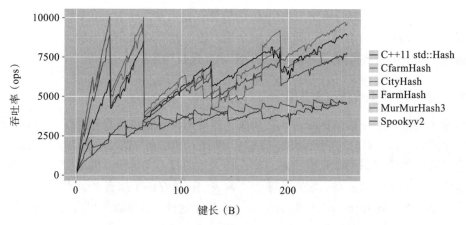

图 4-4　几种常见哈希函数的吞吐性能（详见彩插）

常见的哈希冲突解决机制有四种。

1）链地址法。在链地址法下，哈希表的每个桶由一个链表构成。链表中存储的是所有哈希值相同的键值对。因此在进行查询操作时，可以通过遍历该链表查询对应的键值对。

2）线性探测法。在线性探测法下，哈希表是一个连续的桶数组，对于任意一个哈希键，根据哈希函数定位到一个映射位置，插入和查找都基于该地址进行向后探测。当插入一个键值时，判断映射地址是否为空，如果该地址为空，则在映射地址插入键值对，否则向后探测直到找到空桶，并将该键值对放入该空桶。查询操作则从映射地址开始向后扫描所有键值对，直到找到待查询键值对或者遇到一个空桶。

3）双选择法。双选择法采用两个独立的哈希函数，对于每个键值对，都有两个可插入的桶。当执行插入的时候，根据两个哈希函数分别将哈希键映射到两个桶 a 和 b 中。根据桶 a 和桶 b 的填充度，选择填充度更低的桶插入键值对。同样，执行查询操作时，只需要遍历两个桶即可定位到查询键值。

4）布谷鸟探测法。布谷鸟探测法是双选择法的一种变种。它同样采用两个哈希函数。当执行键值对插入时，根据两个哈希函数分别将哈希键映射到两个桶 a 和 b 中。如果桶 a 和 b 存在空闲位置，则将键值对插入到空闲位置中；否则，随机挑选一个桶中的键值对，将其踢出该桶，并存入待插入键值对，被踢出的键值对则尝试插入到其对应的另一个桶中。

采用不同哈希冲突解决方式，在查询性能、插入性能、哈希表填充度三个维度会有不同的表现，没有一个十全十美的哈希冲突解决方案。链地址法的插入性能更优，并且对于空间的占用是逐渐增长的；线性探测法的填充度可以做到最优，但是这是以牺牲查询和插入性能为前提的；在查询性能上，布谷鸟和双选择法会比其他方法更优。在实际的键值数据库中，不同的设计会采用不同的哈希函数和哈希冲突解决机制。Redis 采用的就是链地址法，这使得 Redis 的空间占用更为缓慢，空间管理也更为灵活。

4.4.2 基于 B+ 树的存储引擎

B+ 树是一种平衡的、多叉的树形结构，能够支持 $O(\log n)$ 的插入和查询时间复杂度。B+ 树的整个结构是有序存储的，这使得 B+ 树能够高效地支持范围查询；在空间放大维度，B+ 树能够达到 70% 的空间利用率。综上所述，B+ 树有较好的综合性能，在现代的诸多存储系统中，B+ 树索引很常见，例如关系数据库 MySQL 的默认存储引擎 InnoDB。在键值数据库中，采用 B+ 树作为索引结构的系统有 BerkerlyDB、微软的 Hekaton 等。

B+ 树结构是一棵多叉的平衡树，每个内部节点存储了 k 个键和 $k+1$ 个指针（$\left\lceil \dfrac{m}{2} \right\rceil \leqslant k \leqslant m$，其中 m 为最大容量），每相邻两个键划分出一块键范围。内部节点中的键可以将键的取值范围划分为 $k+1$ 个子区域，每个子区域对应的指针指向的是一棵子树，子树中的所有键均属于子区域。每个叶子节点可以存储最多 m 个键值对。当一个叶子节点满时，叶子节点分裂为两个新的叶子节点，并且将新节点及两个节点的分割键作为一个新的索引项插入到父亲节点中去。

常见的 B+ 树结构如图 4-5 所示。图所示是一棵层高为 2 的 B+ 树，内部节点由两个整数键 5 和 9，以及 3 个指针构成。最左边的指针指向的子树是一个叶子节点，在节点中包含两个键值对，其对应的键均小于 5。当连续往 B+ 树中插入 2 和 3 之后，最左边的叶节点超过最大能存储的容量，叶节点发生分裂操作，分裂后的 B+ 树结构如图 4-6 所示。

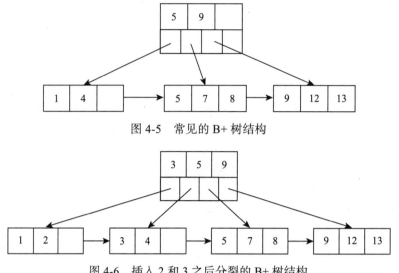

图 4-5   常见的 B+ 树结构

图 4-6   插入 2 和 3 之后分裂的 B+ 树结构

数据库服务器通常在许多线程中运行，以服务于许多用户，并利用多个处理器核心和许多使用异步 I/O 的磁盘。即使是单线程的应用，例如在个人计算机上，数据库维护和索引调整的异步活动也需要并发线程，因此需要对 B+ 树索引进行并发控制。由于 B+ 树的树形结构会不断动态调整，要实现一个正确的多线程 B+ 树，存在着较大的设计挑战。目前来说，实现 B+ 树的并发，可以采用以下 3 种机制：①锁耦合；②乐观锁机制；③无锁机制。

1. 锁耦合机制

锁耦合机制是 B+ 树中应用最为广泛的一种加锁方式。为了保证多线程安全，如果给整棵 B+ 树加锁（见图 4-7a），无疑会对整体的吞吐产生较大的负面影响，因为每次写请求都会阻塞整棵树上的所有后续读 / 写线程。另一种方式是在结点级别加锁，每次执行读 / 写访问时，锁住从根节点到叶节点路径上的所有结点（见图 4-7b），这样每个读 / 写线程都会锁住一条路径上的所有节点。锁耦合机制就是一种节点级别的加锁方式，但是路径上的节点的锁会更早地释放，如图 4-7c 所示，同时能保证线程安全。在锁耦合机制中，每个线程同时最多拥有两个节点的锁，分别为父节点和孩子节点。父节点的节点可以在孩子节点的锁获取之后释放，这样可以充分减少每个节点加锁和释放的临界区大小，从而最大化多线程性能。

a）全局锁   b）路径加锁   c）锁耦合

图 4-7   B+ 树的加锁方式

2. 乐观锁机制

采用锁耦合机制，每个读 / 写线程仍然是互相阻塞的，而乐观锁机制试图减少写线程对读线程的阻塞，并进一步减少加锁的数量。为了实现无阻塞读线程，B+ 树结构需要做相应的适配。在 B+ 树的中间节点中增加字段，存储中间节点的兄弟指针，以及节点和兄弟节点的分割键。内部节点除节点内部的锁字段之外，还额外维护一个写版本号。每当写线程对节点完成修改之后，先对写版本号完成自增操作，随后释放写锁。每当读线程访问一个节点的时候，首先记录节点版本号，在完成对节点的访问之后检测节点版本号是否发生变化，如果节点写版本号发生变化，读线程重做对该节点的访问，否则意味着节点访问过程中该节点并未发生写操作，因此读节点操作成功执行。

3. 无锁机制

Bw-tree 是著名的无锁 B+ 树结构，并且是微软的 Hekaton 的核心索引结构。Bw-tree 通过无锁的方式来操作 B+ 树，提升随机读和范围查询的性能。它的核心的思想是把 B+ 树的页（page）通过 page id（PID）映射到 map，map 的 [key, value] 变成 [PID, page value]，把直接对 page 的修改，变成一个修改的操作记录，加入到"page value"。所以"page value"可能是一个"base page"，即 page 原始的内容，和一串对 page 修改形成的记录的链表，而在修改记录链表中加入一个修改记录节点可以很容易变成一个无锁的方式来实现。另外，对 B+ 树的 split 和 merge 操作也通过类似的原理，把具体的操作细化成好几个原子操作，避免传统的加锁方式。

总之，乐观锁机制是对锁耦合机制的一种优化，前者大大减少了加锁数量和临界区长度，从而大大提升了并发性能。在乐观锁机制中，读线程是不会被阻塞的，但是写线程会互相阻塞，从而在写密集的负载下，乐观锁机制仍然存在较大的性能瓶颈。无锁的设计能够使得读写线程互不阻塞，从而有望实现更高的多核可扩展性。

4.4.3　基于 LSM-tree 的存储引擎

LSM-tree 的键值（key-value，KV）存储针对随机写进行优化，通过异地更新把随机写转化为顺序写，取得较为高效的数据插入及删除性能，作为存储引擎被广泛应用于许多存储系统上。Google 的 BigTable 和 LevelDB、Facebook 的 Cassandra 和 RocksDB、Apache 的 HBase 等系统均采用 LSM-tree 作为存储引擎。阿里巴巴的 OceanBase 底层设计也参考了 LSM-tree。Facebook 还将 RocksDB 作为 MySQL 的一个存储引擎移植到 MySQL，称之为 MyRocks。

下面以 LevelDB 为例简要介绍 LSM-tree。如图 4-8 所示，内存中的写缓冲（MemTable）以追加写的方式存储最新的键值数据，Immutable MemTable 是临时的只读的 MemTable，当一个 MemTable 里存储的键值数据达到一定量后，这个 MemTable 就转化为 Immutable MemTable，然后内存里会生成一个新的 MemTable 来接收最新的键值数据。当然，新的数据在写入内存的 MemTable 前需要先写入磁盘中的日志文件（Log File），用于防止系统崩溃导致内存里的数据丢失。一个日志文件对应一个 MemTable。当 Immutable MemTable 里的数据达到一定的阈值后，数据会被组织成一个个 SSTable（sorted string table）文件刷写（flush）到磁盘中的 Level 0。内存到 Level 0 的刷写操作在一些文献中也被称为微小合并（minor compaction）。

为了区分，LevelDB 将 Level 1 到 Level 2、Level 2 到 Level 3 等的合并操作称为主要合并（major compaction）。通常意义上的"合并"默认指主要合并。LevelDB 中所有 Level 的数据量都是有一定限制的，并且逐层之间的额定数据量是按照特定的参数呈指数级增长的。例如，Level 1 中所有文件的大小总和为 10MB，此时 Level 2 中的文件大小总和为 100MB，它们之间的增长系数是 10。一旦某个 Level (L_i) 中的数据量到达预设的阈值，合并（compaction）线程就会从 L_i 选择一个文件读入内存，然后在 L_{i+1} 中选择出与该文件有 key 重叠的所有文件，将 L_i 和 L_{i+1} 选择的文件进行多路归并，合并成新的 L_{i+1} 层文件。除了 Level 0，LevelDB 上的其他 Level 需确保每一层的所有数据都是全局有序的，即同一层内的任意两个 SSTable 文件之间不会存在数据重叠的部分。由于 Level 0 中 SSTable 直接是由内存的 Immutable MemTable 刷回的，因此，Level 0 中的 SSTable 之间可能会存在数据重叠，但是 Level 0 中每个 SST 文件内的键值数据仍然是有序的。合并过程中需要访问 LevelDB 的元数据文件 Manifest（需要先访问 Current 文件获取 Manifest 文件的访问信息）以获取所有 SSTable 和 Level 的元数据。

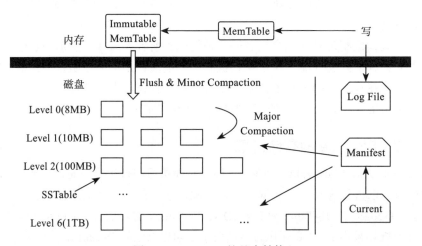

图 4-8   LSM-tree 的基本结构

LSM-tree 通过将随机写转化为顺序写，大大提高了系统的写性能，但查询（包括点查询和范围查询）性能会有一定程度的下降，因为一次查询操作可能要遍历磁盘中的许多个不同的 SST 文件。当进行数据点查找操作时，LevelDB 先对 MemTable 进行查找，然后是 Immutable MemTable，最后是 Level 0 ～ Level 6，直到找到为止。一次点查询操作可能会读取磁盘的多个文件，Level 0 中文件中 key 的范围是有重叠的，因此在 Level 0 执行查询操作时，可能需要读取多个文件，而 Level 1 ～ Level 6 因为文件之间 key 的范围是不重叠的，每层只会读取一个文件。LevelDB 严格控制了 Level 0 的文件数目，在写数据密集时控制写入的数据量，给系统充分的时间来调用后台的合并线程将 Level 0 的数据合并到 Level 1，这在一定程度上降低了读操作的时延。

相应地，LSM-tree 结构也存在一些问题。

1）LevelDB 的合并操作会产生写放大。LevelDB 除了 Level 0 外，每一层的数据都是全局有序的，这使查询操作的性能不至于太差。为了维持数据的有序排列，每一次数据的合并操作都必须有下一层数据参与。因为 LevelDB 相邻层之间的存储空间是 10 倍增长的（从 Level 1 ～ Level 6），所以理论上，同一大小范围的数据量，较高层将会是相邻低层数据量的 10 倍。当对某一层的一个 SSTable 文件进行合并操作时，合并线程会从该层选择一个 SSTable 文件读入内存，然后再读入下一层中与该 SSTable 文件有 key 重叠的所有文件，两者合并成新的 SSTable 文件存入下一层。此时，真实写入的数据量远远大于实际需要写入的数据量，这就是 LevelDB 合并操作造成的写放大。写放大系数是参加合并的数据量与生成的新的 SSTable 文件数据量的比值。当 LevelDB 存放的数据量变大时，任何文件都会通过一系列的合并操作从 Level 1 迁移到 Level 6，所以 LevelDB 的写放大可能超过 50 倍。并且，随着数据量的增加，每个键值可能被多次合并，写放大会随着数据存储容量的增加而增加。

2）LevelDB 的点查询操作会产生读放大。在执行合并操作前，LevelDB 会预先把数据从设备读出来，产生大量的数据读取，这种放大一般被称作读放大。在 LevelDB 执行点查询操作读取数据时，当 KV 数据没有命中内存中的缓存（block cache），需要在设备上逐层查找，直到找到对应的数据。因为 Level 0 层的数据文件允许有 key 重叠，因此在查找 Level 0 当中的文件要依次查找符合范围的文件；当在 Level 0 层没有找到该数据时，LevelDB 需要依次查询 Level 1 ～ Level 6 的文件。读取设备上的多个文件导致了比较严重的读放大。

很多专家尝试减少 LSM-tree 的写放大，从而进一步提升 LSM-tree 键值数据库的写性能。优化写性能主要的方法为分区和分片。分区意味着每一层由多个互不重叠的分区构成，这样将每个大的合并操作划分成多个小型的分区合并操作。这样一方面可以减少执行合并操作所需要的磁盘空间，另一方面可以减少合并操作对磁盘资源的过度挤占，从而阻塞其他插入 / 查询操作。分片意味着每一层存在多个范围重叠的键值区域，每个区域内部是有序的。当采用分片机制时，当某一层发生合并时，并不需要与下层执行归并排序，而是将该层的所有分片执行归并排序，将排序后的分片作为一个新分片写入下层，从而将每次合并写放大从 T 下降到 1（其中 T 为不同层间的大小比例）。

通过上面的分析可以看出，基于哈希表的存储引擎、基于 B+ 树的存储引擎和基于 LSM-tree 的存储引擎在现代键值存储引擎中三足鼎立，它们并不能互相取代，因为不同的索引结构适应不同的应用场景。其中，基于哈希表的存储引擎适合读 / 写均衡的负载，并且能够提供更高的可用性、分区扩展性和读 / 写性能；基于 B+ 树的存储引擎适合读密集和读 / 写均衡的负载，例如业务分析场景，并且能够提供较好的范围查询性能和较高的空间利用率；基于 LSM-tree 的存储引擎适合写密集的负载，例如电商和证券数据库，以及网页日志数据库等。总之，没有哪种存储引擎可以适应所有的场景，而现代键值数据库的魅力就在于，更专用的场景总是可以做出更极致的优化。

4.5　键值数据库的访问接口

关系数据库的客户端通常通过数据库驱动程序如 JDBC、ODBC 等访问数据库服务器，数据库服务器再操作数据库中的数据文件。数据库服务是一种客户端服务器模式，客户端和服务器是完全两个独立的进程。它们可以分别位于不同的计算机甚至网络中。客户端和服务器通过 TCP/IP 进行通信。这种模式将数据与应用程序分离，便于对数据访问的控制和管理。部分键值数据库也采用了基于网络连接的访问接口，例如 Redis、Memcached 等。在这些系统中，键值数据库独立于应用程序运行，并且占用数据库所在主机的一个网络端口。客户端程序可以通过套接字连接键值数据库，并向数据库服务器发送相应的指令，以执行数据操作和数据管理任务。

除此之外，部分键值数据库为可嵌入的键值数据库，例如 RocksDB 和 LevelDB 等。嵌入式数据库不需要数据库驱动程序，直接将数据库的库文件链接到应用程序中即可。应用程序通过 API 访问数据库，而不是 TCP/IP。因此，嵌入式数据库的部署是与应用程序在一起的。嵌入式数据库的优点在于轻量，数据库运行时嵌入在进程中，并且可定制性高、体积小，满足嵌入式系统的需求。

通过套接字连接数据库服务器和嵌入式键值数据库访问接口的对比如下：

1）数据库服务器通常允许非开发人员（DBA，数据库库管理员）对数据库进行操作；而在嵌入式数据中，通常只允许应用程序对其进行访问和控制。

2）数据库服务器将数据与程序分离，便于对数据库访问的控制；而嵌入式数据库则将数据的访问控制完全交给应用程序，由应用程序进行控制。

3）数据库服务器需要独立的安装、部署和管理；而嵌入式数据通常和应用程序一起发布，不需要单独部署一个数据库服务器，具有程序携带性的特点。

4.6　典型的键值数据库系统

本节介绍两种典型的键值数据库系统，即 Redis 和 LevelDB。主要介绍两种键值数据库系统的基本架构、数据操作接口和支持的特性。

4.6.1　Redis 数据库

Redis 指远程字典服务器（remote dictionary server），是一款快速的、开源的、基于内存的键值对存储系统。Redis 的创始开发人员 Salvatore Sanfilippo 为了提高他意大利初创企业的可扩展性，启动了此项目。目前，Redis 可用作数据库、缓存、消息代理和队列。

Redis 可提供亚毫秒级的响应时间，每秒处理数百万个请求，支持游戏、广告技术、金融服务、医疗保健和 IoT 等行业的实时应用程序。

Redis 具有较丰富的特性，包括丰富多样的数据类型、持久性、可编程性和高可用性。Redis 支持的数据类型包括字符串、列表、集合、哈希表、有序集合、Bitmap 及 Hyperloglog 等。其中，字符串是 Redis 值的最基本种类。Redis 字符串是二进制安全的，这意味着 Redis 字符串可以包含任何类型的数据，例如 JPEG 图像或序列化的 Ruby 对象。Redis 支持数据持久性。持久性是指将数据写入持久性存储，如固态盘（SSD）。Redis 本身提供了一系列的持久性选项：

1）RDB（Redis 数据库）。RDB 持久化体现在在指定的时间间隔内对数据集进行时间点快照。

2）AOF（append only file）。AOF 持久性体现在记录了服务器收到的每一个写操作，这些操作将在服务器启动时再次播放，重建原始数据集。命令的记录采用与 Redis 协议本身相同的格式，以只附加的方式进行。Redis 能够在后台重写日志，当它变得太大时，没有持久性。如果用户愿意，可以完全禁用持久性，数据只要服务器运行就存在。

3）RDB + AOF：可以在同一个实例中结合 AOF 和 RDB。注意：在这种情况下，当 Redis 重新启动时，AOF 文件将被用来重建原始数据集，因为它被保证是最完整的。最重要的是要理解 RDB 和 AOF 持久化之间的不同权衡。

此外，Redis 系统支持分区。分区可以分割数据到多个 Redis 实例的处理过程，因此每个实例只保存 key 的一个子集。分区的优势在于通过利用多台计算机内存的和值，可以构造更大的数据库。例如，通过多核和多台计算机，允许扩展计算能力；通过多台计算机和网络适配器，允许扩展网络带宽。

4.6.2　LevelDB

1. LevelDB 的基本结构

一个基于日志合并树的键值数据库包含多级缓冲层，写入的数据会在缓冲层中逐层合并，直到被写入最下层。

图 4-9 显示了 LevelDB 所涉及的内存和磁盘结构。在将数据写入内存层时，为保证数据非易失性，LevelDB 会将数据同时写入写缓冲区（MemTable）及先写日志（WAL）中。当数据在 MemTable 中写满后会首先切换为只读的 Immutable MemTable。当 Immutable MemTable 的数量达到一定阈值后会被刷写到磁盘层，并在磁盘层中向下逐层归并排序，直至抵达数据库最底层。

LevelDB 采用多版本并发控制（multi-version concurrency control，MVCC）机制。在这一机制下，每次对数据库结构进行改动时会生成一个新的版本（version），旧的版本会随引用计数归零而自动释放，这可以保证读 / 写操作安全并发。与 MemTable 类似，版本信息有一份磁盘上的持久化版本，即 Manifest 和 CURRENT 文件，当数据库关闭或意外中止后，可以从这两个文件载入版本信息。

内存结构		MemTable	Immutable MemTable	Table Cache Block Cache	Versions
磁盘结构		WAL 日志	WAL 日志		Manifest
	Level 0	SST	SST		
	Level 1	SST	SST	SST	
	...		...		
	Level *N*	SST	SST	SST	SST

图 4-9　LevelDB 结构示意图

LevelDB 采用 LRU 作为默认缓存策略，并保有两种缓存结构，即 Table Cache 和 Block Cache。前者缓存 Table 的头数据，包括索引和布隆过滤器（bloom filter，用于加快数据过滤性能），后者缓存 SSTable 文件的数据块。

2. 写入数据的一般流程

1）数据先被写入 MemTable 和 WAL 中。前者用于支持查询，后者用于确保数据持久化。

2）当 MemTable 写满后将变为不可写入，随后会新建一个 MemTable 用于写入，而被写满的 MemTable 将被刷回磁盘上，变为 Level 0 中的 SST 文件。

3）当 Level 0 中的 SST 文件堆积到一定数量后，Level 0 中所有文件会和 Level 1 中的所有文件发生一次归并排序，并成为 Level 1 中的 SST 文件。

4）对于 Level 1~Level *L*，当某一层 Level *k* 的文件总大小超过一定限制时，将会挑选该层的某个文件与其下层 Level *k*+1 中所有与之有范围交集的文件发生归并排序，排序后的数据将成为 Level *k*+1 中的 SST 文件。

3. 读取数据的一般流程

1）从 MemTable 和 Immutable MemTable 中分别查询该键是否存在。

2）从 SST 中搜寻可能存在该键的文件，并按照文件生成顺序从新到旧排序。

3）对于每个文件，先将其载入过滤器，检查键是否存在于文件中。如果通过检查，则进一步查找索引和内存块定位数据内容。

4.7　键值数据库使用示例

本节将介绍 LevelDB 的安装和使用的基本流程，并简单介绍其接口的使用方法。

使用过程：先打开数据库，并向数据库中插入 A、B、C、D 四条记录，随后删除记录 C，最后分别通过 Get 和 NewIterator 接口读取所插入的记录。需要注意的是，完整编译和使用 LevelDB 需要一些包含 Snappy 在内的第三方库。

1）将源码从托管库复制到本地（见图 4-10）。

2）安装依赖软件，如 Snappy（见图 4-11）。

3）编译 libleveldb.a 和其他工具（见图 4-12）。

4）运行 db_bench 以检查安装是否成功（见图 4-13）。

```
→ workspace git clone --recurse-submodules https://github.com/google
/leveldb.git
Cloning into 'leveldb'...
remote: Enumerating objects: 3436, done.
remote: Counting objects: 100% (6/6), done.
remote: Compressing objects: 100% (5/5), done.
remote: Total 3436 (delta 0), reused 3 (delta 0), pack-reused 3430
Receiving objects: 100% (3436/3436), 1.59 MiB | 3.22 MiB/s, done.
Resolving deltas: 100% (2416/2416), done.
Submodule 'third_party/benchmark' (https://github.com/google/benchmar
k) registered for path 'third_party/benchmark'
Submodule 'third_party/googletest' (https://github.com/google/googlet
est.git) registered for path 'third_party/googletest'
Cloning into '/home/sagitrs/workspace/workspace/leveldb/third_party/b
enchmark'...
```

图 4-10　复制代码到本地

```
→ workspace sudo apt install libsnappy-dev
Reading package lists... Done
Building dependency tree
Reading state information... Done
The following NEW packages will be installed:
  libsnappy-dev
0 upgraded, 1 newly installed, 0 to remove and 9 not upgraded.
Need to get 29.0 kB of archives.
After this operation, 116 kB of additional disk space will be used.
Get:1 http://mirrors.ustc.edu.cn/ubuntu focal/main amd64 libsnappy-dev amd64 1.1.8
1build1 [29.0 kB]
Fetched 29.0 kB in 0s (1391 kB/s)
Selecting previously unselected package libsnappy-dev:amd64.
(Reading database ... 43904 files and directories currently installed.)
Preparing to unpack .../libsnappy-dev_1.1.8-1build1_amd64.deb ...
Unpacking libsnappy-dev:amd64 (1.1.8-1build1) ...
Setting up libsnappy-dev:amd64 (1.1.8-1build1) ...
→ workspace
```

图 4-11　安装依赖软件

```
→ workspace cd leveldb
→ leveldb git:(main) mkdir -p build && cd build
→ build git:(main) cmake -DCMAKE_BUILD_TYPE=Release .. && cmake --bu
ild .
-- The C compiler identification is GNU 9.4.0
-- The CXX compiler identification is GNU 9.4.0
-- Check for working C compiler: /usr/bin/cc
-- Check for working C compiler: /usr/bin/cc -- works
-- Detecting C compiler ABI info
-- Detecting C compiler ABI info - done
-- Detecting C compile features
-- Detecting C compile features - done
-- Check for working CXX compiler: /usr/bin/c++
-- Check for working CXX compiler: /usr/bin/c++ -- works
-- Detecting CXX compiler ABI info
-- Detecting CXX compiler ABI info - done
```

图 4-12　编译 LevelDB 和其他工具

```
→ build git:(main) X ./db_bench
LevelDB:      version 1.23
Date:         Tue May 10 09:43:47 2022
CPU:          16 * AMD Ryzen 7 4800H with Radeon Graphics
CPUCache:     512 KB
Keys:         16 bytes each
Values:       100 bytes each (50 bytes after compression)
Entries:      1000000
RawSize:      110.6 MB (estimated)
FileSize:     62.9 MB (estimated)
------------------------------------------------------------
fillseq      :       2.941 micros/op;   37.6 MB/s
fillsync     :    2199.658 micros/op;    0.1 MB/s (1000 ops)
fillrandom   :       2.830 micros/op;   39.1 MB/s
overwrite    :       3.325 micros/op;   33.3 MB/s
readrandom   :       5.600 micros/op; (864322 of 1000000 found)
readrandom   :       5.093 micros/op; (864083 of 1000000 found)
readseq      :       0.173 micros/op;  640.5 MB/s
readreverse  :       0.279 micros/op;  397.2 MB/s
compact      :  530568.000 micros/op;
readrandom   :       3.368 micros/op; (864105 of 1000000 found)
readseq      :       0.146 micros/op;  759.0 MB/s
readreverse  :       0.237 micros/op;  466.0 MB/s
fill100K     :     650.749 micros/op;  146.6 MB/s (1000 ops)
crc32c       :       0.918 micros/op; 4253.1 MB/s (4K per op)
snappycomp   :       2.573 micros/op; 1518.4 MB/s (output: 55.1%)
snappyuncomp :       0.441 micros/op; 8863.0 MB/s
```

图 4-13　运行 LevelDB 中自带的 db_bench

5）新建文件 hello.cc 并写入各种测试代码（见图 4-14 ～图 4-17）。

```cpp
#include <cassert>
#include <cstdio>
#include <cstring>
#include <string>

#include "leveldb/db.h"
#include "leveldb/options.h"
#include "leveldb/write_batch.h"

int main() {
  char dbpath[] = "/tmp/leveldb/hello";
  leveldb::DB* db;
  leveldb::Options options;
  options.create_if_missing = true;

  {  // Open.
    // Status Open(const Options& options, const std::string& name,
    // DB** dbptr);
    leveldb::Status status = leveldb::DB::Open(options, dbpath, &db);
    if (status.ok())
      printf("[Open] leveldb[%s] successfully.\n",
             dbpath);
    else
      printf("[Open] leveldb[%s] failed: %s.\n", dbpath,
             status.ToString().c_str());
  }
```

图 4-14　样例代码——打开数据库

```
{  // Write.
  leveldb::WriteOptions woptions;

  // Status Put(const WriteOptions& options, const Slice& key,
  // const Slice& value);
  db->Put(woptions, "A", "HelloA");

  // Status Write(const WriteOptions& options, WriteBatch* updates);
  leveldb::WriteBatch updates;
  updates.Put("B", "HelloB");
  updates.Put("C", "HelloC");
  updates.Put("D", "HelloD");
  db->Write(woptions, &updates);

  // Status Delete(const WriteOptions& options, const Slice& key);
  db->Delete(woptions, "C");
}
```

图 4-15 LevelDB 使用示例——写入 / 删除数据

```
{  // Read.
  leveldb::ReadOptions roptions;
  std::string value;

  // Status Get(const ReadOptions& options, const Slice& key,
  // std::string* value);
  db->Get(roptions, "A", &value);
  printf("[Get] db[%s]=\"%s\".\n", "A",
        value.c_str());

  // Iterator* NewIterator(const ReadOptions& options);
  leveldb::Iterator* iter = db->NewIterator(roptions);
  for (iter->Seek("B"); iter->Valid(); iter->Next()) {
    std::string key(iter->key().ToString());
    std::string value(iter->value().ToString());
    printf("[Iterate] db[%s]=\"%s\".\n",
          key.c_str(), value.c_str());
  }
  delete iter;
}
```

图 4-16 LevelDB 使用示例——读取数据

```
{  // Get property.
  // bool GetProperty(const Slice& property, std::string* value);
  std::string property("leveldb.stats");
  std::string result;
  bool ok = db->GetProperty(property, &result);
  assert(ok && "GetProperty failed.");
```

图 4-17 LevelDB 使用示例——其他功能

```
    printf("[GetProperty] Property[%s]=\n%s\n\n",
         property.c_str(), result.c_str());

    // void GetApproximateSizes(const Range* range, int n,
    // uint64_t* sizes);
    leveldb::Range range("A", "D");
    uint64_t size;
    db->GetApproximateSizes(&range, 1, &size);
    printf("[GetApproximateSizes] Size=%ld\n", size);
  }
  delete db;
  return 0;
}
```

图 4-17　LevelDB 使用示例——其他功能（续）

6）编译并运行以查看运行结果（见图 4-18）。

```
→ build git:(main) X g++ hello.cc ./libleveldb.a -lsnappy -lpthread
 -o hello -I../include
→ build git:(main) X ./hello
[Open] leveldb[/tmp/leveldb/hello] successfully.
[Get] db[A]="HelloA".
[Iterate] db[B]="HelloB".
[Iterate] db[D]="HelloD".
[GetProperty] Property[leveldb.stats]=
                                Compactions
Level  Files Size(MB) Time(sec) Read(MB) Write(MB)
--------------------------------------------------
  0      5       0        0        0        0
  1      1       0        0        0        0


[GetApproximateSizes] Size=0
→ build git:(main) X ▮
```

图 4-18　LevelDB 使用示例——运行结果

本章小结

本章主要介绍了键值数据库的基本概念，包括技术概述、数据模型、数据操作、系统架构、访问接口等，另外还着重介绍了典型键值数据库 LevelDB 的使用示例。

通过对本章的学习，读者应能了解键值数据库的基本结构，掌握典型键值数据库的基本使用方法。

CHAPTER 5

第 **5** 章

文档数据库技术

面对网页、移动端、传感器等多个平台产生的结构化、半结构化和非结构化的海量数据，传统的关系数据库受到了巨大限制和挑战。NoSQL（not only SQL）数据库应运而生，使用与关系数据库中关系模型所不同的数据模型可以为数据存储提供更大的灵活性。其中，文档数据库作为 NoSQL 数据库的分支之一，被广泛应用于许多领域的多种应用场景中。

内容提要：本章首先介绍文档数据库的概念和优缺点，然后以 MongoDB 为例介绍文档数据库的主要数据模型、数据操作、部署架构及访问接口，之后介绍了三种使用广泛的典型文档数据库系统，最后介绍了文档数据库 MongoDB 的安装和使用示例。

5.1 文档数据库技术概述

文档数据库（document database）是使用文档存储信息的数据库，也称为面向文档的数据库或文档存储。相比于关系数据库将数据存储在固定的行和列中，文档数据库采用更直观、灵活的文档数据模型。文档数据库通常使用 XML（extensive markup language）和 JSON（JavaScript object notation）等半结构化数据格式存储，对于添加到特定文档的字段、值或数据类型的数量几乎没有限制。存储在文档数据库中的文档使用嵌套的键值对来提供文档的结构或模式，不同类型的文档可以存储在同一个文档数据库中，从而满足处理不同格式数据的需求。

文档数据库和关系数据库之间最明显的区别是数据建模的方式。文档数据库通常使用包含键值对的灵活的文档对数据建模，而关系数据库通常使用具有固定行和列的表来建模数据。来自网络、移动端、社交平台和物联网设备的多形态数据对应用程序的数据模型提出了挑战。当有新的数据属性需要添加时，关系数据库通过修改表，以及添加或删除列来强制修改数据模型。而文档数据库不需要修改整个模型，可以直接添加新的字段到一个文档中。文档模型的灵活性使得文档数据库可以很方便地适应应用程序对数据存储提出的新的需求。文档模型可以将数据以更接近应用程序中数据对象的形式进行存储和检索。这意味着在应用程序中操作数据所需的转换映射更少，在应用程序和存储数据库之间写入或读取数据时，不需要像关系数据库一样组装和分解数据。

快速查询性能是文档数据库的另一个优点。关系数据库中的数据通常是规范化的，因此对单个对象或实体的查询需要连接来自多个表的数据，随着表的增大，连接的开销可能会变大。但是，文档数据库通过数组和嵌套文档可以将数据以一种针对查询进行优化的方式存储，将会被一起访问的数据存储在一个文档可以避免查询时的连接操作，加速查询。此外，大多数文档数据库都为数据的 CRUD（创建、读取、更新和删除）操作提供了强大的接口，并使用索引和二级索引来优化数据查询性能。

此外，大多数文档数据库采用了分布式的部署架构，可以自动进行水平扩展和数据均衡。而传统的关系数据库无法跨多个实例对数据库进行分区，无法随着数据量的增长进行扩展伸缩，需要在应用层中实现分片，或者依赖于昂贵的扩展系统。

文档模型也存在着一定的局限性。首先，文档模型的设计通常是为了优化查询而进行的，因此，可能会存在一些冗余以提高查询性能，一些文档数据库通过压缩以减少存储空间的占用。其次，一些应用程序可能需要跨多个表（集合）执行事务，但部分文档数据库并不提供 ACID（原子性、一致性、隔离性、持久性）事务的支持。事务的 ACID 特性保证数据库在运行一组操作后仍处于一致的状态。文档数据库对事务最基础的支持是保证单文档操作的原子性，如 MongoDB 这样的文档数据库则增加了快照隔离级别的多文档 ACID 事务功能。此外，大部分文档数据库并不提供对 SQL 的支持，各自的查询语言在使用上也有较大的差距，既不利于开发人员将业务从关系数据库迁移到文档数据库，也增加了学习成本。

5.2　文档数据库的数据模型

不同的文档数据库可能使用不同的半结构化数据格式存储文档，主要有两种格式：XML 格式（如 MarkLogic、BaseX、eXist-db 等）和 JSON 格式（MongoDB、Couchbase、CouchDB 等）。下面以 MongoDB 数据库所使用的类 JSON 格式为例，介绍文档数据库 MongoDB 的数据模型。

5.2.1　基于文档的数据模型

在 MongoDB 数据库中，一个数据库包含多个文档集合，每个集合包含若干个文档。每个文档由若干个键值对组成，键值对中的键通常也称为字段名，其中值的类型还包括数组和嵌套的文档等。

【例 5-1】下面的 JSON 文档展示了一个用户如何在单一的文档结构中建模，而不是像关系数据库中通过多个单独的表来存储。其中，"_id" 字段为主键，如果文档在创建时未指定此字段，MongoDB 会自动为该文档添加值类型为 ObjectId 的 "_id" 字段。

```
{
    "_id": 1,
    "first_name": "Tom",
```

```
    "email": "tom@example.com",
    "cell": "765-555-5555",
    "likes": [
        "fashion",
        "spas",
        "shopping"
    ],
    "businesses": [
        {
            "name": "Entertainment 1080",
            "partner": "Jean",
            "status": "Bankrupt",
            "date_founded": {
                "$date": "2012-05-19T04:00:00Z"
            }
        },
        {
            "name": "Swag for Tweens",
            "date_founded": {
                "$date": "2012-11-01T04:00:00Z"
            }
        }
    ]
}
```

MongoDB 中基于文档的数据模型与 RDBMS 中关系模型的术语对照见表 5-1。

表 5-1 文档模型与关系模型的术语对照表

MongoDB 基于文档的数据模型	RDBMS 的关系模型
数据库（database）	数据库（database）
集合（collection）	表（table）
文档（document）	元组（row）
字段（field）	属性（column）
索引（index）	索引（index）
视图（view）	视图（view）
嵌套文档（embedded documents）	连接（join）
文档引用（document references）	外键（foreign key）
分片（shard）	分区（partition）

基于文档的数据模型相比于关系模型有以下三个特点。

1）直观性。文档可以更直观地映射到面向对象编程中出现的对象，合理的建模使得文档数据库不需要通过跨多个表的连接操作来实现内存到存储的对象关系映射（object relational mapping，ORM）。一起访问的数据被一起存储，因此开发人员需要编写的代码更少，最终用户可以获得更高的性能。

2）灵活性。在插入数据之前不需要预先对数据的结构建模，一个集合（类似于关系模型中的表）中不同的文档可以包含不同的字段，具有不同的结构。通过 JSON 的模式验证规则可以对数据执行强制的模型校验，规定必须存在的字段、某字段可选数值和适当的数据类型等约束。

3）可扩展性。JSON 模型可以按照应用需求对数据进行建模，包括嵌套的层级文档、平面的表结构、简单键值对、文本、地理空间数据和图形处理中采用的节点和边等。

5.2.2 文档的嵌套与引用

MongoDB 数据库的文档支持文档嵌套和文档引用。合理地使用文档嵌套和文档引用对应用程序的数据进行建模会提升数据库执行查询、更新和处理等操作时的性能。

1. 文档嵌套方式

文档嵌套是指在单个文档的字段或数组中嵌入子文档，从而避免跨集合的复杂连接操作。文档嵌套方式适合实体间存在"包含"关系的数据（即一对一的关系）或者多个子文档经常与特定一个文档共同出现的数据（即一对多的关系）。

【例 5-2】在下面的文档中，"contact" 字段和 "access" 字段的值即为嵌套文档。

```
{
    "_id": <ObjectId1>,
    "name": "Tom",
    "contact": {
        "email": "tom@example.com",
        "phone": "765-555-5555"
    },
    "access": {
        "level": 5,
        "group": "dev"
    }
}
```

这一方式的局限性在于，MongoDB 中 BSON 文档的大小限制在 16MB，当一个文档嵌套了大量相关子文档时，可能会超出这一限制。MongoDB 使用 GridFS 模型存储大于 16MB 的 BSON 文档。除此之外，文档过大也可能会严重影响性能。

2. 文档引用

在处理数据复杂的多对多关系时，嵌套文档的建模方式可能会导致文档中出现大量重复数据，影响数据操作性能。文档引用方式则适合表达多对多关系，特别是多个实体均为主要实体的应用场景。

【例 5-3】在下面文档中，contact 和 access 文档都引用了 "user_id" 字段所对应的 user 文档。

```
user 文档:
{
    "_id": <ObjectId1>,
    "name": "Tom"
}
```

```
contact 文档:
{
    "_id": <ObjectId2>,
    "user_id": <ObjectId1>,
    "email": "tom@example.com",
    "phone": "765-555-5555"
}

access 文档:
{
    "_id": <ObjectId3>,
    "user_id": <ObjectId1>,
    "level": 5,
    "group": "dev"
}
```

例 5-3 为手动引用实例，这些引用并不传递数据库和集合名称。MongoDB 提供 DBRefs 以允许用户更容易地引用存储在多个集合和数据库中的文档。DBRefs 的基本格式为 {"$ref" : <value>,"$id" : <value>}，在某些情况下，还可能包括 "$db" 字段指示引用文档所在的数据库名称和其他字段。使用 DBRefs 进行引用的文档在查询时，可以通过 fetch() 方法方便地获取到引用文档的数据。

5.3 文档数据库的数据操作

本节以 MongoDB 为例介绍文档数据库中的数据操作。MongoDB 提供了非常丰富的查询语言来支持 CRUD（Create、Read、Update、Delete）、聚合、文本搜索、地理空间查询等多种数据管理功能。Mongo shell 是 MongoDB 的一个交互式 JavaScript 接口。下面使用此接口介绍 MongoDB 对数据进行 CRUD 操作的方法。

5.3.1 创建文档

1. 插入一个文档

【例 5-4】向 inventory 集合中插入一个文档。

```
db.inventory.insertOne(
    { item: "canvas", qty: 100, tags: ["cotton"], size: { h: 28, w: 35.5} }
)
```

如果指定插入的集合不存在于数据库中，则 MongoDB 会自动创建该集合。如果插入的文档不指定主键 "_id" 字段，则会为该文档自动添加值类型为 ObjectId 的 "_id" 字段。

2. 插入多个文档

【例 5-5】向 inventory 集合中插入多个文档。

```
db.inventory.insertMany([
```

```
      { item: "journal", qty: 25, tags: ["blank", "red"], size: { h: 14, w: 21} },
      { item: "mat", qty: 85, tags: ["gray"], size: { h: 27.9, w: 35.5} },
      { item: "mousepad",qty: 25, tags: ["gel","blue"], size: { h: 19, w: 22.85} }
   ])
```

5.3.2　读取文档

Mongo shell 提供了多种查询运算符对文档进行条件过滤，如 $lt、$eq、$in、$or、$exists、$where、$near、$elemMatch 等。

1. 查询指定集合的所有文档

【例 5-6】查询 inventory 集合的所有文档。

```
db.inventory.find()
```

或

```
db.inventory.find({})
```

2. 连接多个查询条件

【例 5-7】查询 inventory 集合中 size 字段存在并且 qty 字段小于 30 或者 item 字段是以字符 m 开头的文档。

```
db.inventory.find(
    { size: { $exists: true }, $or: [ { qty: { $lt: 30 } }, { item: /^m/ } ] }
)
```

3. 指定返回文档的字段

【例 5-8】查询 inventory 集合中 item 字段等于 "journal" 的文档，指定只返回 item 字段、qty 字段和 _id 字段（默认会返回 _id 字段，显式地加入 "_id: 0" 则可以将 _id 字段去除）。

```
db.inventory.find(
    { item: "journal", { item: 1, qty: 1} }
)
```

4. 查询嵌套文档

【例 5-9】查询 inventory 集合中 size 字段的嵌套文档中 h 字段大于 15 且小于或等于 20 的文档。

```
db.inventory.find(
    { "size.h": { $gt: 15, $lt: 20} }
)
```

5.3.3　更新文档

1. 更新一个文档

【例 5-10】更新 inventory 集合中 item 字段为 "canvas" 的一个文档，将 size 字段中嵌套文档的 h 字段更新为 25，将 lastModified 字段更新为当前日期（$set 和 $currentDate 操作符更新不存在的字段时会自动创建该字段）。

```
db.inventory.insertOne(
    { item: "canvas" },
    { $set: { "size.h": 25 }, $currentDate: { lastModified: true } }
)
```

2. 更新多个文档

【例 5-11】更新 inventory 集合中 qty 字段小于 30 的所有文档，将 size 字段中嵌套文档的 h 字段更新为 40，将 lastModified 字段更新为当前日期。

```
db.inventory.updateMany(
{ qty: { $lt: 30 } },
{ $set: { "size.h": 40 }, $currentDate: { lastModified: true } }
)
```

5.3.4　删除文档

1. 删除一个文档

【例 5-12】删除 inventory 集合中 item 字段为 "canvas" 的一个文档。

```
db.inventory.deleteOne(
    { item: "canvas" }
)
```

2. 删除多个文档

【例 5-13】删除 inventory 集合中 qty 字段小于 30 的所有文档。

```
db.inventory.deleteMany(
    { qty: { $lt: 30 } }
)
```

5.4　文档数据库的系统架构

MongoDB 是一个高可用、可扩展、易部署的分布式文档数据库。其常见的三种架构为单机版、复制集（replica set）和分片集群（sharding）。单机版一般用于开发和测试。本节将介绍 MongoDB 的复制集架构和分片集群架构。

5.4.1　复制集

MongoDB 复制集的主要意义是通过冗余实现服务高可用，它的实现依赖于两个方面的功能：①数据执行写入操作时将数据快速复制到另一个节点；②执行写入操作的节点发生故障时自动选举出新的节点替代故障节点。

复制集的节点类型有三类：①主节点（primary），接受所有的写请求，把数据同步给副本节点；②副本节点（secondary），复制主节点的数据，参与选举主节点；③仲裁节点

（arbiter），不存储数据也不会被选举为主节点，进行选举投票。

典型的三节点复制集架构如图 5-1 所示。

复制集应包含 3 个及以上具有投票权的节点，最多可以有 50 个节点，其中至多包含一个主节点，至多有 7 个具有投票权的节点，且参与投票的节点数目应为奇数。

MongoDB 的复制集架构主要有以下几个特点：

1）数据多副本，在节点发生故障时，可以进行自动恢复。

2）读和写分离，将读请求分流到副本节点中可以减轻主节点的压力。

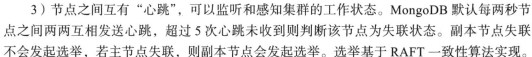

图 5-1　MongoDB 的三节点复制集架构

3）节点之间互有"心跳"，可以监听和感知集群的工作状态。MongoDB 默认每两秒节点之间两两互相发送心跳，超过 5 次心跳未收到则判断该节点为失联状态。副本节点失联不会发起选举，若主节点失联，则副本节点会发起选举。选举基于 RAFT 一致性算法实现。

5.4.2　分片集群

在大数据时代，用户的数据量增长迅速，单机的容量和性能存在物理极限，需要通过分布式技术进行优化。MongoDB 的分片集群架构采用了横向扩容的优化思路来实现，通过将数据分配到多个服务器中的技术支持海量数据集和高吞吐操作。如图 5-2 所示，分片集群架构包括三大组件：路由节点、配置节点和数据节点。路由节点即 mongos 节点，提供了集群的单一入口，节点接收上层客户端的请求并按照特定的均衡哈希算法转发到合适的数据节点，也能合并多个数据节点的返回结果。配置节点采用普通的复制集架构，存储集群的配置信息。数据节点以复制集为单位，每一个分片就是一个复制集，分片各自独立不重复存储数据。

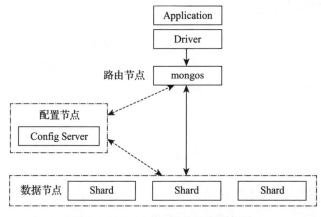

图 5-2　MongoDB 的分片集群架构

MongoDB 的分片集群架构具有以下特点：

1）应用全透明。在单个复制集上实现的应用程序无须修改即可无缝扩展数据库。

2）自动均衡。MongoDB 无须人工干预即可根据需要实现数据的再平衡。

3）支持动态扩容。可以在线上把新的分片添加到集群中。

4）提供三种数据分片方式：按范围分片、哈希分片和按区分片。

5.5 文档数据库的访问接口

本节介绍 MongoDB 中连接数据库的访问接口。表 5-2 列出了 MongoDB 三种类型的访问接口和相关描述。

表 5-2　MongoDB 访问接口和相关描述

类型	描述
Driver	驱动程序支持应用程序使用多种编程语言连接和管理 MongoDB，包括官方驱动（C、C++、C#、Go、Java、Python、PHP、Node.js、Ruby、Rust、Scala、Swift）和社区贡献的其他语言
Mongo shell	MongoDB 的命令行工具，可以运行 JavaScript 程序
MongoDB Compass	用于管理数据库的可视化图形用户界面

MongoDB 官方提供的驱动程序被积极维护，可以支持 MongoDB 的新特性，提供漏洞修复、性能增强和安全补丁，同时也提供了非常详尽的使用指南、API 等文档。由社区创建和维护的驱动程序支持开发人员使用 Erlang、R、Kotlin、Django 等多种语言和框架连接和管理 MongoDB 数据库。Mongo shell 是 MongoDB 的交互式 JavaScript 接口，为系统管理员提供强大的接口，也为开发人员提供了一种测试查询和直接操作数据库的方法。MongoDB v5.0 版本中已弃用 Mongo shell，取而代之的是 Mongosh，它可以改善 Mongo shell 中的部分功能。MongoDB Compass 是一个可以在 Windows、Linux 和 macOS 系统上运行的强大 GUI，可以在可视化环境中对数据进行查询、聚合和分析等管理操作，也可以从 CSV 文件和 JSON 文件中批量导入数据，或导出数据为 CSV 或 JSON 文件。除此之外，Compass 还嵌入了 Mongosh，用于管理数据库和操作数据。

5.6 典型的文档数据库系统

为了管理日新月异的新数据类型，包括网页、社交平台、移动设备和物联网应用产生的结构化、半结构化等多形态数据，文档数据库受到了人们广泛的关注。在数据库排名网站 DB-Engines 的文档存储排名中，MongoDB 一直是最主流的文档数据库。除此之外，主流的文档数据库还包括 Couchbase、Amazon DynamoDB、Microsoft Azure Cosmos DB、CouchDB 等。本节主要介绍 MongoDB、Amazon DynamoDB 和 Couchbase 三种典型的文档数据库。

1. MongoDB

MongoDB 是一个分布式、高可用、模式灵活的开源文档数据库，采用 C++ 语言开发，于 2009 年发布了初始版本。MongoDB 采用 JSON 的二进制形式 BSON（Binary JSON）格式对数据进行存储，具有更快的处理速度，任何可以用 JSON 表示的数据都可以在 MongoDB 中存储和检索。BSON 格式扩展了 JSON 无法表达的数据类型，如日期和 Binary 对象等，也支持表示不同大小的整数类型（Integer、Long）和不同精度的浮点类型（Float、Double、Decimal128 等）。尽管其数据模型具有很大的灵活性，通过模型验证，MongoDB 也可以对数据的字段进行强制性的可选数值和数据类型的约束。MongoDB 提供了非常多类型的索引机制，包括单字段索引、复合索引、多键索引、文本索引、地理位置索引、哈希索引等。除此之外，MongoDB 还能对索引定制一些特殊的属性，如唯一索引、TTL 索引等。

MongoDB 通过复制集和分片技术实现分布式系统设计，应用程序更具扩展性。复制集采用主从架构，可以扩展用户的数据读取方式，将查询转到在现实中距离用户最近的数据副本。同时，复制集也可以分隔单个集群的不同工作负载，将多组数据副本分别用于处理不同的业务。分片是一种水平扩展机制，用于对多个节点或复制集上的数据进行分区和平衡。为了应对写入密集型工作负载需求和不断增加的数据量，MongoDB 的分片技术可以自动在多个节点无缝地水平扩展数据库，无须人工干预，同时也不会增加应用的复杂性。

自 4.0 版本开始，MongoDB 的存储引擎 WiredTiger 提供了在复制集上的多文档 ACID 事务支持。WiredTiger 采用多版本并发控制机制（multi-version concurrency control，MVCC）实现了快照隔离（snapshot isolation）级别的事务操作。在 4.2 版本，MongoDB 引入了分布式事务，提供了在分布集群上的多文档事务支持，同时合并了在复制集上多文档事务的现有支持，使得事务可以跨多个文档、集合、数据库和分片使用。自 4.4 版本开始，MongoDB 支持在事务中隐式或显式地创建集合。

2. Amazon DynamoDB

Amazon DynamoDB 是一个云托管、可扩展、无服务器的 NoSQL 数据库，支持键值存储和文档存储两种数据模型，具有内置的安全性、备份和还原功能，初始版本发布于 2012 年。DynamoDB 诞生于"黑色星期五"促销活动开始之后，亚马逊对数据库有了更高的需求。RDBMS 部分功能（如连接）在大规模数据上很慢，且严格的一致性功能并不总是必需的。在这些前提下，使用 RDBMS 维护的成本剧增，而使用 NoSQL 可以大大减少 CPU 和内存代价。DynamoDB 的 Auto Scaling 允许表使用自定义的扩展策略根据需要增加读取和写入的容量。DynamoDB 的访问是通过 HTTP 进行的，并且通过 AWS IAM（identity and access management）定义用户和角色的访问权限。这两个特点意味着 DynamoDB 数据库始终是受到保护的，请求可以快速进行身份验证和校验，而无须复杂的网络配置，例如网络分区。

DynamoDB 使用 JSON 格式存储数据，基本存储单元称为 Item，使用表（table）存储 Item 记录。表中的 Item 使用主键作为唯一标识符，一个 Item 可以包含多个属性

（attribute），属性通过键值对表示 Item 的相关数据。属性支持的数据类型十分丰富，包括标量类型（如数字、字符串、布尔变量、二进制和 null）、文档类型（如列表、映射）和集类型（如字符串集、数字集和二进制集）。

DynamoDB Streams 是一个特色功能，可以对表启用或禁用流。流可以在表发生更改时捕获到更改，并将这些更改存储在保留 24h 的日志中。流的记录与发生更改的 Item 项的主键属性共同写入，确保所有修改都按照发生的顺序记录下来。流还可以配置为捕获其他数据，例如更改之前和之后的状态。DynamoDB 的流近乎实时地写入，允许其他应用程序使用流记录并对其执行操作。

3. Couchbase

Couchbase 是一个开源的、分布式的、面向文档的 NoSQL 数据库，初始版本发布于 2011 年。Couchbase 使用 JSON 模型将数据存储为文档，支持的数据类型包括数字、字符串、布尔值、嵌套对象和数组。一个文档通常代表应用程序对象（或嵌套对象）的单个实例，类似于 RDBMS 中表的一行，属性类似于列。Couchbase 使用桶（bucket）保存 JSON 文档，vBuckets 是分布在节点上的数据分片或数据分区。Couchbase SDK 自动在 vBuckets 之间分配数据和工作负载，用户并不会与之交互。节点（node）是托管 Couchbase 服务器单个实例的物理机或虚拟机。集群（cluster）由一个或多个运行 Couchbase 服务的节点组成。Couchbase 的服务（service）是专用于特定任务的一组进程，例如索引、搜索和查询都是作为单独的服务来管理的。

Couchbase 的查询服务是用于处理 N1QL（Non-1st normal form query language）查询的引擎。N1QL 是 SQL++ 标准的实现，允许客户端使用类似 SQL 的查询语言在 Couchbase 中访问数据。索引服务负责所有索引的维护和管理任务，称为全局二级索引（global secondary indexes，GSI）。搜索服务用于对存储在桶中的 JSON 文档数据执行全文搜索（full-text search，FTS）。Couchbase 基于 Go 语言开发的开源搜索项目 Bleve 可以提供 FTS 功能支持，如评分等。

5.7 文档数据库使用示例

本节将以 MongoDB 文档数据库为例，介绍具体的数据库安装过程和数据操作。

5.7.1 MongoDB 的安装

MongoDB 有社区版和企业版两种版本。MongoDB 社区版是开源免费版本，企业版提供企业用户更多的功能支持。MongoDB 社区版支持在 Windows、Linux 和 macOS 系统上安装使用。下面以在 Windows 系统上安装 MongoDB 社区版为例详细介绍操作步骤。

1. 下载安装程序并运行安装向导

在 MongoDB 的下载中心选择要下载的版本。在下载中心右侧通过下拉列表可以选择需要下载的版本、平台和安装包类型。这里选择下载 MongoDB Community v5.0.8 在 Windows 系统下的安装程序，如图 5-3 所示。

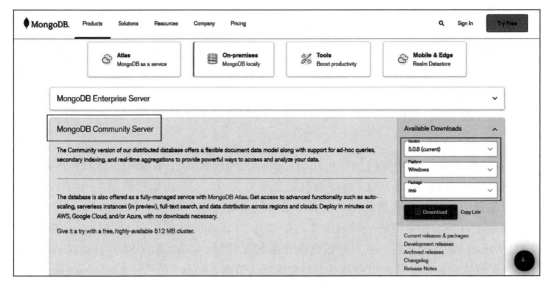

图 5-3　MongoDB 下载页面

下载完成后，在 Windows 文件资源管理器中打开下载文件夹，双击下载的 .msi 文件（这里是 mongodb-windows-x86_64-5.0.8-signed.msi 文件），启动 MongoDB 社区版安装向导程序，如图 5-4 所示。

1）选中接受协议内容，单击"Next"按钮。

2）选择安装类型。"Complete"选项会将 MongoDB 和其他所有工具安装到默认位置。"Custom"选项可以指定要安装的可执行文件和相应的安装位置。自定义选择完毕后，单击"Next"按钮进入服务配置页面。

3）服务配置。如图 5-5 所示，这一步可以选择在安装过程中将 MongoDB 配置和启动为 Windows 服务，并在成功安装后启动 MongoDB 服务，也可以仅安装二进制文件。如果仅安装了可执行文件而没有将 MongoDB 配置为 Windows 服务，则必须通过 mongod 命令手动启动 MongoDB 服务。默认选择在安装过程中将 MongoDB 配置为 Windows 服务（选中"Install MongoDB as a Service"复选框）。默认选择以网络服务用户身份运行服务，也可以以本地区域用户身份运行服务。默认的服务名称为"MongoDB"，如果已经拥有该指定名称的服务，则必须填写另一个名称。数据目录将指定 MongoDB 存储数据的目录，在手动进行服务配置时可以通过 "--dbpath" 参数进行配置。日志目录则指定 MongoDB 存储日志的目录，在手动进行服务配置时可以通过 "--logpath" 参数进行配置。

4）安装 MongoDB Compass。如果是 Windows 8 或更高版本的平台，在安装向导中可以通过选中"Install MongoDB Compass"复选框安装 MongoDB Compass。如果是 Windows 7 及更低版本的平台，在安装向导中需要取消选中"Install MongoDB Compass"复选框，可以

从下载中心手动下载。MongoDB Compass 是用于对数据库数据进行查询、优化和分析的 GUI
交互式工具。选择完毕后，下一步可以单击"Install"按钮进行安装。

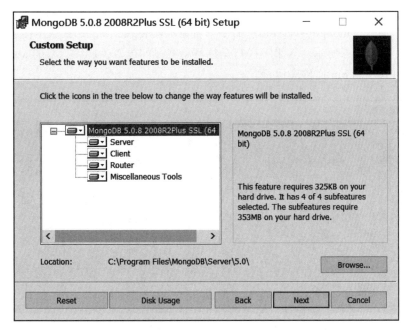

图 5-4　MongoDB 安装向导中进行自定义安装的界面

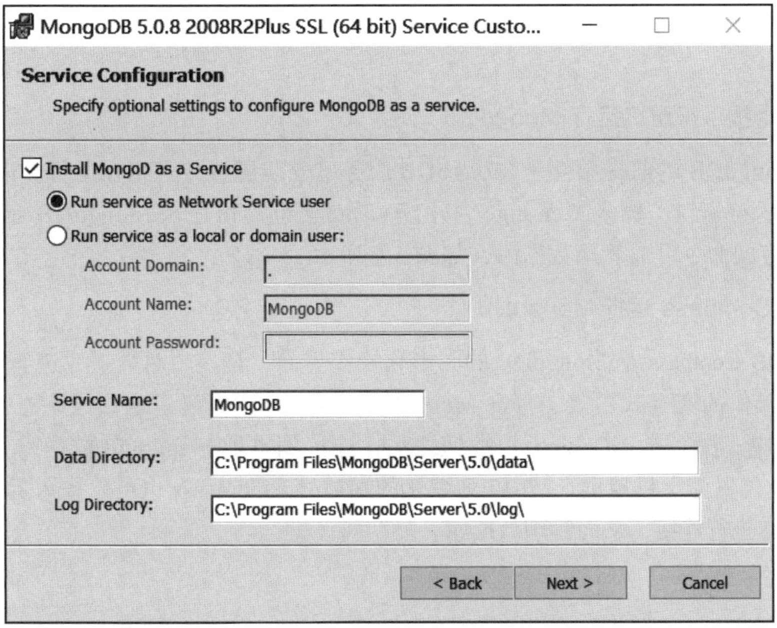

图 5-5　MongoDB 安装向导中进行服务配置的界面

5）配置全局环境变量。右击"此电脑"图标，选择"属性"→"高级系统设置"→"环境变量"命令。编辑系统变量区的 Path，单击"新建"按钮，输入 MongoDB 安装目录下 bin 文件夹所在目录（如 C:\Program Files\MongoDB\Server\5.0\bin）。确定后，打开命令提示符窗口，输入"mongo --version"命令，若显示安装的 MongoDB 版本信息即表示安装和配置成功，如图 5-6 所示。如果不进行全局环境变量的配置，后续运行的 MongoDB 命令需要在安装目录下的 bin 文件夹运行。

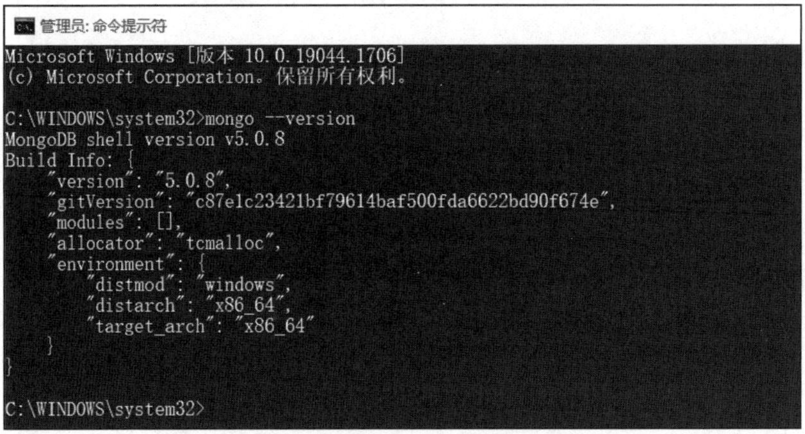

图 5-6　MongoDB 配置全局环境变量成功界面

6）启动 / 重新启动 MongoDB 服务。在 Windows 系统的服务控制台中，找到用户在安装过程中配置的服务名称（如 MongoDB），通过右键快捷菜单命令可以选择启动、停止和重新启动等操作。

2. 在命令提示符窗口运行 MongoDB

运行 MongoDB 的前提条件是 MongoDB 服务已安装配置并且正在运行。以管理员身份打开命令提示符窗口。输入"mongo"并按 <Enter> 键即可进入 MongoDB shell 的操作界面，使用相应的命令可以管理数据库，如图 5-7 所示。

3. 使用 Compass 运行 MongoDB

MongoDB Compass 是 MongoDB 的图形化操作界面，是一个对数据库进行管理、查询、索引等多种操作的交互式工具。打开 MongoDB Compass，创建本地数据库连接 mongodb://localhost:27017，在单击"Connect"按钮之后，连接到本地 MongoDB 数据库，如图 5-8 所示。localhost 位置为主机地址，27017 为默认的端口号。Compass 也可以输入远程 MongoDB 数据库的 URI 进行连接，从而管理数据库。

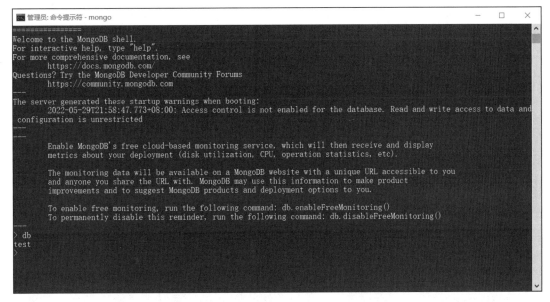

图 5-7　在命令提示符窗口运行 MongoDB

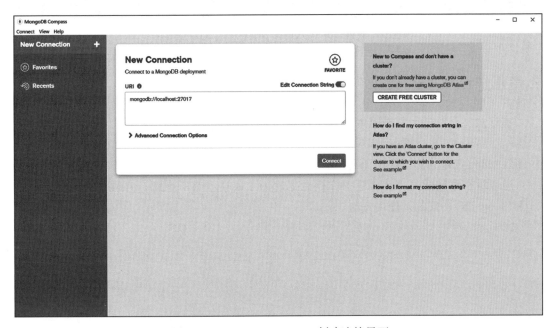

图 5-8　MongoDB Compass 创建连接界面

5.7.2　MongoDB 的数据操作示例

MongoDB 的 shell 命令在命令提示符窗口连接到 MongoDB 之后，或者 MongoDB Compass 连接到 MongoDB 后的 Mongosh 窗口中都可以执行。例如，图 5-9 展示了往 inventory 集合使用 insertOne( ) 方法插入一个文档和使用 insertMany( ) 方法插入三个文档的运行示例。执行插入操作之后返回在界面中的 "acknowledged" 字段为 true 则指示着插入操作成功，"insertedIds" 字段则指示了 MongoDB 自动为插入文档指定的主键 "_id" 字段的值。

```
管理员: 命令提示符 - mongo

> db.inventory.insertOne(
...     { item: "canvas", qty: 100, tags: ["cotton"], size: { h: 28, w: 35.5, uom: "cm" } }
... )
{
        "acknowledged" : true,
        "insertedId" : ObjectId("6293a05b3ed0c62d4378e786")
}
> db.inventory.insertMany([
...     { item: "journal", qty: 25, tags: ["blank", "red"], size: { h: 14, w: 21, uom: "cm" } },
...     { item: "mat", qty: 85, tags: ["gray"], size: { h: 27.9, w: 35.5, uom: "cm" } },
...     { item: "mousepad", qty: 25, tags: ["gel", "blue"], size: { h: 19, w: 22.85, uom: "cm" } }
... ])
{
        "acknowledged" : true,
        "insertedIds" : [
                ObjectId("6293a08a3ed0c62d4378e787"),
                ObjectId("6293a08a3ed0c62d4378e788"),
                ObjectId("6293a08a3ed0c62d4378e789")
        ]
}
>
```

图 5-9　MongoDB 执行插入文档操作的示例界面

本章小结

本章主要介绍了文档数据库的相关技术，包括文档数据库的基本概念、数据模型、数据操作、部署架构、访问接口等。除此之外，本章还介绍了三种典型的文档数据库系统，并且以 MongoDB 为例，介绍了文档数据库的安装及使用示例。

通过对本章的学习，读者应对文档数据库的主要技术有所了解，并且掌握主流文档数据库 MongoDB 的安装及使用方法。

CHAPTER 6

第 **6** 章

列族数据库技术

列族（column family）数据库是一种新型的 NoSQL 数据库，也被叫作宽列（wide column）数据库。该种数据库源自于谷歌的 BigTable，有着良好的扩展性、灵活的数据模型，以及高效的查询效率。列族数据库可能是最复杂的 NoSQL 数据库，它与关系数据库有着一些相同的术语，如行、列，但是这些术语又有着不同的含义，读者对其需要有充分的认识。列族数据库也是扩展性较好的数据库之一，适用于大规模部署。在大数据时代的背景下，列族数据库受到越来越广泛的关注。

内容提要： *本章首先介绍了列族数据库的定义及一些基本概念，然后着重介绍了列族数据库的数据模型、数据操作及常用的系统架构，接下来讨论了列族数据库的访问接口和 n 种典型的列族数据库，最后演示了列族数据库的安装与使用。*

6.1 列族数据库技术概述

随着互联网的发展，人类社会产生的数据规模不断增大，对于大规模数据的有效存储成为学术界与工业界的一个挑战。为了应对大规模数据存储与管理的挑战，谷歌在 2003 年—2006 年发表了三篇论文，分别是 MapReduce、GFS（Google File System）及 BigTable，这三篇论文被称为谷歌的三驾马车，也正式开启了工业界的大数据时代。基于 BigTable，一系列面向大数据的分布式数据库被提出，如 HBase、Cassandra、HyperTable 等，这一类数据库通常被称为列族数据库。本节就来介绍一下列族数据库的一些基本概念。

1. 列族数据库与列式数据库

在介绍列族数据库的技术细节之前，首先需要明确该种数据库的概念。因为有很多人会将列族数据库与列式（columnar）数据库（如 C-Store、Vertica 等）看作同一类数据库，这不能说是错误，但实际上是十分不准确的，因为这两种数据库存在着非常大的差别。下面介绍一下这两种数据库的差别。

1）列式数据库如 C-Store 使用的是关系数据模型，而列族数据库本质上是一种键值存储，这两种数据库在数据存储方式上有着本质的区别。

2）列式数据库将关系数据库的每一列分开存储并可以独立访问，而列族数据库是将每个列族的数据进行分开存储。

3）二者的使用场景不同。列式数据库针对的是读占大多数的分析型负载，因而特别适用于数据仓库；而列族数据库能适应更多更复杂的应用场景，例如写密集的应用、多地存储的应用等。

4）两种数据库列的含义有着很大的不同。尽管两种数据库都有"列"这一概念，但是列式数据库的列指的是模式（schema），而列族数据库是没有模式的，在实际的列族数据库中，列更像是一种索引项。

综上所述，列族数据库不能与列式数据库混为一谈，本书介绍的是列族数据库。

2. 列族数据库的发展历史

列族数据库起源于谷歌的 BigTable。BigTable 是谷歌设计的一种分布式数据库，用于处理海量的结构化数据存储。BigTable 运行在 GFS 上，其主要优点就是高可用性、高扩缩能力及高性能。2006 年，谷歌发表了 BigTable 的论文，并引发了后续关于此类数据库的研究。

2007 年，Powerset 创建了 HBase。最初该数据库是为了处理自然语言搜索产生的海量数据而诞生的，后来成为 Apache 软件基金会旗下的顶级项目。HBase 可以看作 BigTable 的一种开源实现，运行在 HDFS 上。

Hypertable 由 Zvents 开发，是 BigTable 的另一种实现，并于 2008 年开源。

同样在 2007 年，Cassandra 诞生。起初 Facebook 为了解决消息收件箱的搜索问题而开发了该项目，并于 2008 年将其开源。Cassandra 使用了 BigTable 的数据模型和 Amazon Dynamo 的分布式架构，并拥有更高的可用性。

2015 年，ScyllaDB 开源，该数据库可以看作使用 C++ 重写的 Cassandra。

随着大数据时代的到来，类似 Cassandra 这种分布式数据库越来越受欢迎。截至 2022 年 5 月，Cassandra 在 DB-Engines 的排名已上升到了第十位。越来越多的互联网公司使用该种数据库来支撑业务，相信未来该种数据库还能得到更广泛的应用。

3. 列族数据库的技术概述

列族数据库的数据依然以表格形式表示，表格由行和列族构成。每一个列族由任意数量的列组成，并且这些列在逻辑上是相互关联的，经常被一起访问，这也是该种数据库被称为列族存储而不是行存储的原因。列族中的列可以在运行时被添加和删除，所以这种使用列族的机制使得数据的存取十分灵活。对于列族数据库来说，每一行数据可以看作由一个唯一的行键进行索引的高度结构化的数据元素。换句话说，列族存储可以看作一种键值存储的扩展。

列族存储通常会保存每一份数据的版本，并且可以配置保存的版本数，数据的版本号通常使用时间戳表示，数据值通常由＜行键，列名，时间戳＞构成的三元组进行索引。数据的时间戳可以由用户指定，也可以由系统自动生成。有些列族数据库还会提供额外的聚合结构，例如 Cassandra 中有超级列族的概念，这种列族可以看作列族的嵌套。相比于传统的键值数据库，列族数据库提供了更多的用户接口。

相较于传统的关系数据库，列族数据库拥有更灵活的数据模型及更强的可扩展性，所以适用于存储大规模数据的分布式数据库部署。同时，目前主流的列族数据库如 BigTable、HBase 等都采用 LSM 树的机构进行数据读 / 写，所以其也适用于写密集的应用场景。

总体来说，列族数据库是目前可扩展性很强的分布式数据库之一，它为开发者提供了灵活的数据模型，同时也具有高可用性及出色的读 / 写性能，是处理大规模数据的有效工具。

6.2　列族数据库的数据模型

列族数据库的数据模型都是基于 BigTable 的数据模型构建的，尽管在各种列族数据库中某些概念不同，但是数据模型的基本结构大都相同。本节就介绍一下被列族数据库使用的数据模型。

6.2.1　术语介绍

在阅读列族数据库的相关文档时会发现，它们有很多相似的术语，例如列、列限定符、列族、行键及单元格等。理解这些术语的含义有助于理解列族数据库的数据模型。下面就先介绍一下列族数据库中一些术语的含义。

- ❑ 行：列族数据库中的一行数据由一个唯一的行键标识，包含若干列。行键类似于关系数据库中的主键，数据按照行键顺序进行存储。
- ❑ 列：列族数据库的列是存储数据的基本单位，每一列由列族和列限定符的组合进行标识。
- ❑ 列族：列族是若干列的集合，可以看作一种逻辑上的分组。一般而言，相似的数据会被分到同一列族中。列族会影响数据的物理存储，同一列族的数据会存储在同一文件中。
- ❑ 列限定符：前面说过列由列族和列限定符的组合进行标识，因此列限定符可以看作列族中的唯一名称。
- ❑ 单元格：是行键、列名（列族名和列限定符的组合）、版本号及值的组合，是数据存储的基本单元。列族数据库的每个数据都有一个版本号，一般为时间戳，用于标识数据的不同版本，该版本号可以由用户指定或者由系统自动添加。

简单地总结一下，列族数据库的最基本单位是列，一列或多列数据组成一行数据，每一行数据由一个唯一的行键进行标识。每张表由若干行数据组成，其中若干列又组成列族，每一个列族的数据存放在同一个文件中。

6.2.2　数据模型

图 6-1 所示为列族数据库的数据模型。由图可以更清晰地看出列族数据库中一张表的逻辑结构。一张表由若干行数据组成，每一行数据由唯一的行键进行索引，并按照行键顺

序进行存储；每行数据由若干列组成，行与列的交集可以包含多个单元格，每个单元格包含了一个带着版本号（通常为时间戳）的唯一版本数据。列族数据库的表是一张稀疏表，如果某一行未使用特定列，则该列不会存储任何数据，也不会占用空间。

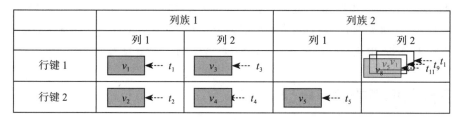

图 6-1 列族数据库的数据模型

对于列族数据库来说，最重要的就是列族的概念。前面说过列族是一种逻辑上的分组，每一个列族可以包含任意数量的列。一般的列族数据库在创建表时不需要预先定义具体的列，而只需要定义列族就可以开始读/写数据了。表中的所有列都由用户提供，可以根据自己的需求进行添加而不需要更改表的模式。

列族和动态列的使用使得数据库建模者能够定义广泛的、过程性的结构（也就是列族），而不需要预测所有可能的细粒度的属性变化，这就使得应用在使用数据时灵活得多，也允许数据模型随着时间推移而循序渐进地改变。

图 6-2 显示了一个列族数据库的存储示例。假设一家公司用一个列族数据库来存储美国客户的相关信息。数据建模者定义了地址（Address）列族，但没有定义列名。开发者从同事那里得到了详细的要求，他确定所有的客户都位于美国，所以在地址列族中添加了一个"State"（州）列。几个月后，该公司将其客户群扩展到加拿大。其客户群扩展到加拿大，那里的区域政府实体被称为省。开发者只需在数据库中添加另一个名为"Province"的列，而不需要等待数据建模者来完善数据模式和更新数据库。

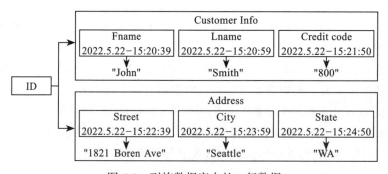

图 6-2 列族数据库中的一行数据

前面展示了列族数据库如何对数据进行存储，但只涉及了逻辑存储结构，物理的存储方式要复杂得多。

图 6-3 展示了列族数据库中数据的索引方式。在列族数据库中，一个数据值是由其行

键、列名和版本号来索引的。行键类似于关系数据库中的主键，它唯一地标识了一行。记住，一行可以有多个列族。与将一行数据全部存储在一起的关系数据库不同，列族数据库只将一行的部分内容存储在一起。

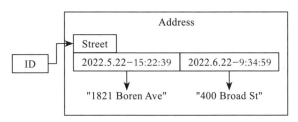

图 6-3　列族数据库中数据的索引方式

列名是一个列的唯一标识。前面已经提到过，列名是由列族名和列限定符组合而成。不同的列族数据库可能对列名有着不同的限制。例如，BigTable 要求列族名必须是可打印的字符串，而列限定符则可以是任意的字节流。

版本号用来标识数据的版本。不同的列族数据库使用的版本号可能各不相同，目前大部分列族数据库都是使用时间戳作为数据的版本号。在列族数据库中，当一个新值被写入数据库时，旧的数据不会被覆盖，而是直接添加一个自带时间戳的新值，这个时间戳可以是用户自己添加的，也可以由系统自动添加。时间戳用于确定值的最新版本。

数据库查询会导致数据库管理系统从磁盘的不同部分检索数据块，从而导致数据库性能的下降。避免读取位于磁盘不同部分的多个数据块的一个方法是，将一些经常一起出现的数据存放在一起。例如图 6-2 所示的例子，当要查询一个街道的信息时，也很有可能需要城市的其他信息。所以将这些数据存放在一起是十分自然且必要的。列族就是为了实现这一目的的。列族数据库会将每个列族都存储为一个单独的文件，也就是说，每个列族中的数据都会存放在相同的文件中，从而尽量减少用户访问的文件操作。

6.3　列族数据库的数据操作

列族数据库从本质上来说是一种键值存储，所以其支持的数据操作类型比较少，像连接这种关系数据库的复杂查询并不被列族数据库支持。同时，大部分的列族数据库也不支持事务，目前 Cassandra 支持轻量级事务，但这种事务也仅支持少量的几种操作。因此，对事务有需求的应用不应该选择列族数据库。

目前列族数据库支持的基本数据操作主要有 get、put、scan 及 delete。各个数据库对数据操作的实现及描述各不相同，这里以 HBase 为例来介绍这几种操作。

1）get 操作用于获取单行数据。用户可以使用行键值来获取单行的全部数据，也可以使用不同函数缩小获取的数据范围。例如获取指定列族的所有列数据；或者获取指定列的数据；也可以获取指定时间戳范围的数据，对于获取指定时间戳的数据，也可以限制每列返回的版本数；还可以使用自定义的过滤器来过滤数据。

2）put 操作用于数据的插入和更新。put 需要指定行键，如果行键不存在，则新增一条数据，如果行键已经存在，则对数据进行更新。

3）scan 操作用于扫描给定条件下的多行数据。用户可以指定起止行，返回行间的所有数据。和 get 操作相同，scan 操作也可以使用多种函数来限制返回的数据范围。

4）delete 操作用于删除数据。delete 操作同样需要指定行键，可以删除整行数据，也可以删除指定列族或者指定版本的数据。HBase 在执行 delete 操作时并不会立即删除数据，而是对需要删除的数据加上"墓碑"标志，这些被删除的数据在之后的数据合并过程中才会被清理。

6.4 列族数据库的系统架构

目前的列族数据库均为分布式数据库系统，其主要有两种系统架构：主从架构和对等架构。主从架构至少有两种类型的节点，而对等架构只有一种类型的节点。这两种架构的典型代表分别是 HBase 和 Cassandra。下面介绍这两种数据库的系统架构。

6.4.1 HBase 的系统架构

HBase 是基于 Hadoop 文件系统构建的分布式数据库，可以将其看作在 Hadoop 文件系统上提供随机数据库访问的一种机制，或者使用 Hadoop 文件系统作为底层存储的 BigTable 开源实现。尽管 HBase 理论上可以构建在任何的分布式文件系统上，甚至可以构建在非分布式文件系统上，但是目前的 HBase 都构建在 Hadoop 文件系统上。下面介绍 HBase 系统架构时默认其建立在 Hadoop 文件系统上。

在 HBase 中，所有行都被行键唯一地标识，一张表会依据行键被划分为多个水平分区，称为区域（region），每个区域都由连续且有序的键值构成，对每个区域的读 / 写访问均由 RegionServer 负责，每个 RegionServer 通常运行在一个专门的主机上，并且通常与 Hadoop 数据节点（Data Node）共处一地。

HBase 系统架构如图 6-4 所示。它主要由四个部分构成：Client、Zookeeper、Master 及 RegionServer。

Client（客户端）提供访问 HBase 的接口，同时缓存相关信息以加速访问过程，如 RegionServer 的位置信息等。

Zookeeper 存储 HBase 的元数据，负责在 Master 和 RegionServer 之间协调、通信和共享状态。

Master 主要负责协调集群并执行管理操作，其主要实现不同区域间的负载均衡，在区域合并或分裂时调整区域的分布，当 RegionServer 发生故障时对数据进行迁移等。

RegionServer 负责具体的执行工作，处理 Client 的读 / 写请求并与 Hadoop 文件系统进行交互。

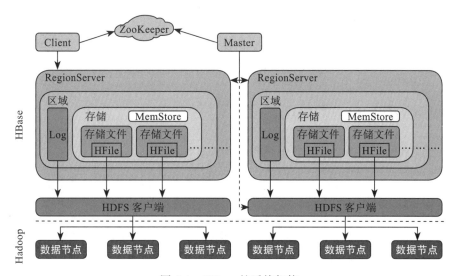

图 6-4 HBase 的系统架构

HBase 整个的大致运行流程为：Client 访问 ZooKeeper 请求得到 RegionServer 的位置信息，之后与对应的 RegionServer 建立连接并将读 / 写请求发送过去，RegionServer 处理请求并返回结果。

6.4.2 Cassandra 的系统架构

Cassandra 类 似 于 HBase，是 一 种高可用性、可扩展的分布式数据库。与 HBase 采用的主从架构不同，Cassandra 的系统架构源自于 Dynamo，是一种基于一致性哈希的对等架构，数据库中的每一行数据基于哈希确定其存放的位置，集群中所有的节点都具有相同的功能。

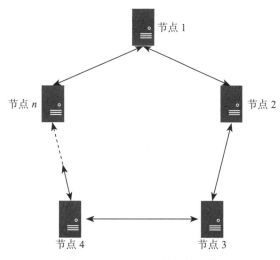

图 6-5 所示为 Cassandra 的系统架构。Cassandra 采用对等架构主要是为了获得更高的可用性。对于广泛使用的主从架构来说，某些节点会被设计为主节点，主节点对数据具有控制权，当主节点发生故障时可能会造成整个系统停机，从而产生严重的后果。而采用了对等架构之后，所有

图 6-5 Cassandra 的系统架构

节点的地位相同，单个节点的掉线可能会影响系统的性能，但是不会造成服务中断，从而提高了系统的可用性。

这种对等架构同时还提升了系统的扩展性，用户能够更加容易地添加新节点，因为所

有节点都具有相同的功能，所以只需要把新节点添加进集群里即可。新节点不会立即接收请求，而是先学习整个系统的拓扑结构，再接收需要负责的数据。整个过程自动进行，只需要很少的配置工作，因此，对等架构让整个系统规模的扩展和缩减都更加容易。

6.5　列族数据库的访问接口

各种列族数据库的访问接口各不相同，无法对其做统一的介绍，本节只介绍两种最常用的列族数据库——HBase 和 Cassandra 的访问接口。

6.5.1　HBase 的访问接口

HBase 针对不同的编程语言有不同的访问接口，目前访问 HBase 的接口主要分为三大类：交互式接口、批处理接口，以及 HBase 自带的命令行接口。

1）交互式接口指的是具有交互性的接口，这些接口会按照需求发送 API 调用到服务器端。其主要包括以下四种：

❑ 原生 Java 接口。这是最常规也是最高效的访问方式。在很多场景中用户都可以直接使用 Htable 并使用 RPC（远程过程调用）和 Habse 进行交互。

❑ REST。REST（表现层状态转移）是一组架构规范。HBase 提供了强大的 REST 服务器，并支持完整的客户端访问及 API，用户可以使用 REST 风格的 Http API 访问HBase。

❑ Thrift。Thrift 是一个使用 C++ 实现的驱动层接口，提供了跨语言的模式定义文件，包括 Java、C++、Python 和 PHP 等。它的目标是为各种语言提供便利的 RPC 机制，十分适合其他异构系统对 HBase 数据的访问。

❑ Avro。Avro 是一个类似于 Thrift 的驱动层接口，提供了和 Thrift 相似的功能，但是更加成熟。

2）批处理接口的使用场景是批量处理数据。与交互接口不同的地方在于，这些批处理通常是异步进行的，需要扫描大量的数据。这些处理案例大多数不是用户直接驱动的，且运行时间非常长。目前该类接口主要有以下三种：

❑ MapReduce。MapReduce 框架提供了多种以 HBase 为数据源的执行方法，如MapReduce Java API。

❑ Hive。Hive 是基于 Hadoop 平台的数据仓库工具。其提供了类似 SQL 的处理语言HiveQL，Hive 0.6.0 及之后的版本提供了对 HBase 的支持。

❑ Pig。Pig 是一个大数据分析平台。其也提供了自己的查询语言 Pig Latin，用户可以使用该查询语言操作 HBase 中的数据。

3）HBase 自带的命令行接口最简单的接口。用户可以使用 shell 访问 HBase 的本地数据或者远程服务器并对数据库进行管理。

6.5.2　Cassandra 的访问接口

Cassandra 与 HBase 类似，也有多种多样的访问接口。Cassandra 早期（0.6 及之前版本）使用的是 Thrift，之后因为 Thrift 开发缓慢且存在较多的问题，开始转向使用更加活跃和成熟的 Avro。同时，Cassandra 还有多种针对特定语言的高级客户端，例如面向 Java 的 Hector 和 Pelops、面向 C# 的 HectorSharp、面向 Python 的 Chiton，以及面向 Ruby 的 Fauna 等。这些客户端均是第三方开发者为了便于开发而写的开源项目，这里只是列举出了一些主流语言的具有代表性的客户端。

对于 Cassandra 来说，客户端有很多种选择，每种都有各自的优势和局限，面向不同的语言，也有着不同的成熟度。对于开发者来说，可以根据自己的需求来选择连接 Cassandra 的方式。

6.6　典型的列族数据库系统

目前，列族数据库与关系数据库相比数量并不是很多，图 6-6 展示了 DB-Engines 收录的列族数据库的流行度数据，可以看到 HBase 和 Cassandra 是目前最受欢迎的两种列族数据库。典型的列族数据库系统主要有 BigTable、HBase、Hypertable、Cassandra 及 ScyllaDB 等，这些列族数据库均为分布式数据库，采用的数据模型与 BigTable 相似。下面简要介绍以下这几种数据库技术。

Rank			DBMS	Database Model	Score		
May 2022	Apr 2022	May 2021			May 2022	Apr 2022	May 2021
1.	1.	1.	Cassandra ➕	Wide column	118.01	-3.98	+7.08
2.	2.	2.	HBase ➕	Wide column	43.19	-1.14	-0.05
3.	3.	3.	Microsoft Azure Cosmos DB ➕	Multi-model ℹ	40.22	-0.12	+5.51
4.	4.	4.	Datastax Enterprise ➕	Wide column, Multi-model ℹ	9.28	-0.59	+1.74
5.	5.	5.	Microsoft Azure Table Storage	Wide column	5.35	-0.12	+1.06
6.	6.	↑7.	Google Cloud Bigtable	Multi-model ℹ	4.26	-0.03	+1.15
7.	7.	↓6.	Accumulo	Wide column	3.97	+0.10	+0.09
8.	8.	8.	ScyllaDB ➕	Multi-model ℹ	3.75	-0.12	+1.60
9.	9.	9.	HPE Ezmeral Data Fabric	Multi-model ℹ	0.88	+0.04	+0.01
10.	10.	↑11.	Amazon Keyspaces	Wide column	0.55	+0.02	+0.10
11.	11.	↑12.	Alibaba Cloud Table Store	Wide column	0.39	-0.02	+0.02
12.	12.	↓10.	Elassandra	Wide column, Multi-model ℹ	0.36	-0.03	-0.19
13.	13.	13.	SWC-DB	Wide column, Multi-model ℹ	0.01	-0.05	+0.01

☐ include secondary database models　　　　13 systems in ranking, May 2022

图 6-6　列族数据库的排名

6.6.1　BigTable

BigTable 是一种分布式数据库，用于管理大规模的结构化数据。谷歌于 2004 年开始研发 BigTable 并将其用于众多产品的数据管理，2006 年谷歌在 OSDI 会议上发表了 BigTable

的论文，并引发了后续有关这一类数据库的研究。

BigTable 可以看作一张稀疏的、分布式的、持久性的多维有序映射表，表中的数据通过一个行键、一个列键和一个时间戳进行索引。其从本质上来说也是一种键值存储，但是与其他键值存储不同的是，它的值是一种结构化的数据。BigTable 的数据模型已经在之前介绍过，这里不再赘述。

BigTable 最初构建在谷歌的 GFS（谷歌文件系统）上，使用 GFS 来存储日志和数据文件，由于 GFS 的可扩展性有一定限制，目前谷歌已经使用 Colossus 文件系统替代了 GFS。BigTable 使用 SSTable（sorted string table）文件格式来存储数据，并采用类似 LSM 树的读 / 写流程。

由于 BigTable 处理的数据规模十分庞大，仅使用一张表进行存储会严重影响系统的效率，所以 BigTable 会将整张表划分为多个连续的行块（称为片），每一片（tablet）会被存储到对应的片服务器上。

前面说过 BigTable 是一种分布式数据库系统，其采用的是主从式架构，系统依赖于一个高可用的持久性分布式锁服务 Chubby，用于选取主服务器并保存 BigTable 的模式信息等。和 HBase 类似，BigTable 的主服务器主要负责将表的分区数据分配到片服务器上，检查片服务器的增加和到期状态，对片服务器进行负载均衡，负责 GFS 文件的垃圾回收，处理模式的变化（如表和列族的增加）；片服务器则负责管理分配给自己的片数据，处理对这些数据的读 / 写请求。

6.6.2　HBase 与 Hypertable

HBase 和 Hypertable 是 BigTable 的两种开源版实现，HBase 使用 Java 实现，Hypertable 使用 C++ 实现。这两种数据库与 BigTable 的系统架构十分相似，不同的地方在于，HBase 使用 Zookeeper 替代 Chubby 的功能，而 Hypertable 则使用 Hyperspace 替代 Chubby。由于已经在之前介绍过 HBase 的架构，在此不再赘述。

6.6.3　Cassandra 与 ScyllaDB

Cassandra 是 Facebook 为了解决消息收件箱的搜索问题而创建的数据库，其采用了对等架构。与 HBase 相比，Cassandra 具有更高的可用性且更易于扩展节点。

第 6.4.2 小节已经介绍过 Cassandra 的系统架构。Cassandra 的最外层结构称为集群（cluster），又名环（ring），其每个节点都会存放部分数据的副本，当一个节点宕机时就可以使用另一个副本进行响应。在 Cassandra 中用户可以设置副本因子来确定数据会被复制到多少个节点上，比如说副本因子设置为 4，则每行数据都会复制到环上的 4 个节点。用户还可以设置副本放置策略来决定副本数据被放置到哪些节点上。

Cassandra 使用流言（gossip）协议来进行环内通信，保证每一个节点都有其他节点的状态信息。Gossip 可以用来进行故障检测，Cassandra 使用了非常流行的 Phi 增量故障检测算法，因而其故障检测功能十分强健。

Cassandra 还维护了最终一致性，主要使用了四种技术：逆熵（anti-entropy）机制、读修复机制、提示移交机制，以及分布式删除。

ScyllaDB 可以看作使用 C++ 实现的 Cassandra，其完全兼容 Cassandra 的数据模型和客户端协议。官方声称相同条件下其性能可以达到 Cassandra 的 10 倍。ScyllaDB 是最近几年备受关注的一种数据库。因为之前已经介绍了 Cassandra 的系统架构及常用技术，所以在此不再赘述。

6.7 列族数据库使用示例

列族数据库的种类各异，使用方法也各不相同，目前最受欢迎的两种列族数据库为 HBase 和 Cassandra，国内目前使用较多的是 HBase，所以本节以 HBase 为例讲解列族数据库的安装和接口使用示例。

6.7.1 HBase 的安装与启动

本小节主要展示 HBase 的安装与使用，系统环境为 Ubuntu 22.04，HBase 版本为 2.4.13，使用的 Java 版本为 JDK8。HBase 可以以单机模式、模拟分布式模式和全分布式模式三种模式来安装，这里使用单机模式进行演示。

首先在 HBase 官网上下载指定版本的压缩包，如图 6-7 所示。目前官网上最新的稳定版本为 2.4.13，可以直接下载 2.4.13 版本的二进制文件压缩包。

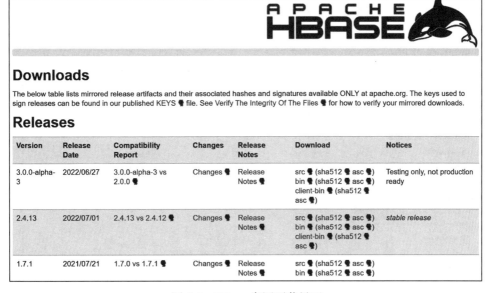

图 6-7 HBase 官网下载界面

下载后对压缩包进行解压，并且进入到解压后的文件夹内。

接下来需要为 HBase 配置 Java 路径。首先确认当前系统下 Java 的安装路径，之后打开 conf/HBase-env.sh 文件，找到包含"export JAVA_HOME=××××"的那一行，将系统中 Java 的安装路径添加进去，如图 6-8 所示。

```
 1 #!/usr/bin/env bash
 2 #
 3 #/**
 4 # * Licensed to the Apache Software Foundation (ASF) under one
 5 # * or more contributor license agreements.  See the NOTICE file
 6 # * distributed with this work for additional information
 7 # * regarding copyright ownership.  The ASF licenses this file
 8 # * to you under the Apache License, Version 2.0 (the
 9 # * "License"); you may not use this file except in compliance
10 # * with the License.  You may obtain a copy of the License at
11 # *
12 # *     http://www.apache.org/licenses/LICENSE-2.0
13 # *
14 # * Unless required by applicable law or agreed to in writing, software
15 # * distributed under the License is distributed on an "AS IS" BASIS,
16 # * WITHOUT WARRANTIES OR CONDITIONS OF ANY KIND, either express or implied.
17 # * See the License for the specific language governing permissions and
18 # * limitations under the License.
19 # */
20
21 # Set environment variables here.
22
23 # This script sets variables multiple times over the course of starting an hbase process,
24 # so try to keep things idempotent unless you want to take an even deeper look
25 # into the startup scripts (bin/hbase, etc.)
26
27 # The java implementation to use.  Java 1.8+ required.
28 # export JAVA_HOME=/usr/java/jdk1.8.0/
29 export JAVA_HOME=/usr/lib/jvm/java-8-openjdk-amd64
30 # Extra Java CLASSPATH elements.  Optional.
31 # export HBASE_CLASSPATH=
32
```

图 6-8　添加 Java 路径

运行 bin/start-HBase.sh 启动 HBase 服务。访问 http://localhost:16010 即可访问 HBase 的网页版，如图 6-9 所示。

图 6-9　HBase 网页

6.7.2　接口使用示例

本小节展示 HBase 的 shell 接口的基本使用示例。

首先使用 HBase shell 连接数据库。进入 HBase 安装目录下的 bin 文件夹，运行 ./hbase shell 命令，如图 6-10 所示。

```
root@test-machine:/home/hbase-2.4.11/bin# ./hbase shell
2022-04-23 14:58:02,359 WARN  [main] util.NativeCodeLoad
HBase Shell
Use "help" to get list of supported commands.
Use "exit" to quit this interactive shell.
For Reference, please visit: http://hbase.apache.org/2.0
Version 2.4.11, r7e672a0da0586e6b7449310815182695bc6ae19
Took 0.0013 seconds
hbase:001:0>
```

图 6-10　使用 HBase shell 连接数据库

1. 创建表

创建表时使用 create 语句并且必须指定至少一个列族名。如图 6-11 所示，创建了表 'test'，并指定了一个列族 'cf_1'。

```
hbase:003:0> create 'test', 'cf_1'
Created table test
Took 1.0613 seconds
```

图 6-11　创建表

2. 插入数据

使用 put 命令插入数据。如图 6-12 所示，插入了 6 条数据，共 3 行，每行有 2 列。

```
hbase:019:0> put 'test', 'r1', 'cf_1:c1', 'v1'
Took 0.0053 seconds
hbase:020:0> put 'test', 'r2', 'cf_1:c2', 'v2'
Took 0.0036 seconds
hbase:021:0> put 'test', 'r3', 'cf_1:c3', 'v3'
Took 0.0098 seconds
hbase:022:0> put 'test', 'r1', 'cf_1:cc', 'v'
Took 0.0032 seconds
hbase:023:0> put 'test', 'r2', 'cf_1:cc', 'v'
Took 0.0035 seconds
hbase:024:0> put 'test', 'r3', 'cf_1:cc', 'v'
Took 0.0030 seconds
```

图 6-12　插入数据

3. 扫描数据

使用 scan 命令扫描数据，如图 6-13 所示为扫描 test 表得到的结果。

```
hbase:025:0> scan 'test'
ROW                          COLUMN+CELL
 r1                          column=cf_1:c1, timestamp=2022-05-17T14:22:48.482, value=v1
 r1                          column=cf_1:cc, timestamp=2022-05-17T14:23:16.513, value=v
 r2                          column=cf_1:c2, timestamp=2022-05-17T14:22:55.263, value=v2
 r2                          column=cf_1:cc, timestamp=2022-05-17T14:23:24.026, value=v
 r3                          column=cf_1:c3, timestamp=2022-05-17T14:23:00.164, value=v3
 r3                          column=cf_1:cc, timestamp=2022-05-17T14:23:28.598, value=v
3 row(s)
Took 0.0205 seconds
```

图 6-13　扫描数据

4. 查询数据

使用 get 命令查询数据。可以查询某一行的所有数据，也可以查询某一行的某一列数据。如图 6-14 所示，首先查询 'r1' 的所有数据，然后查询行 'r1' 中 'cf_1:c1' 列的数据。

```
hbase:030:0> get 'test', 'r1'
COLUMN                          CELL
 cf_1:c1                        timestamp=2022-05-17T14:22:48.482, value=v1
 cf_1:cc                        timestamp=2022-05-17T14:23:16.513, value=v
1 row(s)
Took 0.0190 seconds
hbase:031:0> get 'test', 'r1', 'cf_1:c1'
COLUMN                          CELL
 cf_1:c1                        timestamp=2022-05-17T14:22:48.482, value=v1
1 row(s)
Took 0.0170 seconds
```

图 6-14　查询数据

5. 删除数据

使用 delete 命令删除数据。可以使用 deleteall 命令删除某一行的所有数据，也可以使用 delete 命令删除某一行的某一列数据。如图 6-15 所示，首先删除了行 'r3' 的所有数据，可以看到删除后的表中 'r3' 已经被完全删除；然后又删除了行 'r2' 中 'cf_1:c2' 列的数据，可以看到删除后的表中 'r2' 的一列数据被删除。

```
hbase:026:0> deleteall 'test', 'r3'
Took 0.0027 seconds
hbase:027:0> scan 'test'
ROW                             COLUMN+CELL
 r1                             column=cf_1:c1, timestamp=2022-05-17T14:22:48.482, value=v1
 r1                             column=cf_1:cc, timestamp=2022-05-17T14:23:16.513, value=v
 r2                             column=cf_1:c2, timestamp=2022-05-17T14:22:55.263, value=v2
 r2                             column=cf_1:cc, timestamp=2022-05-17T14:23:24.026, value=v
2 row(s)
Took 0.0112 seconds
hbase:028:0> delete 'test', 'r2','cf_1:c2'
Took 0.0106 seconds
hbase:029:0> scan 'test'
ROW                             COLUMN+CELL
 r1                             column=cf_1:c1, timestamp=2022-05-17T14:22:48.482, value=v1
 r1                             column=cf_1:cc, timestamp=2022-05-17T14:23:16.513, value=v1
 r2                             column=cf_1:cc, timestamp=2022-05-17T14:23:24.026, value=v
2 row(s)
Took 0.0095 seconds
```

图 6-15　删除数据

本章小结

本章主要介绍了列族数据库的历史和基本技术，包括常用的 BigTable、HBase 及 Cassandra 等，并着重讨论了列族数据库的数据模型及常用的系统架构，最后展示了 HBase 的安装与使用过程。

通过对本章的学习，读者应理解列族数据库的数据模型，并对列族数据库的系统架构有初步的认识。

第 7 章

图数据库技术

随着科技的不断发展与进步，万物互联的时代已经开启。可以说，我们生活在一个包含多种复杂关系的网络之中。不仅数据本身存储着重要的信息，数据与数据之间的关系也尤为重要，对关系的深度挖掘能够获取非常大的价值。传统关系数据库技术在存储关系方面具有局限性，为了更好地存储并利用关系，图数据库技术逐渐发展起来。

内容提要：本章首先对图数据库技术进行了概述，然后介绍了图数据库的主要数据模型及数据操作，接着介绍了图数据库的系统架构及访问接口，之后讨论了两种典型的图数据库系统，最后展示了图数据库的使用示例。

7.1　图数据库技术概述

图数据库（graph database）是一种基于图数据结构的 NoSQL 型数据库，图中包含节点、边和属性，所有这些都用于表示和存储数据。其中，节点表示实体，边表示实体之间的关系，属性表示与节点或者边相关联的描述性信息。在图数据库中，实体本身及实体之间的关系都作为数据存储的一部分且同等重要。这样的设计使得图数据库能够直观地可视化关系从而能够快速回答复杂关联查询。

图数据库有着很长一段的发展历程。早在 20 世纪 60 年代中期，IBM 的 IMS 导航数据库在其层次模型中支持树形结构，树形结构就是一种特殊的图结构。从 60 年代末开始，网络模型数据库可以支持图结构。从 80 年代中期开始，图数据库可以支持带有标签的图结构。随后，在 90 年代初出现了一些对图数据库的改进。在 21 世纪 00 年代中后期，以 Neo4j 为代表的具有 ACID 事务特性的商业图数据库开始出现。随着大数据时代的来临，数据的扩展性成为数据库领域的一大挑战。在 10 年代，开始出现可以横向扩展的商业图数据库，如 JanusGraph 等。除此之外，支持图模型的多模数据库也开始出现，例如 ArangoDB、OrientDB 等。由此可以看出，图数据库正朝着大规模、分布式、多模型的方向发展。

相较于传统关系数据库，图数据库有着以下一些优点。

1）关联查询速度快。虽然关系数据库中包含"关系"，但是它对关系的查询并不高效。

关系数据库中存储的基本对象是表，表之间的关联是通过外码来实现的，要想在关系数据库中实现关联查询，需要对表执行连接操作，连接操作的代价往往是比较高的。并且，随着数据库中数据规模的增大及关联深度的增加，查询性能也会大大降低。然而，图数据库通过边直接存储了数据之间的关系，在进行关联查询时，只需要遍历相关的边即可。同时，在图数据库中，每个节点都存储了与其相邻节点的信息。所以，图数据库中针对关系的查询性能只和具体被查询的关系数量有关，和数据库的数据规模无关。相较于关系数据库来说，图数据库针对大规模复杂关联查询的处理更加高效。

2）模式灵活。关系数据库具有严格的模式定义，关系数据库中的数据都需要规范化并且遵循这一要求。在项目开发的初期，往往很难对数据库的模式设计考虑得非常全面，经常会需要进行后期的修改及调整。但是，由于关系数据库的模式定义非常严格，所以往往需要重新定义新的模式来适应新的需求，这使得关系数据库的扩展性比较差。除此之外，某一处的修改可能会影响另一处，所以对于关系数据库的模式调整是比较困难的。然而，图数据库并没有固定的模式，只需要根据新的需求来动态调整图中的节点、边及属性即可。

3）具有直观的关系表示。关系数据库通过外码来表示数据之间的关系，而图数据库通过边来表示数据之间的关系，相较于外码来说，边这种表示形式更为直观，用户更容易理解模型所表达的内容。

虽然相较于关系数据库来说，图数据库有着独特的优势，但是它依然存在着一系列问题以及挑战。

1）没有标准的查询语言。众所周知，所有的关系数据库都支持标准 SQL，尽管很多供应商已经扩展了 SQL，但是它们都支持核心 SQL。而图数据库至今没有一种统一的标准语言，每个图数据库供应商都定义了独特的语法或语言。这种标准化的缺乏使得产品之间的迁移变得困难并且增加了学习不同语言的成本。

2）不适用于操作用例。图数据库在处理大量事务时效率不高且不擅长处理跨整个数据库的查询。

3）难以扩展。大多数关系数据库都支持分片，而多数图数据库最初是为单层架构设计的，要求必须将所有数据都存储在一台服务器上，这意味着它们很难跨多个服务器进行扩展。

7.2 图数据库的数据模型

目前图数据库主要使用两种数据模型：属性图和 RDF 图。属性图侧重于分析和查询，而 RDF 图则强调数据集成。这两种图都包含节点集合和边集合，但也存在着差异。

7.2.1 属性图

属性图（property graph）是目前最流行的一种图模型，它由节点、边及属性组成。节点表示实体，边表示实体之间的关系，属性表示描述性信息并以键值对形式存储，其中键是字符串类型，值是任意数据类型。节点和边都可以具有属性，节点可以通过标签进行标记从而进行分组；边有一个开始节点和一个结束节点，并且是有向的。

图 7-1 给出了一个属性图的示例。可以看到，该属性图有三个节点，其中有两个节点为学生节点（标签都为"学生"），另外一个节点为课程节点（标签为"课程"）。每个学生节点都存储着三个键值对属性，分别有学号、年龄及性别。课程节点存储着一个键值对属性，为课程号。每个学生节点和课程节点之间分别有一条标签为"选择"的边。

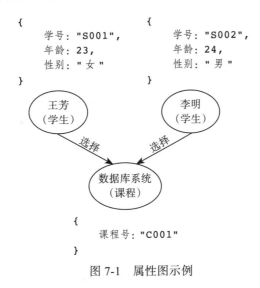

图 7-1　属性图示例

7.2.2　RDF 图

RDF（resource description framework）的中文含义为资源描述框架，它是 Web 上表示信息的框架，RDF 数据模型及其查询语言 SPARQL 已被万维网联盟（W3C）标准化。RDF 图由节点和边组成，节点表示实体或者属性，边表示实体和实体之间的关系或者实体和属性之间的关系，节点和边都不具有属性，每个节点和边都由唯一的资源标识符标识。在 RDF 图模型中，一个语句由三个元素表示，即由一条边连接的两个节点反映了句子的主语、谓语和宾语，这被称为 RDF 三元组。RDF 三元组是 RDF 图模型的基本表示单元。

图 7-2 给出了 RDF 三元组的表示形式，边的入节点为主语，出节点为宾语，连接入节点和出节点的边为谓语，由此得到的三元组形成一个主语—谓语—宾语的语句。图 7-3 展示了如何将图 7-1 的属性图表示为 RDF 图。可以看到，和图 7-1 相比，图 7-3 中的节点不具有属性，RDF 图将属性图中的属性都转换为了单独的节点。

图 7-2　RDF 三元组的表示形式

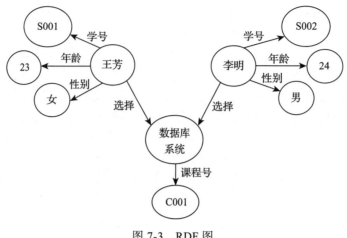

图 7-3　RDF 图

7.3　图数据库的数据操作

图数据库具有四种基本的数据操作，分别为创建（CREATE）、读取（READ）、更新（UPDATE）及删除（DELETE）操作。下面以 Neo4j 为例介绍如何利用 Cypher 语言执行图数据库的数据操作。

7.3.1　创建数据

CREATE 命令可用来创建节点或关系。

1. 创建节点

【例 7-1】创建一个节点，其类型为人物，姓名为 Lee，年龄为 35 岁。相应的 Cypher 语句为

```
CREATE (n:Person {name:'Lee', age:35})
```

其中，CREATE 是创建命令；n 为变量名，这里指代一个节点；Person 是标签名，表示节点的类型；花括号 {} 表示节点的属性，采用键值对形式表示，由题可知，该人物节点具有 name 和 age 两个属性。

2. 创建关系

【例 7-2】假设已有两个人物节点，其姓名分别为 Lily 和 Lee，需要创建一条这两个节点之间的朋友关系，且该关系的开始时间为 2014 年。相应的 Cypher 语句为

```
MATCH (a:Person {name:'Lily'}), (b:Person {name:'Lee'})
CREATE (a)-[:FRIENDS {since:2014}]->(b)
```

其中，MATCH 命令起匹配作用；方括号 [] 表示关系；FRIENDS 为关系的类型；FRIENDS

后面的花括号 {} 代表关系的属性；箭头 --> 是有方向的，表示从 a 到 b 的关系。

3. 创建节点和关系

【例 7-3】创建两个人物节点，其姓名分别为 Lily 和 Lee，同时创建一条这两个节点之间的朋友关系。相应的 Cypher 语句为

```
CREATE (a:Person {name:'Lily'})-[r:FRIENDS]->(b:Person {name:'Lee'})
```

7.3.2　读取数据

MATCH 命令与 RETURN 命令相搭配可以用来查询数据。MATCH 命令用于匹配，RETURN 命令用于返回结果。

1. 读取节点

【例 7-4】查询年龄大于 30 岁的人物节点。相应的 Cypher 语句为

```
MATCH (n:Person) WHERE n.age>30 RETURN n
```

其中，WHERE 命令对结果进行筛选，满足筛选条件的匹配结果才能返回。

2. 读取关系

【例 7-5】查询所有的朋友关系。相应的 Cypher 语句为

```
MATCH ()-[r:FRIENDS]->() RETURN r
```

在这个例子中，我们只关心关系，而不关心节点，所以箭头始末的节点都省略。

3. 读取节点和关系

【例 7-6】查询所有具有朋友关系的节点。相应的 Cypher 语句为

```
MATCH (a:Person)-[r:FRIENDS]->(b:Person) RETURN a,b
```

与例 7-5 不同的是，例 7-6 不仅需要读取关系，而且需要读取节点，所以箭头始末的节点不能省略。

7.3.3　更新数据

SET 命令可用来更新数据。

【例 7-7】将 Lee 的年龄修改为 40 岁。相应的 Cypher 语句为

```
MATCH (n:Person {name:'Lee'}) SET n.age=40
```

7.3.4　删除数据

REMOVE 命令用于删除属性，DELETE 命令用于删除节点和关系。

1. 删除属性

【例 7-8】删除 Lee 的年龄属性。相应的 Cypher 语句为

```
MATCH (n:Person {name:'Lee'}) REMOVE n.age
```

2. 删除节点

【例 7-9】删除 Lee 人物节点。如果该节点没有与之相连的关系，那么相应的 Cypher 语句为

```
MATCH (n:Person {name:'Lee'}) DELETE n
```

如果该节点有关系与之相连，那么不仅需要删除该节点，还需要删除与之相连的关系，相应的 Cypher 语句为

```
MATCH (n:Person {name:'Lee'}) DETACH DELETE n
```

3. 删除关系

【例 7-10】删除所有的朋友关系。相应的 Cypher 语句为

```
MATCH (a:Person)-[r:FRIENDS]-(b:Person) DELETE r
```

7.4 图数据库的系统架构

下面以 Neo4j 为例，给出一般的图数据库的系统架构，如图 7-4 所示。接下来，自底向上来具体介绍每个模块的功能。

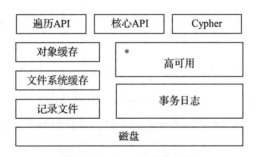

图 7-4 Neo4j 的系统架构

1. 磁盘

Neo4j 系统架构的最底层是磁盘，用于存储图数据。磁盘 I/O 是影响数据库性能的一大关键因素，当从磁盘读取数据时，就需要消耗磁盘 I/O。通常，将文件存储到内存以减少磁盘 I/O，但是内存空间是有限的，当内存无法存储全部的图数据时，仍然需要从磁盘读取数据。所以，一方面，可以通过避免磁盘 I/O 来提高图数据库的性能；另一方面，可以采用更快速的磁盘来提升磁盘的读 / 写速度。

2. 记录文件

记录文件是一组存储着图结构各个部分的文件。这些记录文件按照记录类型进行划分，可以分为用于存储节点、关系、属性、标签等的单独文件。记录文件位于主图数据库目录

下，并且文件名中通常有固定的前缀，Neo4j 的记录文件以 neostore 作为前缀。主要的记录文件通常具有固定的大小，例如记录节点和关系的文件大小分别为 14KB 及 33KB。因为节点和关系记录文件只是存储指向其他节点、关系记录的指针，所以它们能够很好地适应固定的记录大小。具有固定大小的这一特性不仅能支持快速查找及遍历，还能帮助推算出图所需的磁盘空间及内存大小。

3. 缓存

即使使用快速的磁盘和高效的存储结构，只要处理需要从 CPU 到磁盘进行访问，就会产生延迟。因为直接在内存中访问数据是没有延迟的，所以可以通过将数据缓存到内存以减少该延迟。Neo4j 使用两层缓存策略来提升性能，分别为文件系统缓存及对象缓存。

文件系统缓存是一个空闲 RAM 区域，也就是还没有被分配给任何进程的 RAM 区域，操作系统利用它来加速对文件的读 / 写。文件系统缓存利用了内存映射 I/O。当一个进程请求一个文件时，首先检查该文件是否已经被加载到文件系统缓存中，如果已经加载的话，那么直接通过该文件系统缓存来访问文件，如果没有加载，那么将该物理文件（或者文件的一部分）从磁盘读入到文件系统缓存中；之后对同一文件（或者文件的一部分）的后续请求可以在内存进行处理，从而减少磁盘 I/O；对数据的更改也被写入文件系统缓存中，而不是立即写入磁盘，后期再由操作系统来决定何时将对文件系统缓存的更改刷新到磁盘。通过文件系统缓存的方式访问文件能够提升文件访问的性能及效率。

文件系统缓存通过减少磁盘 I/O 来提高性能，然而 Neo4j 是一个基于 JVM 的应用程序，它将节点和关系存储为 Java 对象，而不仅是与原始文件进行交互。对象缓存是 JVM 堆中的一个区域，它以一种优化的形式存储节点和关系的 Java 对象版本来加速图数据库上的遍历。

综上所述，人们可以有效地利用图数据库中的缓存机制来提高图数据库的性能。一方面，设置全部或者尽可能多的图数据存储到文件系统缓存中；另一方面，尽可能多地使用对象缓存。

4. 事务日志

事务日志包含已提交事务的文件，用于确保符合 ACID，并且在需要时能够帮助恢复图数据库。Neo4j 是一个具有 ACID 特性的图数据库，使用预写日志来提供 ACID 的原子性和持久性。每当提交事务时，所有的更改都将被写入并刷新到磁盘上的事务日志文件中，然后再将更改应用到记录文件。使用文件系统缓存意味着对记录文件的写入可能只在内存中，操作系统负责决定何时将这些更改刷新到磁盘。当系统崩溃并且提交的更改没有应用到记录文件时，可以通过事务日志来恢复记录文件。

5. 高可用

该组件带有 * 号，表示它只存在于 Neo4j 企业版中。该组件提供了在集群设置中运行的能力，允许将数据库分布到多台机器上，利用主从复制架构，支持硬件故障时的弹性和容错能力，以及读密集场景的扩展能力。弹性和容错能力指的是，即使在网络中断或者硬件故障的情况下，Neo4j 也能够继续工作并为客户端提供服务。也就是说，即使集群中的一台机器发生故障，Neo4j 也能够继续运行，该故障不会导致整个系统崩溃也不会使 Neo4j 完全无法提供服务。除此之外，主从复制架构提供了一种方法来水平扩展 Neo4j，用于适应读密集的场景，即具有高吞吐量需求的应用程序。

6. API

在 Neo4j 系统架构的最顶端有三个主要的 API，分别为遍历 API、核心 API 及 Cypher，它们用于访问和操作数据。核心 API 属于命令式 API，是 Neo4j 的内部核心 Java 组件接口，它提供了和图进行交互的最大灵活性和控制权，需要用户明确地知道底层图数据是如何布局的，并且提供与图交互的显式命令。遍历 API 属于声明式 API，主要是遍历算法的调用接口，用户提供定向"目标"作为控制图遍历的手段，并且允许 Neo4j 负责与核心 API 交互来实现结果，但是由于它具有较高的抽象级别，所以它的执行效果可能不如核心 API。Cypher 是一种声明性的图查询语言，用户使用"模式"作为控制遍历和与图交互的手段。Cypher 易于使用和理解，是三种 API 中最直观且最友好的，但是，它的性能无法和另外两种 API 相匹敌。

7.5   图数据库的访问接口

数据库的访问接口是与数据库建立连接的一种技术，人们可以通过访问接口来访问数据库并且对数据库进行操作。不同的数据库具有不同的访问接口，下面以 Neo4j 为例，介绍该图数据库的访问接口。表 7-1 列出了 Neo4j 的各种访问接口及特点。

表 7-1   Neo4j 的各种访问接口及特点

类型	特点
Driver	官方驱动程序，支持很多流行的编程语言，如 Java、Python、JavaScript、.NET 及 Go 等
Neo4j shell	Neo4j 的命令行工具，是最简单的接口
HTTP API	支持使用超文本传输协议作为两个系统之间通信协议的 API
Cypher	简单、直观、易理解

Neo4j 为许多流行的编程语言提供了官方驱动程序，如 Java、Python、JavaScript、.NET 及 Go 等。驱动程序 API 是与拓扑无关的，这意味着可以改变底层数据库拓扑单实例、因果集群等，而不需要对应用程序代码进行相应的修改。在一般情况下，当拓扑发生更改时，只需要修改连接 URI。

Neo4j shell 是一个用于探索和操作 Neo4j 的命令行工具。它是一个用于浏览图的命令行 shell，类似于在 Unix shell 中使用 cd、ls 和 pwd 等命令来浏览本地文件系统。Neo4j shell 可以直接连接到文件系统上的图数据库，使用只读模式访问其他进程使用的本地数据库。

Neo4j 事务性 HTTP 端点允许在一个事务的范围内执行一系列 Cypher 语句。在多个 HTTP 请求之间，事务可能保持打开状态，直到客户端选择提交或回滚。每个 HTTP 请求可以包括一个语句列表，为了方便，可以将语句与开始或提交事务的请求包含在一起。服务器通过使用超时来防止孤立事务。如果在时间阈值内没有对给定事务的请求，服务器将回滚该事务。来自 HTTP API 的响应可以作为 JSON 流传输，从而在服务器端获得更好的性能和更低的内存开销。

　　Cypher 是一种声明式图查询语言，允许对图进行表达性和高效的查询、更新和管理。它类似用于图的 SQL，受到 SQL 的启发，它专注于要从图中获得什么数据而不是如何获取数据。对于用户来说，它简单、直观并且容易理解。

7.6　典型的图数据库系统

　　根据世界知名的数据库排名网站 DB-Engines 的统计，从 2013 年以来，图数据库一直是增速最快的数据库类别。图 7-5 展示了 2013 年—2022 年每种类别数据库的流行度变化趋势。该网站一共收录了 391 种数据库产品，分为 12 个类别，在这 12 个类别中，图数据库的增长速度明显快于其他任何类别的数据库。在此期间，各种各样的图数据库产品相继出现，例如主流的 Neo4j、JanusGraph 等。

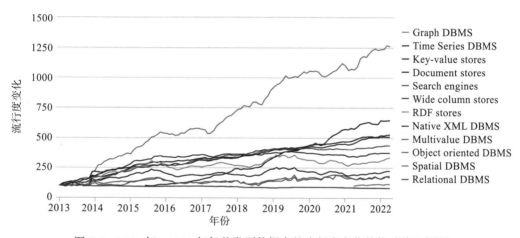

图 7-5　2013 年—2022 年每种类别数据库的流行度变化趋势（详见彩插）

1. Neo4j

　　Neo4j 是目前最流行的开源的 NoSQL 图数据库，基于 Java 实现。2010 年正式发布第一版，其源代码托管在 GitHub 上。Neo4j 有两个版本可供选择，分别为社区版和企业版。开源的社区版免费，只支持单机，不支持分布式。企业版收费，支持主从复制和读写分离。从 Neo4j 3.5 版本开始，企业版仅在商业许可下提供，停止在 GitHub 上开放源代码。

　　Neo4j 使用属性图模型来存储和管理数据。Neo4j 利用原生化图存储来提供高效的关联查询，数据库中每个节点都会维护与其相邻节点的引用，这就意味着查询时间和图的整体规模无关，只与其相邻节点的数量有关。这个特性实现了即使没有麻烦的索引也能为 Neo4j 提供快速高效的图遍历能力。Neo4j 提供了一种强大的、直观的图查询语言 Cypher。Cypher 对用户友好，容易学习和理解。对图中数据进行关联查询时，Cypher 查询比大量

SQL 连接更简单、更高效、更容易编写。

Neo4j 具有 ACID 事务特性，支持集群、备份及故障转移等。对于访问接口，Neo4j 支持 HTTP API，也支持多种流行编程语言的驱动程序。Neo4j 提供安装算法包，提供基本的图算法，如路径搜索、相似性、中心性、社区检测等。Neo4j 提供可视化界面，通过内置的 Neo4j 浏览器 Web 应用程序，可以创建和查询图数据。

2. JanusGraph

JanusGraph 是分布式、开源的、可大规模扩展的图数据库，用于存储和查询包含分布在多机集群上的数千亿个顶点和边的图，于 2017 年发布第一版。JanusGraph 具有针对不断增长的数据和用户基础的弹性和线性可伸缩性、用于性能和容错的数据分布和复制、多数据中心高可用性和热备份。JanusGraph 的所有功能都是免费的，不需要购买商业许可证，在 Apache 2 许可下是完全开源的。JanusGraph 同时也是一个事务数据库，可以支持数千个并发用户实时执行复杂的图遍历，支持 ACID 特性及最终一致性。

JanusGraph 底层使用非图模型进行存储，将数据存储在其他系统上，例如 Apache Cassandra、Apache HBase、Google Cloud BigTable、Oracle BerkeleyDB 及 ScyllaDB 等。除此之外，JanusGraph 有三种不同的第三方存储适配器，分别为 Aerospike、DynamoDB 和 FoundationDB。通过 Elasticsearch、Apache Solr 及 Apache Lucene 等，JanusGraph 具有高级检索功能，例如全文检索。除了在线事务处理（OLTP），JanusGraph 还通过与 Apache Spark 集成支持全局图分析（OLAP）。JanusGraph 也支持各种可视化工具，如 Arcade Analytics、Cytoscape 等。

JanusGraph 使用 Gremlin 查询语言从图中检索和修改数据。Gremlin 是一种面向路径的语言，它简洁地表达了复杂的图遍历操作。同时，它也是一种函数式语言，将遍历操作符链接在一起形成类似路径的表达式。应用程序可以通过两种方式与 JanusGraph 交互：①将 JanusGraph 嵌入到应用程序中，直接对同一个 JVM 中的图执行 Gremlin 查询。查询执行、JanusGraph 的缓存和事务处理都发生在与应用程序相同的 JVM 中，而存储后端的数据检索可能是本地的或者远程的。②通过向服务器提交 Gremlin 查询，与本地或者远程 JanusGraph 实例进行交互，JanusGraph 原生支持 Apache TinkerPop 栈中的 Gremlin Server 组件。

3. Neo4j 和 JanusGraph 的对比

表 7-2 列出了 Neo4j 和 JanusGraph 在某些方面的对比。Neo4j 的开发要早于 JanusGraph。两者都是基于 Java 实现的，但是具有不同的查询语言。JanusGraph 是分布式的，可以扩展图数据的处理，并且能支持实时图遍历和分析查询，但是其底层使用非原生图模型进行存储。Neo4j 使用原生图模型进行数据存储，可以针对图数据做优化，更有利于发挥图数据库的性能。

表 7-2   Neo4j 和 JanusGraph 的对比

特性	Neo4j	JanusGraph
开源	社区版开源，企业版闭源	完全开源

（续）

特性	Neo4j	JanusGraph
第一版发行时间	2010 年	2017 年
查询语言	Cypher	Gremlin
开发语言	Java	Java
集群	企业版支持，社区版不支持	支持
内置常用图算法	支持	不支持
可视化界面	支持	不支持，需要集成第三方界面
图存储	原生图存储	非原生图存储
高可用	企业版支持	不支持
可扩展	否	是

7.7 图数据库使用示例

本节将介绍 Neo4j 的安装过程，以及具体的数据库操作接口示例。

7.7.1 Neo4j 的安装

Neo4j 可在 Linux、Windows 及 macOS 上进行安装。不同的系统对应的安装过程有所不同。下面以在 Windows 系统上安装 Neo4j 为例进行详细介绍。

1. JDK 的安装及配置

由于 Neo4j 是基于 Java 实现的图数据库，运行 Neo4j 需要启动 JVM 进程，所以必须安装 JDK 并且配置相应的环境。

首先，在官方网站（https://www.oracle.com/java/technologies/downloads/）下载安装包，以 JDK 11 为例，如图 7-6 所示。

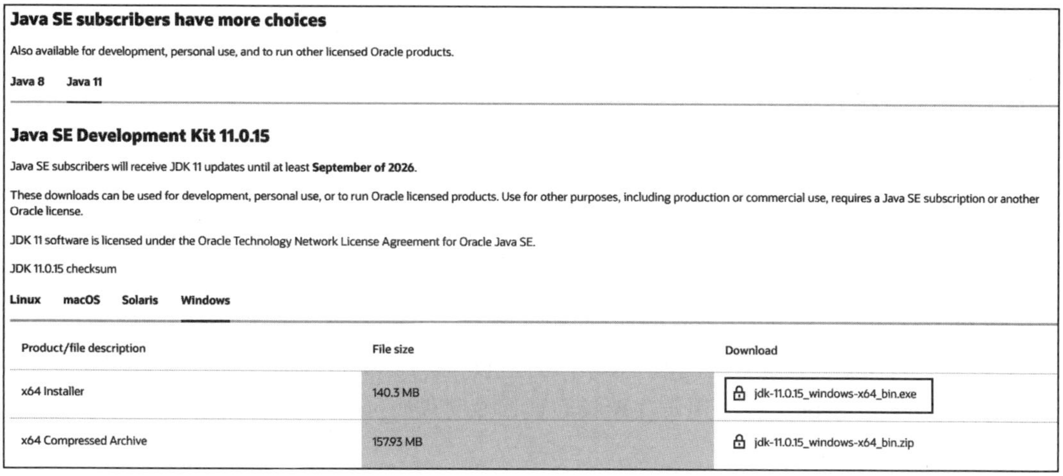

图 7-6　JDK 下载界面

下载安装完成后，接着要配置环境变量。配置环境变量的步骤如下：右击"此电脑"图标，在右键快捷菜单中选择"属性"命令，在打开的对话框中单击"高级系统设置"按钮，进入"环境变量"选项卡。在系统变量区域，新建环境变量，命名为 JAVA_HOME，变量值设置为刚才 JDK 的安装路径。编辑系统变量区的 Path，单击"新建"按钮，输入 %JAVA_HOME%\bin。

打开命令提示符窗口，输入 java -version，如果提示 Java 的版本信息，则证明环境变量配置成功，如图 7-7 所示。

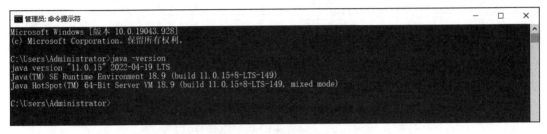

图 7-7　JDK 配置成功

2. Neo4j 的安装及配置

安装完 JDK 之后，接下来安装 Neo4j。首先，在官方网站（https://neo4j.com/download-center/）下载安装包。如图 7-8 所示，有三种版本，分别为企业版、社区版及桌面版。这里以社区版 Neo4j 4.4.6 为例进行安装配置说明。

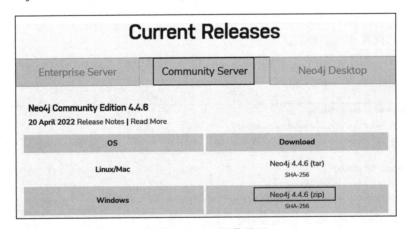

图 7-8　Neo4j 下载界面

下载完成之后，将其解压到任意合适的路径下，无须安装。图 7-9 所示为解压后的文件内容。其中，bin 文件夹用于存储 Neo4j 的可执行程序，conf 文件夹用于存储控制 Neo4j 启动的配置文件，data 文件夹用于存储核心数据库文件，plugins 文件夹用于存储 Neo4j 的插件。

然后，需要配置 Neo4j 的环境变量。与 JDK 环境变量配置的步骤类似，需要在系统变量区域新建一个系统变量，其变量名为 NEO4J_HOME，变量值为刚才 Neo4j 的安装路径，如图 7-10 所示。之后，编辑系统变量区的 Path，单击"新建"按钮，输入 %NEO4J_HOME%\bin，如图 7-11 所示。最后，单击"确定"按钮进行保存。

3. 启动 Neo4j

打开命令提示符窗口，输入 neo4j.bat console 并按 <Enter> 键，若出现图 7-12 所示的内容，则说明 Neo4j 安装并启动成功。

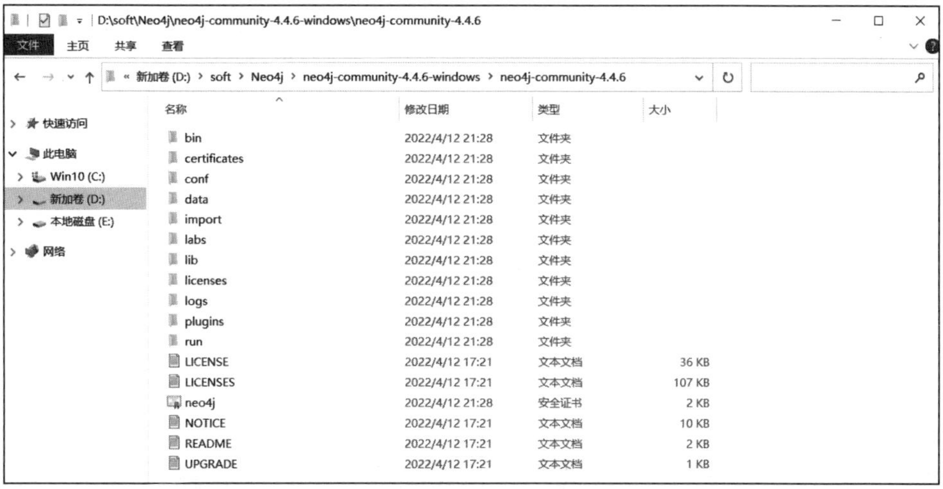

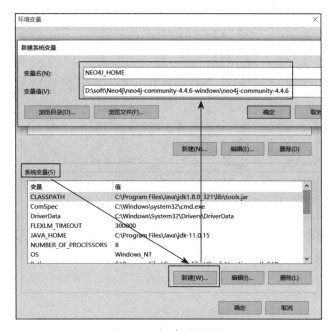

图 7-9　解压后的文件内容

图 7-10　新建系统变量

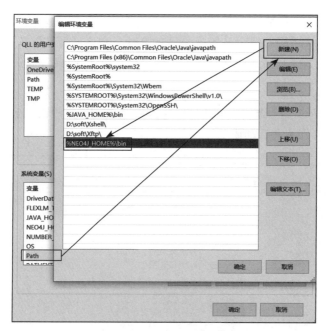

图 7-11　Path 系统变量的编辑

图 7-12　Neo4j 启动界面

4. 访问 Neo4j

Neo4j 启动成功后，可以通过浏览器输入 http://localhost:7474/ 来访问 Neo4j，如图 7-13 所示，初始的用户名和密码都是 neo4j。输入完用户名和密码之后，单击 Connect 按钮。初次使用系统会要求修改新密码。输入完新密码之后，则可以进入 Neo4j 使用界面，如图 7-14 所示。

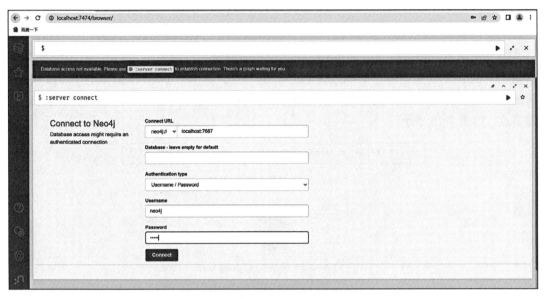

图 7-13　Neo4j 登录界面

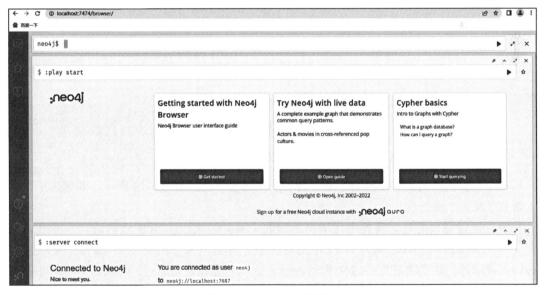

图 7-14　Neo4j 使用界面

7.7.2　Neo4j 的使用

图数据库主要有四种数据操作，分别为创建（CREATE）、读取（READ）、更新（UPDATE）

和删除（DELETE）操作。Neo4j 使用查询语言 Cypher 来执行这四种数据操作。下面通过一个实际的案例来介绍如何利用 Cypher 操作 Neo4j。这个案例的节点主要包括人物和课程两类，人物和人物之间有朋友、师生等关系，人物和课程之间有学习、教授等关系。

1. 创建数据

首先，创建一个人物节点。在 Neo4j 使用界面的命令行输入图 7-15 所示的语句即可。这条语句的含义就是创建一个标签为 Person 的节点，该节点具有 name 属性和 age 属性，属性值分别为 Lily 和 24。执行完该语句之后，在 Neo4j 的可视化界面上可以看到成功创建的节点，如图 7-16 所示。

```
neo4j$ CREATE (n:Person {name:'Lily', age:24}) RETURN n
```

图 7-15　创建一个人物节点的语句

图 7-16　创建成功的人物节点

接下来，创建一个课程节点。输入的语句如图 7-17 所示。该节点的标签名为 Course，具有一个 name 属性，属性值为 English。执行完该语句之后，成功创建一个课程节点，如图 7-18 所示。

```
neo4j$ CREATE (n:Course {name:'English'}) RETURN n
```

图 7-17　创建一个课程节点的语句

图 7-18　创建成功的课程节点

按照上面的方式，继续创建多个人物节点及课程节点，如图 7-19 所示，共创建了 7 个人物节点及 4 个课程节点。

节点创建完成之后，需要创建节点之间的关系。输入图 7-20 所示的语句。该语句的含义是在 Jennie 和 Lisa 之间建立 FRIENDS 关系，并且该关系具有 since 属性，属性值为 1995，表示他们建立朋友关系的时间为 1995 年。执行完该语句之后，可以看到 Neo4j 可视化界面中增加了一条边，如图 7-21 所示。

在不同类型的节点之间建立关系的语句如图 7-22 所示，它表示 Henry 从 2015 年开始教授物理，可视化结果如图 7-23 所示。

按照上面的方式创建多个关系，最终创建的图数据如图 7-24 所示。

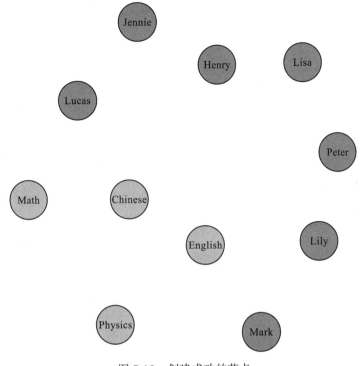

图 7-19　创建成功的节点

```
neo4j$ MATCH (a:Person {name:'Jennie'}), (b:Person {name:'Lisa'}) MERGE (a)-[:FRIENDS {since:1995}]→(b)
```

图 7-20　创建同类型节点之间关系的语句

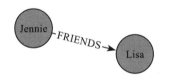

图 7-21　创建成功的 FRIENDS 关系

```
neo4j$ MATCH (a:Person {name:'Henry'}), (b:Course {name:'Physics'}) CREATE (a)-[:TEACH {since:2015}]→(b)
```

图 7-22　创建不同类型节点之间关系的语句

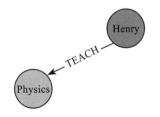

图 7-23　创建成功的 TEACH 关系

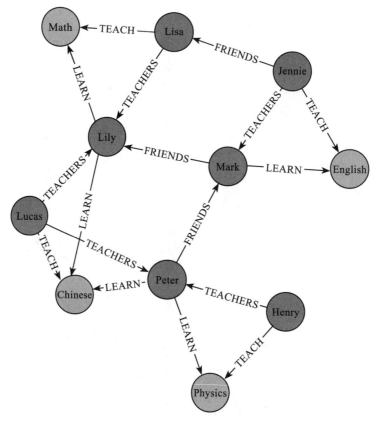

图 7-24　创建的图数据

2. 读取数据

图 7-24 给出了图数据的示例，下面以该图数据为例讲解 Neo4j 的查询操作。

【例 7-11】查询所有学习语文的人。相应的查询语句及查询结果如图 7-25 所示。

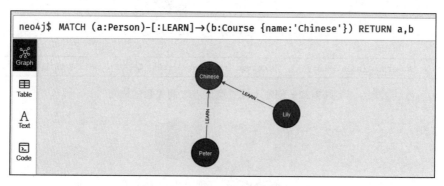

图 7-25　Neo4j 查询示例（一）

【例 7-12】查询所有年龄小于 40 的人。相应的查询语句及查询结果如图 7-26 所示。

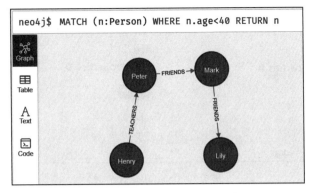

图 7-26　Neo4j 查询示例（二）

【例 7-13】查询所有带有朋友关系的人。相应的查询语句及查询结果如图 7-27 所示。

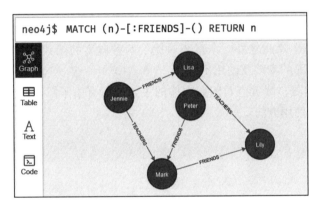

图 7-27　Neo4j 查询示例（三）

3. 更新数据

【例 7-14】将 Lily 的年龄改为 23 岁。相应的更新语句及更新结果如图 7-28 所示。

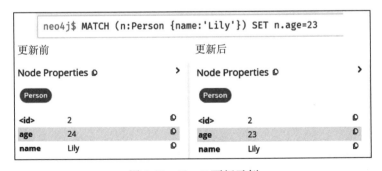

图 7-28　Neo4j 更新示例

4. 删除数据

【例 7-15】删除 Lucas 的年龄属性。相应的删除语句及删除结果如图 7-29 所示。

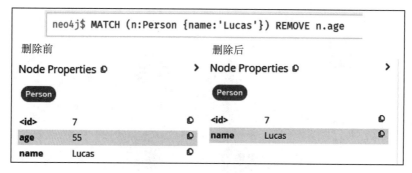

图 7-29   Neo4j 删除示例

本章小结

本章主要介绍了图数据库技术的相关知识，包括图数据库的数据模型、数据操作、系统架构、访问接口等。除此之外，本章还对比了两种典型的图数据库系统，并且以 Neo4j 为例，介绍了图数据库的安装及使用示例。

通过对本章的学习，读者应对图数据库的主要技术有所了解，并且能够掌握主流图数据库 Neo4j 的安装及使用方法。

第 **8** 章

云数据库技术

云数据库技术主要涉及 DBMS、云计算等。随着虚拟化、分布式存储、分布式资源管理等云计算技术的不断成熟，云数据库也从最初的云托管走向了云原生。云原生数据库通常采用读写分离技术，充分利用云架构的特点，从而表现出更好的资源弹性、系统性能等。本章将对云原生数据库的系统架构设计，梳理其内部的层次结构和相互之间的关系，为人们理解云原生数据库的设计原理和技术实现提供帮助。云数据库技术可以从两方面进行理解：一方面是数据库如何利用云计算提供的存储资源、计算资源和网络资源等；另一方面是云计算如何进行资源的虚拟化和管理。

内容提要： 本章首先介绍了云数据库的相关概念和特点，然后着重介绍云数据库的核心技术和系统架构，接着介绍了云数据库的使用场景和典型的云数据库系统，最后给出了云数据库的使用实例。

8.1 云数据库技术概述

随着互联网的高速发展和大数据时代的到来，数据规模呈现指数级增长，同时用户对软件应用的查询性能要求也越来越高。近几年，云计算技术的出现为应对海量数据的存储和解决实时查询等问题提供了解决方案。国内相关的企业（包括华为、阿里、腾讯等）也在大力发展云计算相关产业。最为明显的是，云计算为零售行业（京东、淘宝、天猫等）的快速发展提供了技术支持。在 2021 年的双 11 活动中，阿里巴巴将大量业务部署在公共云上，并取得了超过 5000 亿元的成交额。凭借云技术的优势，阿里巴巴成功地将研发效率提升了20%，资源利用率提升了 30%，并且将双 11 的整体计算成本降低了 3/10。

数据库管理系统是个人与企业进行信息存取的重要软件。传统的自建数据库存在诸多问题，如资源利用率低、可扩展性差、更新维护困难等。目前，云计算技术和数据库技术的结合受到了学术界和工业界的广泛关注。云计算技术可以帮助用户进行有效的资源管理，降低成本。数据库技术可以提供给用户丰富的查询功能和事务功能。然而，传统的数据库系统的设计并不能充分利用云计算的特性，因此存在巨大的优化空间。随着存储与计算分离等技术的发展，云数据库已经从传统的云托管数据库（cloud-hosted databases）走向了新型的云原生数据库（cloud-native databases）。

下面先介绍一下自建数据库及自建数据库存在的问题，接着介绍云计算、云数据库及云数据库的优势，最后简单介绍一下云原生数据库。

8.1.1　自建数据库

早期，当各个企业需要开发某个数据密集型业务时，如网络游戏，社交平台、银行系统等，通常需要认真考虑几个问题，如图 8-1 所示。首先，企业需要购买机房或者仓库用于服务器的放置。不仅如此，企业同时需要考虑机房的位置、占地面积和购买费用等。对于中小型企业来说，这将是一笔昂贵的开销。接下来，企业需要购买设备并搭建开发环境。在这一阶段企业需要正确预估应用的数据规模并购买相应的资源，包括计算资源、存储资源和网络资源等。需要注意的是，如果企业无法做出正确预估可能会导致业务上线后系统无法承载大量用户的访问请求，造成系统响应缓慢甚至服务器崩溃，这会给企业造成巨大的经济损失。最后，企业需要进行应用程序的开发、上线和运维。不仅如此，企业还需要考虑后期的程序升级和硬件维护。因此，企业需要雇佣相关技术人员，这会导致成本的增加。

通过以上分析可以发现，在自建数据库的模式下，从立项到上线各个阶段，企业都需要耗费大量的人力和物力，并且需要花费大量的时间，特别是机房搭建过程。

图 8-1　自建数据库流程

对企业来说，购买机器的数量往往是根据用户访问峰值场景来决定的。然而，在日常情况下，用户的访问并不频繁。以零售行业为例，通常在各种促销日或者节假日（如双 11、618 等）会有大量的用户访问。用户访问的波动变化会导致大量的空闲资源，因此自建数据库存在资源利用率低的问题。下面来对其进行详细的分析。

首先，针对数据规模较大的场景（PB 级别甚至 ZB 级别），为了满足海量数据的存储和查询性能需求，技术人员通常会采用分布式架构来进行资源的横向扩展，同时采用分库分表的方法将数据存储在不同的机器上。

传统的基于经验的分区方法有两种。一种是哈希分区方法。按照数据的键或者用户指定的一个或者多个字段进行哈希计算，然后将哈希值与节点建立映射关系，进而将数据分布到不同的节点上，例如 Cassandra。另一种是基于范围进行划分。按照数据的键或者用户指定的一个或者多个字段进行范围划分，然后将范围与节点建立映射关系，例如 Oracle。这两种分区方法虽然简单且易于实现，但是分区效果在很大程度上是由划分的策略决定的，如键的选择。如果技术人员采用了糟糕的策略（经验不足），不仅会导致资源利用率低，同时可能造成性能降低。这是由于频繁被访问的数据很可能会被划分到同一台机器中，那么遵循木桶原理，这台机器将成为整个系统的性能瓶颈。考虑实际的应用场景的多样性、复杂性，如何选择合适的分区策略来应对工作负载的动态变化是一个非常困难的问题。

在大多数业务中，日常情况下仅个别服务器的资源利用率可以达 30% ~ 40%，而大多数只有 10% 左右。例如，大量的零售商，如亚马逊、阿里巴巴、京东、拼多多等，会搞促销活动来促进用户消费，这时用户的访问呈现聚集性和突发性（如亚马逊的黑色星期五、我国的双 11 和 618 等）。为了应对用户访问的激增，零售商可能需要提前预备额外的服务器来分担访问压力，避免单个服务器访问压力过大而导致崩溃。然而，通常状态下这些额外的服务器可能并不会被开启和使用。

此外，企业通常会为不同的业务购买和搭建各自的系统架构，如图 8-2 所示，包括计算资源、网络资源、存储资源等。通过这样的方式保证业务与业务之间的资源相互隔离互不共享，从而可以避免各个系统之间的相互干扰。然而，这样的方式会造成资源利用率低等问题，如业务 1 的访问较少，而业务 2 的访问较多。

除此之外，自建数据库还存在能耗高，故障恢复时间长，运营维护成本高等各种问题。因此，急需一种新的技术来打破自建数据库造成的困境。

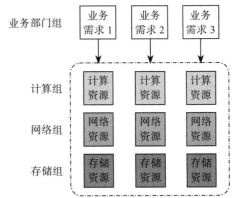

图 8-2 业务与自建架构关系

8.1.2 云计算技术

随着互联网技术的高速发展，不论是个人还是企业，对计算资源和存储资源的需求日益增加。为了应对大数据带来的挑战，云计算（cloud computing）作为新一代的信息技术走进了人们的视野。

首先，给出云计算的定义。

定义 8.1（云计算）：云计算是一种模型，它可以实现随时随地地、便捷地、随需应变地从可配置计算资源池中获取所需的资源（如网络、服务器、存储等），使资源能够快速供应并释放，从而使管理资源的工作量和与服务提供商的交互减小到最低限度。

简单来说，云计算就是将各种服务（包括服务器、存储、数据库、网络、软件、分析和智能）进行整合，同时按需提供。就像用电一样，对于用户来说，没有必要去关心电是如何产生的（是核能发电还是水力发电），只需要关心电费即可。云计算的出现改变了软件的设计和开发模式，软件开发人员不需要知道云计算的底层原理，只需要关注业务本身的开发即可。目前，国内主流的云服务有华为云、阿里云、腾讯云等。下面来详细介绍云计算的 5 个特征。

（1）按需自助服务

用户可以在没有或者少量云服务提供商的协助下，轻松地完成相关资源的获取与释放。值得注意的是，用户并不需要知道云计算服务背后的技术细节，通过云服务控制平台来进行简单的操作即可。

（2）快速弹性伸缩

用户能够灵活地、快速地获取和释放服务资源。在动态变化的业务中，用户可以在需要时快速获取资源从而横向扩展系统的存储大小和计算能力以满足业务的需求，同时也可以在不需要时快速释放资源，降低成本。从用户的使用感受来说，云服务可以提供无限的计算资源和存储资源，用户只需要根据业务的需要动态地申请资源和释放资源即可。弹性收缩是云计算核心技术之一。

（3）资源池化

云服务提供商可以对服务资源进行池化，通过多租户的方式提供给多个用户。资源池化是云计算的核心理念，是通过分布式技术和虚拟化技术，将资源进行抽象并提供。通过资源池化，可以打破资源和业务关联紧密的模式，避免单台服务器各种资源（包括 CPU、内存，网卡，硬盘等）数量的固定配比所造成的资源浪费，从而能够动态地根据用户的需求进行申请和释放。

（4）计量服务

不同于传统的经济成本（如购买硬件和软件、电费、运维等），用户是向云服务提供商进行按需购买并付费。付费的计量方法有多种，如按使用量或者时间成本付费等。对于用户来说，云服务提供商需要提供明确的收费标准。这一特点会改变现有程序的设计目标，如从传统的性能优化转变为成本优化。

（5）网络接入

用户可以随时随地使用任何终端设备（如手机、计算机、平板等）接入网络，使用云端的计算资源和存储资源。用户对于资源的管理变得更加方便。

8.1.3　云数据库

随着云计算技术的发展，传统数据库和云计算的结合受到人们的广泛关注。云数据库是在云计算的大背景下发展起来的一种新型的共享基础架构的数据库技术。简单来说，云数据库可以看作搭建在云平台的数据库，它不仅具备云计算的特点，同时具有数据库的功能。此外，相比于传统的自建数据库，云数据库具有按需付费、按需扩展、高可用等特性。

从用户的角度出发，云数据库可以成功地将数据库系统和业务系统进行解耦，打破原有的开发模式，使企业的开发更加关注自身的业务。业务与云服务提供商的关系如图 8-3 所示。

云服务提供商的职责是提供和维护企业业务需要的资源，包括计算资源、网络资源、存储资源等。此时，对于企业的业务部门来说，他们无须关心如何进行底层资源的维护和分配，在企业看来，云服务商提供的资源是无限的，在需要时进行购买即可。并且，通过云数据库企业可以同

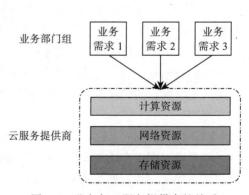

图 8-3　业务与云服务提供商的关系

时消除人员、硬件、软件的重复配置，让软件、硬件的升级变得更加容易。对于云服务提供商而言，他们会根据业务的当前需求自动进行资源的分配和释放。云数据库通过云计算技术不仅增强了数据库的可扩展能力，同时有效地降低了成本。

云数据库是个性化数据存储需求的理想选择，可以很好地满足不同企业的个性化存储需求。一方面，对于大型企业来说，云数据库可以满足海量数据存储的需求；另一方面，对于中小企业来说，使用云数据库可以降低数据存储成本，并且满足业务动态变化的数据存储需求。云数据库按需服务的功能对企业来说是一种新的选择。

云数据库的出现，提高了企业业务开发的效率，同时提高了资源利用效率。

下面来介绍云数据库的主要特性。

（1）可扩展性

云数据库通过虚拟化技术和分布式资源管理技术，将服务资源进行池化。因此，从用户的角度来看，云数据库具有无限的可扩展性（不论是计算能力还是存储大小）。随着业务规模和用户访问的增加，云数据库可以满足不断上升的数据存储需求和系统的并发能力。此外，当面对不断变化的业务场景时（如微博热搜、商品促销等），云数据库具有出色的弹性能力。

（2）高可用性

云数据库采用多个可用区的部署为数据库提供高可用性，从而保证不存在单点失效问题。如果一个节点由于灾难或者损耗失效了，剩余节点就会接管未完成的事务。而且，在云数据库中，数据通常是冗余存储的，并且在地理位置上也会分布在不同地方。大型云服务提供商具有分布在世界范围内的数据中心，通过在不同地理区域进行数据复制，可以提供高水平的容错能力。

（3）低成本

对于云服务提供商来说，云数据库通常采用多租户（multi-tenancy）的形式，可以同时为多个用户提供服务。这种共享资源的方式可以帮助云服务提供商节省开销。另外，云数据库底层存储通常采用大量廉价的商业服务资源，这也大大降低了成本。对于用户来说，采用"按需付费"的方式使用云计算环境中的各种软、硬件资源，不会产生不必要的资源浪费。并且，用户可以在业务非常繁忙时获取更多的计算和存储资源来维护稳定的系统性能，而在业务空闲时释放多余的资源以降低成本。值得一提的是，企业可将不同的业务放在同一个数据库中，以进一步降低成本。

（4）易用性

云数据库的架构和实现对于用户来说是透明的。不同于自建数据库，开发人员不必控制和维护计算机系统和数据库系统，也不必了解物理机器的地理位置，只需要通过网络发送一个有效的连接字符串（URL）进行连接就使用云数据库的全部功能。因此，就用户体验方面来说，和使用本地数据库基本是完全一样的。此外，许多基于 MySQL 的云数据库产品完全兼容 MySQL 协议，用户可以通过基于 MySQL 协议的客户端和 API 访问实例。同时，用户也可以无缝地将原有 MySQL 应用迁移到云存储平台，无须进行任何代码改造。此外，云服务提供商也提供了大量的检测工具来帮助用户实时监控数据库性能，并做出资源上的调整和改动。

（5）高性能

云数据库通常采用大型分布式存储服务集群，支撑海量数据的访问。在遇到大量读取请求的应用场景下，单个实例可能无法承受读取压力，甚至会对业务产生影响，云数据库采用读写分离技术来满足用户高并发的查询访问。

（6）免维护

对于用户来说，使用云数据库可以不需要关注后台物理机器，以及不需要承担数据库系统的稳定性、网络问题、机房灾难、单库压力等各种风险。云服务提供商将提供全天候的专业服务。此外，数据库扩容和数据迁移将变得简单，用户可以在不暂停业务的同时完成这些操作，从而节省大量的成本。

（7）安全性

云数据库不仅可以提供数据隔离从而使不同应用的数据存储在不同的数据库中并不会相互影响，还可以提供安全性检查，及时发现并且拒绝恶意攻击性访问。云数据库会进行数据的多点备份，确保不会发生数据丢失。

相比于自建数据库，云数据库更加自动化、便捷化、规模化。在海量数据和高并发查询的场景中，云数据库为用户提供了新的机遇。然而，云数据库也存在一些劣势，主要体现为以下三点。

1）缺乏定制化服务。由于业务的复杂性和多变性，传统的关系数据库（如 MySQL 和 Oracle），虽然其自身有很强的通用性并且功能丰富，但是无法结合业务的特性进行深度定制。在某些业务中，用户访问具有很强的周期性，对此可以进行缓冲区管理和索引结构的相关优化，进而提高系统性能。因此，传统的关系数据库无法充分利用云数据库的计算和存储资源，造成性能损失。目前，大部分云服务提供商都是依托 MySQL 进行数据的存取服务的，无法提供定制化的数据库优化服务。

2）数据丢失风险。数据存储在云端，用户需要通过网络进行数据传输。因此，当发生意外并丢失数据库连接时，业务可能无法继续进行，这将对企业的生产活动造成巨大的影响，所以企业需要承担相应的风险。

3）隐私安全。对于企业来说，使用云数据库就意味着需要将业务的信息数据存放在云服务提供商的服务器中。虽然各个云服务提供商都非常强调客户的隐私安全，但依然可能会存在数据泄漏的风险。对于以数据为核心的大型公司来说这是无法接受的。

表 8-1 更加清晰地列出了自建数据库和云数据库的优缺点对比。虽然云数据库方便维护、性能可靠且价格便宜，但是并不能完全取代自建

表 8-1 自建数据库与云数据库的优缺点对比

指标	自建数据库	云数据库
投资成本	高	低
运营成本	高	低
资源弹性	低	高
可用性	中等	较好
软件升级时间	慢	快
性能	较好	中等
隐私	好	较差

数据库。对于中小型企业来说，快速将业务上线并且保证系统性能的稳定是首要任务，同时考虑到资金有限，采用自建数据库成本太高，因此选择云数据库更加方便和实惠。对于大型企业来说，数据具备更高的商业价值，因此更看重数据的隐私安全，同时自身资金雄厚，所以更加倾向于选择自建数据库。

8.1.4　云原生数据库

随着云平台的不断发展，用户数据规模的不断增加，主流的数据库产品（如 MySQL、PostgreSQL、MongoDB 等）都在朝着云化、服务化发展。大部分云服务提供商将云托管数据库（cloud-hosted database）作为发展的第一步，从而解放用户对于底层硬件管理成本和资源分配的约束。对于用户而言，使用的感受就像是将数据库实例从本地主机迁移到云服务器中并使用虚拟设备来存储数据，同时可以使用便捷的运维和监控工具来查看数据库系统的运行状态。

在云托管数据库中，计算资源和存储资源是一体的，资源绑定依然存在。因此，当业务增加时，用户可能需要购买更多的云服务器来满足业务需求。然而，在这一过程中用户依然需要承担不必要的资源浪费：当用户购买额外的计算资源时需要为绑定的存储资源买单，产生无效成本。虽然云托管数据库将用户从手动部署的自建数据库的模式中解放了出来，但是并没有充分利用和发挥云计算优势，如资源弹性能力和数据共享能力。

从数据库引擎方面来看，云托管数据库并不会针对云计算特点进行针对性的优化。传统的关系数据库的架构是基于本地设备资源进行设计和优化的，包括索引优化、缓冲区优化、事务优化等。然而，这些优化都是在假定计算和存储资源有限的情况下进行结构或者策略的调整，从而提升数据库系统的整体性能。例如，在缓冲区优化中，研究人员会限定内存大小，通过优化替换算法，提升内存命中率，进而提升系统性能。总而言之，数据库系统的优化是在给定资源的情况下寻找最优解。

自建数据库的假设或者目标在云计算中并不合适。对于用户来说，云平台的计算资源和存储资源是无限的，因此结构和算法可以不用考虑资源限制问题。此外，云数据库通常是按服务进行计费的，因此优化目标是在保证用户查询性能的同时最小化成本（cost）。

为了更好地融合云平台，云数据库逐渐从云托管向云原生（cloud-native database）的方向演进。首先来简单介绍一下云原生的概念。云原生计算基金会（Cloud Native Computing Foundation）给出的定义是：

定义 8.2（云原生）：*云原生技术使企业能够在动态的、虚拟的环境（如公有云、私有云和混合云）中构建和运行可弹性扩展的应用程序。云原生的代表技术包括容器（container）、服务网格（service mesh）、微服务（microservice）、不可变基础设施（immutable infrastructure）和声明式 API。*

可以看出，云原生的定义主要是从应用角度出发的。云原生系统的核心特征是在不同的云环境下可以做到架构上弹性可扩展、松散耦合、易于管理、易于升级、易于运维和易于计费等。对于云原生数据库来说，不仅需要具备云原生系统的特性（如松散耦合、易于管理升级等），同时还需要具备数据库的特性（如性能、一致性等）。

云原始数据库通常需要将数据仓库进行更细粒度的资源拆解。换言之，云数据库在云平台将计算资源和存储资源进行池化的基础上，对计算能力和存储能力进行解耦并拆分成可计费的单元，从而满足业务的资源管理。云原生数据库可以运行业务进行大规模的计算倾斜或存储倾斜，同时可以将业务所需要的资源进行独立部署。相比于云托管数据库，云原生数据库具有三个重要特征。

（1）存储和计算资源的解绑

无论是存储资源还是计算资源都可以按使用数量进行计费，不需要因为 CPU 资源不足或者磁盘容量不足而被迫整体扩容，从而节约成本和开销。

（2）弹性计算的能力

通过对数据库引擎的优化，可以做到分钟级甚至秒级的资源拉起和释放，从而实现快速应对突发业务。同时，可以按用户需求快速调整规格，助其实现最小的资源闲置。

（3）多种业务模式

在单个数据库实例中，用户可以划分出多个计算组。每个计算组可以拥有不同的 CPU 和内存资源，但同时共享底层的存储数据。用户可以根据不同类型的业务负载来进行资源隔离。

值得一提的是，云原生数据库并不是一种全新的数据库技术，而是很多关键技术的集合，包括虚拟化技术、分布式资源管理技术等，并且以服务的方式提供数据库功能。云数据库并没有专属于自己的数据模型，可以是关系模型也可以是非关系模型，例如，阿里云数据库 RDS MySQL 版使用是关系模型，云数据库 Redis 版是非关系数据库。

8.2　云数据库的核心技术

云原生数据库不仅需要存储大规模数据同时要能够快速响应用户查询。随着数据规模的扩大，传统的关系数据库由于其自身严格的数据模型和事务模型，已经无法满足用户的需求。NoSQL 的出现为解决海量数据的存取问题带来了机遇。NoSQL 的设计初衷是将存储系统的可扩展性放在首要位置，通过放宽或者放弃事务的约束简化数据模型，从而快速解决海量数据的存储问题。NoSQL 主要采用 Shared-Nothing 架构进行分布式存储，从而实现计算资源和存储资源的扩展。云原生数据库也是基于用分布式架构来实现横向扩展的，同时采用读写分离技术实现弹性能力。下面首先介绍 Shared-Nothing 架构的优缺点，然后介绍读写分离技术。

1. Shared-Nothing 架构

Shared-Nothing 是通过增加廉价的机器作为系统的节点来解决资源不足的问题，理论上可以做到无限扩展。目前，采用 Shared-Nothing 架构的数据库产品有 Cassandra、DynamoDB 和 Hadoop 等。

如图 8-4 所示，Shared-Nothing（简称 SN）架构能够将计算资源（CPU、内存等）和存储资源（SSD 等）分布在相同的物理节点上。换句话说，每个子节点都有自己私有的计算资源和存储资源，不存在资源共享，各个节点之间通过网络进行通信。SN 的核心思想是每个节点只需要处理本地数据即可，节点与节点之间相互隔离并不共享数据，从而减少 I/O 开销。SN 通过将数据均匀地分布在多个节点，同时利用各个节点的并发处理能力，从而获得优秀的读写性能。SN 可以通过增加节点来获得性能的线性增长。

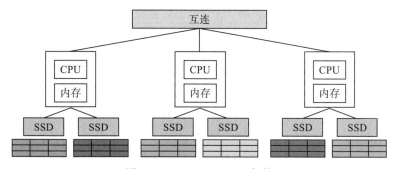

图 8-4　Shared-Nothing 架构

SN 具有易于扩展、并发性高等优点。此外，对于技术人员来说，每个节点非常相似，因此搭建系统较为简单。然而，SN 也存在许多问题。首先，SN 非常依赖数据的划分是否合适。通常情况下，合理的划分是非常困难的：一方面，数据的划分策略往往是依靠技术人员的过往经验和直觉；另一方面，用户的访问分布并不是一成不变的，当业务随着时间发生变化，当前的划分策略可能会失效。错误的划分可能会导致查询集中在少量的机器上，同一时间其他机器却处于空闲状态，这导致性能的下降和资源的浪费。此外，错误的划分会造成大量的 Cross-Machine 操作。例如，两个大表需要进行连接操作，同时连接的键并不是划分使用的键。其次，在 SN 中，节点的扩容和释放是非常笨重的。这是因为 SN 中的节点的计算和存储是紧耦合的。当 SN 需要增加大量的节点或者释放大量的节点时，SN 需要将大量的数据进行重新划分并进行迁移，这可能会造成业务长时间的暂停，从而造成经济损失。

2. 计算与存储分离架构

为了解决存算耦合问题，研究人员通常采用计算和存储分离架构，如图 8-5 所示。该架构主要包括计算层和存储层。计算节点的特点是具有很强的计算资源，同时具有少量的存储资源，可以用来缓存频繁访问的数据。存储节点的特点是具有很强的存储资源，同时具有少量的计算资源，可以用来进行一些简单的计算。通过这样的方式将计算功能和存储功能分开来达到解耦的效果。计算层和存储层通过存储区域网络（storage area network，SAN）进行连接。SAN 通常用于支持性能要求较高的业务关键型应用，本身更加注重高性能和低延迟。计算节点之间可以通过网络进行连接。

存储层可以通过在本地配置一些以存储为主的机器来构建集群。更为普遍的做法是，用户通过云服务提供商提供的存储服务来构建存储层。对于业务来说，所有的数据是保留在存储节点中的。当用户进行查询操作时，需要先将数据从存储节点读取到计算节点，再进行指定的操作，最后将操作结果返回给用户。

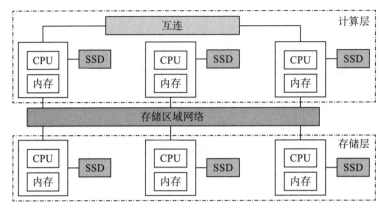

图 8-5　计算与存储分离架构

计算层同样可以通过在本地配置一些以计算为主的机器或者通过云服务提供商提供的计算服务进行构建。计算节点比较特殊，是无状态（stateless）节点，并不存储任何数据。计算节点中的存储资源通常作为缓存，用于加速系统性能。

计算资源和存储资源分离的最大优势是计算资源和存储资源的解耦。这样，计算的扩展和存储的扩展相互独立，互不影响。假设当前时间周期内有大量数据写入，然而只有少量的计算任务。在传统的架构中，在增加节点时，会同时增加计算资源和存储资源。当采用计算和存储分离架构时，用户可以增加存储节点减少计算节点。通常来说，相比于存储节点，计算节点成本更高。因此，用户可以避免多余的计算节点，减少成本。此外，由于计算节点不具备任何状态（不存储数据），所以具有较好的弹性能力，甚至可以做到秒级的拉起和释放服务资源。

需要注意的是，由于计算层和存储层是通过网络进行数据的传输，因此系统性能受限于网络的延迟和带宽。在传统的单机架构或者 Shared-Nothing 架构中，计算层是通过磁盘 I/O 来和存储层进行数据的传输，延迟是微秒级别。然而，在计算和存储分离架构中，延迟可能会达到毫秒级别。

基于以上描述，可以总结出云原生的数据库系统设计需要考虑在两个方面进行数据结构和算法的优化。一方面计算资源和存储资源不再是有限的，优化目标是在满足用户的查询性能的情况下，寻找成本最低的解决方案；另一方面数据库系统的性能瓶颈主要集中在网络延迟上。

8.3　云数据库的系统架构

随着互联网的快速发展，以数据为核心的应用发生了巨大变化。在过去的应用中，数据仓库中的大部分数据来自于企业或者政府内部，如交易系统、企业资源规划程序等。这时数据的结构、数量和速度都是可以进行预测的。但是随着云计算的发展，大量且快速增长的数据主要来自于不太可控的外部，如应用日志、网络应用、社交媒体、传感器数据等。除了不断增长的数据规模，这些数据通常是以无结构化或者半结构化的模型进行存储。传统的数据仓库解决方案由于其自身的局限性已经无法满足用户的需求。云数据库凭借其自身的低成本、高可用、弹性能力等特点为解决这一问题提供了可能。本节将介绍两个云原生数据库的系统架构，分别是 Snowflake 和 Aurora。

8.3.1 Snowflake

Snowflake 是一个全新的数据库系统，专门用于云计算。与云数据管理领域的许多其他系统相比，Snowflake 并不是基于传统的关系数据库（如 PostgreSQL、MySQL 等）或者大数据平台（如 Hadoop 等）等系统的增量式优化，而是重新开发所有模块，包括处理引擎等。因此，Snowflake 可以充分利用云计算特性。Snowflake 的特征主要包括以下几个方面。

（1）原生的 SaaS 体验

用户不需要购买物理机器，不用聘用数据库管理员，也不用安装数据库系统软件，就可以达到节约成本的效果。用户不仅可以将数据上传到云端，也可以通过 Snowflake 的图形化界面立即操作和查询数据。与其他的数据库即服务（database as a service，DBaaS）相比，Snowflake 的服务会延伸到整个用户体验。此外，用户还可以避免参数调节、物理设计等带来的困扰。

（2）支持关系数据管理

Snowflake 支持 ANSI SQL 和 ACID 事务。大部分用户可以将已有的工作负载在少量的改动或者无须改动的情况下迁移至 Snowflake，具有很好的兼容性。

（3）支持半结构化数据管理

Snowflake 提供内置函数和 SQL 扩展，用于半结构化数据的遍历等操作，同时支持多种数据格式，如 JSON。自动化的模式查询和列式存储使得 Snowflake 能够快速地操作半结构化数据。

（4）弹性计算能力

存储资源和计算资源能够独立地、无缝地进行扩展，并且不会影响数据的可用性或并发查询性能。

（5）高可用

Snowflake 可以容忍节点、集群，甚至整个数据中心的故障。同时，在软件或者硬件升级期间，不需要停机。

（6）持久化

Snowflake 可以很好地防止数据的意外丢失，并通过克隆、跨区域备份等技术提供额外的保障措施。

（7）低成本

Snowflake 具有高效的计算特性。此外，Snowflake 所有的表（table）都进行了压缩，因此也具有高效的存储特性。用户只需要为他们实际使用的存储和计算资源付费。

（8）高安全性

所有的数据包括临时文件和网络流量都是端到端进行加密的。任何数据都不会直接暴露在云平台上。此外，Snowflake 采用基于角色的访问控制策略，因此用户能够在 SQL 级别上进行细粒度的控制访问。

Snowflake 是 shared-all 模式和 shared-nothing 模式的混合体，如图 8-6 所示。

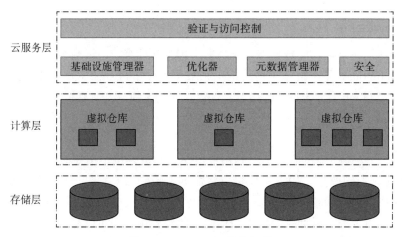

图 8-6　Snowflake 系统架构

首先，Snowflake 和 shared-all 模式类似，存储层采用一个中央数据存储库来持久化数据，并且可以从平台的任何一个计算节点进行访问。其次，它也和 shared-nothing 模式类似，Snowflake 通过 MMP（大规模并行处理）计算集群处理查询，集群中的每个计算节点都在本地缓存整个数据集的一部分。Snowflake 通过将存储和计算分离，有效地解决了传统分布式架构的限制。图 8-6 中可以看出，Snowflake 主要由 3 个层次构成，分别是存储层、计算层和云服务层。

1. 存储层

存储层目前支持 AWS S3（amazon simple storage service）和 Azure Blob。当数据进入存储层时，Snowflake 会将这些数据重组为其内部优化的、压缩的、列式的格式，以获取存储效率的最大化。理论上，存储层的空间容量是无限的。此外，Snowflake 不仅在 S3 中存储表（table）。当计算节点中的存储设备没有空闲空间时，S3 同样可以被用来存储查询操作（如大规模连接）产生的临时数据，以及查询结果。通过将临时数据放置在 S3 可以保证 Snowflake 在理论上支持任意规模大小的查询操作。通过将查询结果存储在 S3 可以实现与客户互动的新模式，并简化查询处理。

2. 计算层

计算层是由多个虚拟仓库（virtual warehouse，VM）组成的。每个 VM 是由云服务提供商分配的多个计算节点（也称为工作节点）组成的。值得一提的是，用户从不与计算节点直接互动。事实上，用户不知道也不关心 VM 的详细情况，例如由哪些计算节点组成，或者由多少个计算节点组成等。VM 采用类似于衣服尺码的标准来进行定量的描述计算节点的计算能力，范围从 X-Small 到 XX-Large。此外，VM 是一个独立的计算集群，不与其他 VM 共享计算资源，因此每个 VM 对于其他 VM 的性能是没有任何影响的。由于计算层独立于存储层，用户可以灵活地进行计算资源的获取和释放。

3. 云服务层

云服务层是一个服务的集合，用于协调整个 Snowflake 系统。这些服务可以将系统的所有不同组件联系在一起，处理用户登录、用户请求，以及查询调度等。值得注意的是，云服务层也是运行在云服务提供商提供的计算节点上的。云服务层采用的是多租户机制。该层的每项服务（包括控制访问、查询优化器、交易管理器等）都是长期存在的，并且在许多用户之间进行共享。多租户的方式可以提高资源利用率，减少管理开销。与传统架构中每个用户都有一个完全私有的系统相比，多租户机制可以实现更好的经济效益。此外，每个服务都是可以复制的，因此可以实现高可用性和高扩展性。单个服务节点的故障不会导致数据丢失，丧失可用性。

8.3.2 Aurora

不同于自建数据库，云计算具有弹性能力和按需付费等特点。针对云场景，亚马逊公司设计了云原生数据库 AWS Aurora，它结合了数据库和云计算各自的优势。一方面，Aurora 具有数据库的高性能和高可用性；另一方面，Aurora 提供按服务进行收费的模式。Aurora 的系统架构如图 8-7 所示。相比于传统方法，Aurora 架构有三个明显的优势。

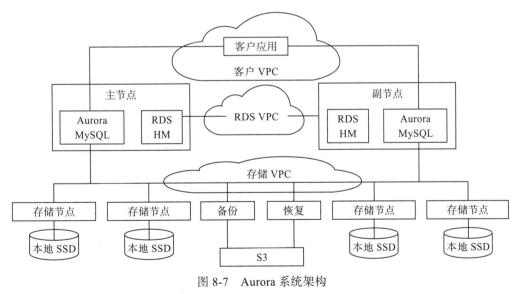

图 8-7 Aurora 系统架构

1）通过在多个数据中心将存储节点构建为独立的容错和自愈服务，Aurora 能够保护数据库不受网络或者存储层性能变化或永久故障的影响。可以看到，耐用性方面的故障可以被建模为一个可用性事件，而可用性事件可以被建模为一个性能变化。

2）在传统的架构中，节点之间网络传输的内容不仅包括数据还包括 Binlog 等其他信息。通过将 redo 日志（重做日志）写入存储节点，能够将网络 IOPS（input/output per second）降低一个数量级。一旦消除了这个瓶颈，就能够优化许多其他问题，从而获得比 MySQL 基本代码库更加显著的系统性能。

3）Aurora 将一些最为复杂和最为关键的功能（备份和重做恢复）从一次性的操作转变为连续的异步操作。这样可以产生无需检查点的恢复，并且是即时的崩溃恢复。

Aurora 通过亚马逊关系数据库服务（RDS）来控制整个系统。RDS 包括数据库实例上的一个代理，称为主机管理器（host manager，HM）。HM 用来监控集群的健康状况，并确定是否需要故障转移，或是否需要更换实例。

每个数据库实例都是集群的一部分，集群由一个写节点（主节点，RW DB）和零个或多个读节点（副节点，RO DB）组成。在一个地理区域内（例如，美国 – 东部 -1，美国 – 西部 -1 等）的一个集群中的实例通常会被放置在不同的可用区（available zone，AZ）中，并连接到同一区域的存储机群。此外，为了安全起见，Aurora 会隔离数据库、应用程序和存储之间的通信。在实践中，数据库实例内部会通过 3 个亚马逊虚拟私有云（VPC）网络进行通信：① Client VPC，客户应用程序通过该 VPC 与数据库引擎进行交互；② RDS VPC，数据库引擎和 HM 通过该 VPC 进行交互；③存储 VPC，数据库与存储服务通过该 VPC 进行交互。

存储服务部署在 EC2 虚拟机集群上，这些虚拟机在每个区域至少有 3 个 AZ，它们共同负责：配置多个客户存储卷、向这些卷读 / 写数据，以及从这些卷备份和恢复数据。存储节点操纵本地固态硬盘，并与数据库引擎实例、其他对等的存储节点，以及 Restore 节点进行互动。这些 Restore 节点根据需要将不断变化的数据备份到 S3 或者从 S3 恢复数据。存储控制平台使用亚马逊 DynamoDB 数据库服务来持久化存储集群和存储 Volume 配置、Volume 元数据，以及备份到 S3 的数据的详细描述。对于协调长期运行的操作，例如数据库 Volume 恢复操作或存储节点故障后的修复（重新复制）操作，存储控制平台使用 Amazon Simple Workflow Service。

通常，保持高水平的可用性需要在终端用户受到影响之前，主动地、自动地发现问题。Aurora 在存储操作的所有关键方面都使用指标收集服务进行持续监控。如果关键的性能或可用性指标显示有问题，则会发出警报来保证高水平的可用性。

8.4 云数据库的使用场景

随着互联网技术的快速发展，应用的数据规模呈现爆炸式增长。云数据库可以通过提供稳定可靠、弹性伸缩的数据库服务来应对海量数据的快速存取和用户访问的动态变化，被广泛地应用在许多场景中。下面来简单介绍几个云数据库的使用场景。

1. 异地容灾

容灾（disaster tolerance）是指在自然灾害（如地震、海啸等）、设备故障（如老化、损坏等）、人为破坏（如恐怖袭击等）等灾难发生时，在保证生产系统的数据不丢失或者少量丢失的情况下,继续保持业务系统不间断地运行。不同于容错,容灾是通过系统冗余、灾难检测和系统迁移等技术来保证的。容灾解决方案如图 8-8 所示。

通常,容灾的实现必须满足以下 3 个要素。

1)冗余。在整个系统中,不论是硬件还是数据都必须存在备份,以保证当灾难发生时有一套完整的硬件和数据继续支持系统运行。

2)距离。备份的硬件和数据与当前运行的硬件和数据相距较远,以保证系统不会被同一个灾害全部破坏。

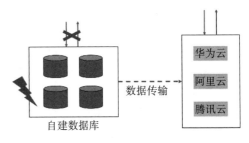

图 8-8　容灾解决方案

3)复制。备份的数据不仅包括用户数据,同时还需要包括系统数据等,以保证系统立即可用,避免长时间的业务暂停。

通常,对于容灾功能进行衡量主要使用以下两个指标:① RTO(recovery time objective),是指从系统宕机到应用恢复可用所需的时间目标;② RPO(recovery point objective),是指从最后一次备份到灾害发生时系统容许丢失的数据目标。

通过数据传输服务,用户可以将自建机房的数据库实例实时同步到从公共服务商购买的 RDS 实例中。这样的话,即使自建数据库本身发生损毁,云数据库可以直接投入使用,不会造成业务的暂停。云平台不仅帮助用户实现容灾,同时还可以实现更细粒度的数据控制,提供更好的 RPO 和 RTO,以及更高的性价比。

2. 电商场景

随着互联网的发展和进步,电子商务已经完全融入人们的生活。人们可以在足不出户的情况下,通过电子设备进行网上购物,在浏览大量商品的同时还可以享受优惠的价格。电商的出现给数据的管理方案带来了新的挑战。

与传统的事务场景相比,电商场景具有不同的负载特征,例如,用户访问呈现突发式的增长、业务波动频繁变化、流量高峰难以预测等。数据库系统不仅要满足用户高并发的交易操作,还需要支持全量订单的实时查询,并且实现个性化联想词推荐等功能。传统的关系数据库(如 MySQL 等)已经无法满足企业的业务需求。云数据库凭借其强大的弹性能力为解决这一问题提供了可能。

云原生数据库在电商场景中的优势主要体现在:首先,云数据库具有强大的弹性扩展。随着消费者访问的增长,云原生数据库可以通过自适应的方式增加计算资源和存储资源等,无须担心访问突增引发的资源不足问题,不会降低用户体验。其次,云数据库具备快速搭建和自动部署等特点,可以缩短业务上线时间,这点对中小型企业来说特别友好。此外,云数据库还可以有效保证数据的安全性。最后,云数据库也支持高效容灾,通常配备了跨可用区的容灾策略,从而保护应用与数据万无一失。

3. 游戏场景

随着计算机技术的进步,游戏行业发展非常迅速。从数据库角度出发,游戏业务存在巨大挑战,主要包括以下几个方面。

（1）游戏行业场景多

游戏类型不同导致技术架构差异较大，很难归纳出一套可复制到所有游戏产品中的单一数据库解决方案，必须根据游戏类型细分方案。

（2）突发高峰访问

游戏新开服，或有重大活动时，会有难以精确预期的玩家访问压力。传统的解决方案就是部署尽可能多的数据库来承载高峰访问，这容易导致数据库资源的浪费或数据库资源准备不足。

（3）合服需要平滑的数据迁移

当游戏进入平稳期后，出于提升玩家游戏体验和控制成本的目的，会有游戏合服的需求。数据库需要关注的重点就是保证数据的平滑迁移，整个迁移过程不能影响玩家的体验，且数据合并要保证完整准确，符合业务逻辑，能解决冲突数据。

（4）回档需要敏捷的数据恢复能力

游戏运营过程中，可能出现有的玩家利用游戏漏洞批量复制虚拟道具或其他严重破坏游戏公平性的行为，这时就需要紧急修复漏洞，同时将受影响数据恢复到漏洞被利用前的状态（所谓回档）。如何提升数据恢复的速度成为挑战。

总结来说，在游戏行业中，除了需要具备存储游戏数据的能力，例如用户装备、用户积分等信息，企业还需要考虑数据库系统的并发能力和恢复能力。云数据库为解决这些问题提供了可能，主要体现在：①灵活扩容，通过计算和存储分离实现资源独立，方便资源的分配和释放；②稳定，通过弹性资源，可以应对突发的高峰访问，不影响游戏体验；③数据恢复快，通过备份功能，实现高可用性。

8.5　典型的云数据库系统

在云 2.0 时代，伴随着云计算、大数据、物联网、人工智能等信息技术的快速发展和传统产业数字化的转型，业务数据量呈现爆炸式增长。数据量的爆发刺激了数据库市场的高速增长，催生了各种各样的云数据库系统。本节将介绍 3 个国产的云数据库，分别是华为云 GaussDB、阿里云 RDS MySQL 和腾讯云 TDSQL。

8.5.1　华为云 GaussDB

GaussDB（for MySQL）是华为自主研发的新一代企业级云原生数据库，在生态上完全兼容 MySQL。GaussDB（for MySQL）在如下几个场景中具备强劲的竞争力：金融行业对于数据安全和可靠性有非常严格的要求，RPO=0 和 RTO ≈ 0 一直以来都是商业数据的诉求，GaussDB（for MySQL）既拥有商业数据库的稳定可靠性，又拥有开源数据库的灵活性和低成本，这使其特别适用于该行业。在互联网行业中，如电子商务、微博热点等，业务的发展经常呈现爆发性的增长，业务波动变化频繁，流量高峰难以预测，所以弹性扩展能力非常重要，GaussDB 凭借其强大的弹性能力使其特别契合这一行业特点。

相比于其他云数据库系统，GaussDB 拥有以下几大优势。

（1）创新自研

采用 cloud-native 分布式数据库架构，基于华为最新一代 Data Functions Virtualization 存储，计算与存储分离，保证高可扩展性。

（2）极致可靠

跨可用区部署和搭建两地三中心数据库环境，数据零丢失，故障可快速恢复，拥有大型商业数据库的高可用能力和性能。

（3）多维扩展

计算节点双向扩展。对于横向扩展，单实例最大支持 1 写 15 读；对于纵向扩展，支持 CPU 和内存在线弹性扩容。

（4）海量存储

支持的单实例扩容数据高达 128TB，基本可以满足大数据应用的数据存储与管理需求，从而无须分库和分表即可以超低的应用改造成本实现业务的极速上云。

（5）卓越性能

据华为公开的测试报告显示，其性能最高可提升到原生 MySQL 的 7 倍。加上对 MySQL 的 100% 兼容，可以为绝大多数的应用提供卓越性能的保证。

8.5.2　阿里云 RDS MySQL

RDS MySQL 是全球最受欢迎的开源数据库之一，作为开源软件组合 LAMP（Linux + Apache + MySQL + Perl/PHP/Python）中的重要一环，它被广泛应用于各类应用场景。RDS MySQL 产品的特点有：①多种部署架构，满足多类可用性要求；②灵活的产品形态，满足系统可扩展性；③丰富的运维功能，大幅降低运维成本。相比于其他云数据库系统，RDS MySQL 主要的优势如下。

（1）坚固稳定的企业级内核

针对企业级的重要场景，自研众多核心特性，如线程池、并行复制、SQL 限流、SQL Outline 等，全面大幅度提升数据库的性能、稳定性和可靠性。

（2）高安全等级

源码层数据透明加密，严防拖库。RDS MySQL 是通过"等保三级"认证的高安全数据库，目前已获得国内外十余个安全等级认证。

（3）高度智能的自治服务

能提供数据库自治服务，浓缩了阿里云 10 年以上众多资深专家的性能优化和难点排查经验，可帮助客户快速定位系统瓶颈，提供优质的解决方案和优化建议。

8.5.3　腾讯云 TDSQL

TDSQL（Tencent distributed SQL）是腾讯打造的一款企业级数据库产品，具备强一致、高可用、全球部署架构、高 SQL 兼容度、分布式水平扩展、高性能、完整的分布式事务支持、企业级安全等特性，同时提供智能 DBA、自动化运营、监控告警等配套服务，可为客户提供完整的分布式数据库解决方案。TDSQL 的产品特性主要包括以下几个方面。

（1）自动水平拆分

用户在建表的时候可以设定分区 key，即支持对数据库中大表自动水平拆分（分表）。系统基于哈希方案自动将写入数据均匀地分布到不同物理分片中，查询也自动聚合返回。分表对业务系统透明，业务实际所见为一张逻辑完整的表。

（2）高度兼容 MySQL 语法

TDSQL MySQL 版兼容大多数常用的 MySQL 语法，包括 MySQL 的语言结构、字符集和时区、数据类型、常用函数、预处理协议、排序、联合（join）、索引、分区、事务、控制指令等常用的 DDL、DML、DCL 和数据库访问接口。

（3）高性能

TDSQL MySQL 版深度定制开发 MySQL 内核，性能远超基于开源的 MySQL；支持三种方案的读写分离，在提供有效读扩展的同时提供开发灵活性；对线程池调度算法进行了优化，在重负载时表现更佳；配置 PCI-E SSD 硬盘，提供高于 SATA 3 倍以上的 I/O 吞吐量，可满足大部分业务的性能需求。

（4）托管部署

用户只需要在腾讯云 TDSQL MySQL 版管理控制台中单击几下，即可在几分钟内启动并连接到一个可以立即投入生产的 TDSQL MySQL 版数据库。控制台提供常见的数据库运维操作，为精细管理数据库提供便利；提供常见的系统监控数据和性能分析数据，有助于用户迅速识别运行异常的数据库。

8.6 云数据库使用示例

阿里云数据库 Redis 版是一种全托管、兼容 Redis 协议的内存数据库服务，包含社区版 Redis 和企业版 Tair，支持主从、集群和读写分离架构，具备低延迟、大吞吐、弹性扩缩容等特点。Tair 提供满足不同场景的性价比要求的多种系列，更有全球多活（即全球分布式缓存）、数据闪回、热 key 探测与优化、丰富的数据结构等特点，可以支持大规模高性能要求的在线数据业务。与其他云数据库系统相比，Redis 的优势包括以下几个方面。

（1）高稳定架构

它是基于阿里云飞天分布式系列和 SSD 高性能存储能力的缓存数据库，双机热备架构故障自动迁移，两种数据持久化机制确保备份可靠，提供数据持久化保障。

（2）性能灵活扩展

它是实例连接数和网络吞吐量定制的高并发数据库，灵活的集群版规格适配高并发场景；产品形态丰富，可平滑扩容存储空间、网络吞吐量及连接数。

（3）源码级护航

它是资深阿里云专家提供专业护航的缓存数据库，从性能、安全等多维度深入优化内核安全漏洞，持续保障服务稳定性。

（4）智能运维

全面可视化管理，所见即所得；全链路监控预警机制，主动升级，免除版本管理烦恼，智能化运维及管控，省心省力。

下面通过实例来介绍阿里云数据库 Redis 版的使用。首先，登录官方网站（https://www.aliyun.com/product/list）。可以看到，阿里巴巴推出了各种各样的云数据库，这里单击"NoSQL 数据库"模块中的"云数据库 Redis 版"，如图 8-9 所示。接着，进入云数据库 Redis 版的主页，在这里可以看到该产品的相关介绍，包括产品优势、产品功能、产品动态等。单击"立即购买"按钮，如图 8-10 所示。然后，进行相关参数的选择并进入支付界面，如图 8-11 所示。

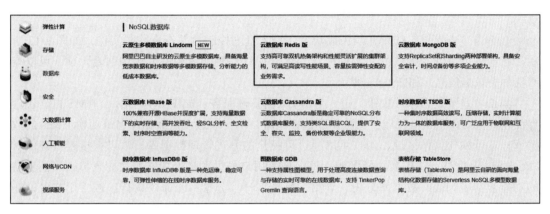

图 8-9　阿里云产品列表

图 8-10　云数据库 Redis 版的详细介绍界面

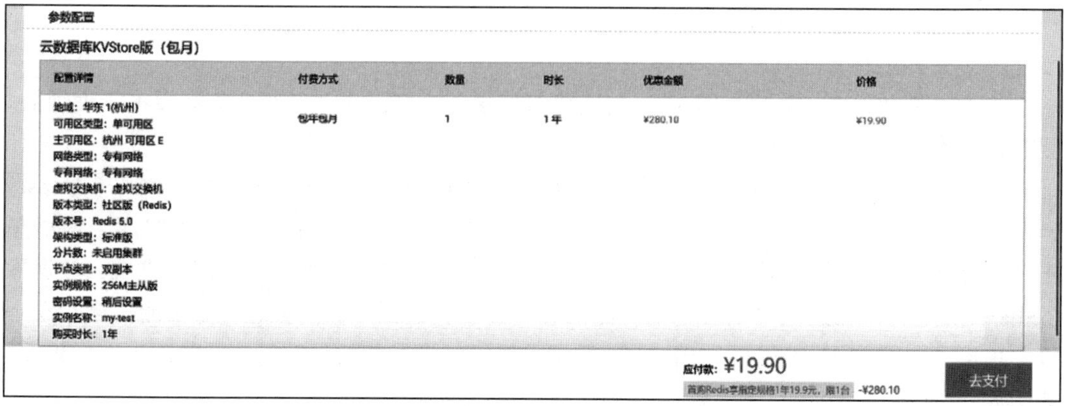

图 8-11 云数据库 Redis 版的支付界面

在单击"去支付"按钮并购买成功后，进入管理控制台并查看购买实例，如图 8-12 所示。在这里可以看到购买的实例的概览。单击窗口左侧列表中的"实例列表"项，可以查看实例的基本信息，如图 8-13 所示。

单击"登录数据库"按钮，进入 DMS 数据管理服务，如图 8-14 所示。DMS 数据管理界面主要包括以下几个区域：①数据库选择区域，用户通过双击数据库名可切换 Redis 的数据库；②可视化操作区域，用户可以通过可视化的方式管理数据库，可以直接查看键值对（key-value）信息；③扩展功能区域，该区域为用户提供了扩展功能的快捷入口，当前支持的功能包括表列表、数据库分析、导出、操作审计、分享；④命令执行区域，用户可以在输入 SQL 语句后单击"执行"按钮，对数据库进行操作，显示 SQL 执行所返回的结果，同时提供了查看单行详情等功能。

图 8-12 云数据库 Redis 版的管理控制台

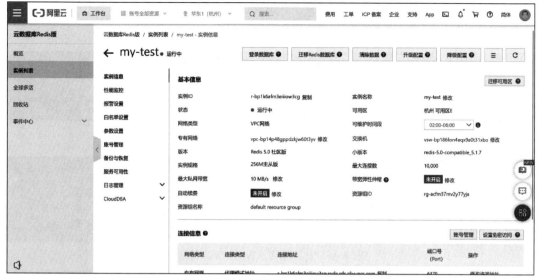

图 8-13　云数据库 Redis 的实例信息

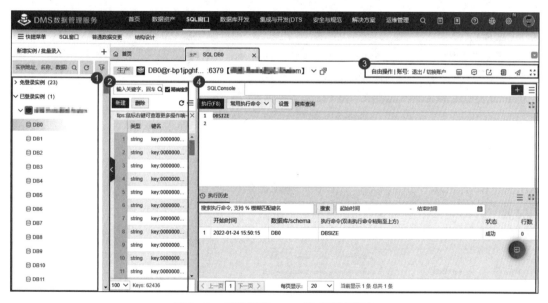

图 8-14　云数据库 Redis 数据管理服务

下面介绍通过 Redis-cli 连接 Redis。Redis-cli 是原生 Redis 自带的命令工具，用户可以在云服务器或者本地主机上通过 Redis-cli 连接云数据库 Redis，进行数据管理。

首先，进行 Redis-cli 的安装（这里以 Windows 操作系统为例）。下载地址为 https://github.com/microsoftarchive/redis。

成功安装之后，通过 CMD 打开应用程序，并执行连接指令，如图 8-15 所示。在连接成功之后，需要通过认证指令进行认证，如图 8-16 所示。

在认证成功之后就可以通过操作指令对于 Redis 数据库进行相关操作了，如图 8-17 所示，首先进行 set 操作，接着进行 get 操作。

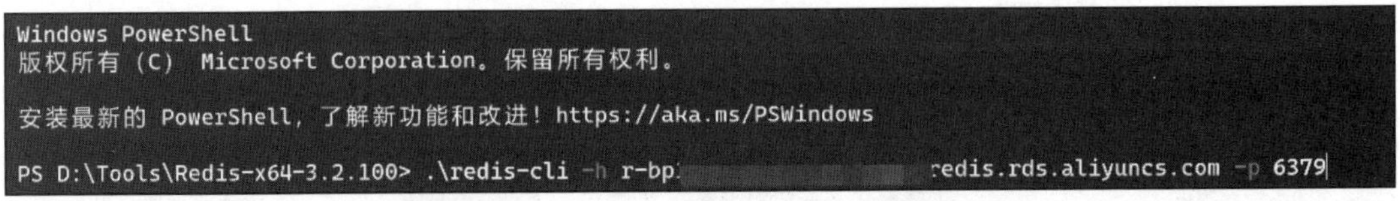

图 8-15　连接指令（Windows 系统）

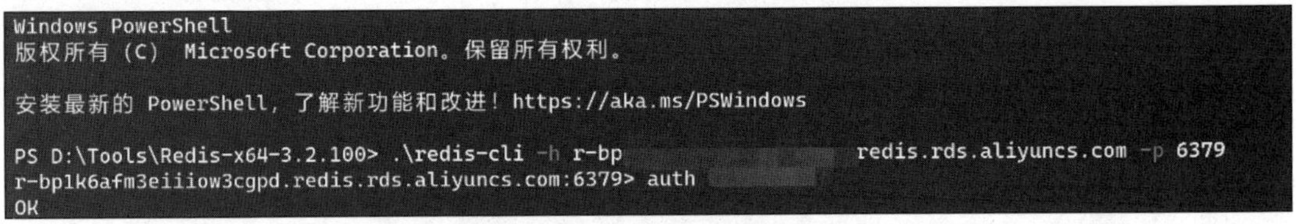

图 8-16　认证指令（Windows 系统）

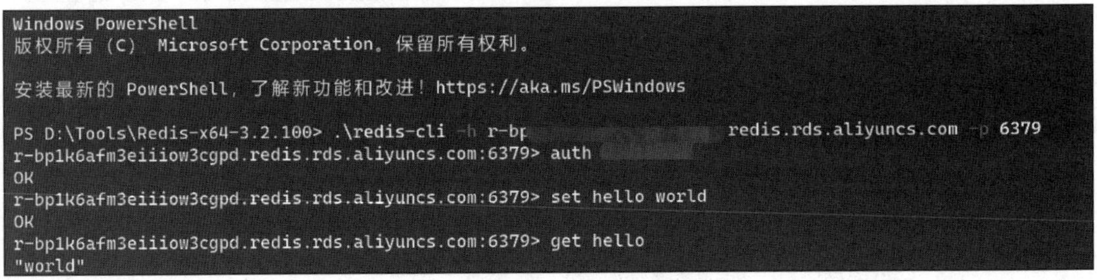

图 8-17　简单实例（Windows 系统）

下面介绍如何通过 Hiredis 在 C++ 的编程中连接 Redis 中的实例并进行读 / 写操作。Redis 中的实例默认仅提供内网连接地址，因此，通过公网连接时用户需要手动申请公网连接地址，如图 8-18 所示。然后，需要获得本地的公网地址，并将其添加到白名单中。

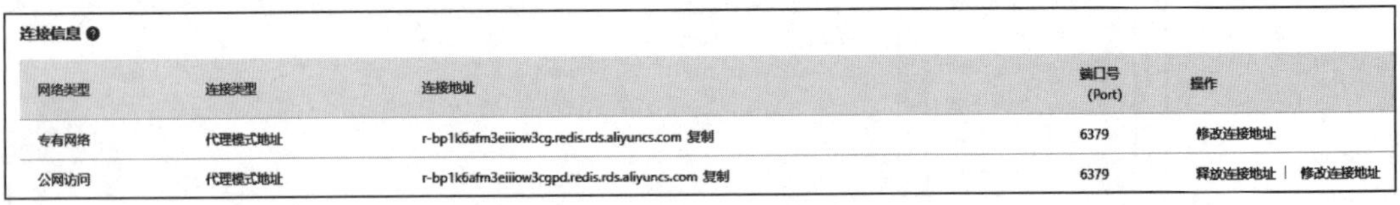

连接信息

网络类型	连接类型	连接地址	端口号 (Port)	操作
专有网络	代理模式地址	r-bp1k6afm3eiiiow3cg.redis.rds.aliyuncs.com 复制	6379	修改连接地址
公网访问	代理模式地址	r-bp1k6afm3eiiiow3cgpd.redis.rds.aliyuncs.com 复制	6379	释放连接地址 | 修改连接地址

图 8-18　公网访问

登录 Hiredis 的官方网站（https://redis.com/lp/hiredis/）。在网站中，得到 Hiredis 下载链接，如图 8-19 所示。

在下载并安装成功以后，通过在 C++ 程序中添加相关代码来完成对于 Redis 的连接、认证和操作，如图 8-20 所示。

在代码中，首先，需要添加相关头文件（hiredis.h 文件）。其次，我们通过 redisConnect() 函数与 Redis 进行连接。在成功连接后，通过 redisCommand() 函数进行指令的发送，包括 AUTH 认证指令、SET/GET 操作指令等。示例程序的执行结果如图 8-21 所示。

Hiredis

Make Hiredis super easy with Redis Enterprise

Using Redis with C

In order to use Redis with C you will need a C Redis client. In following sections, we will demonstrate the use of hiredis, a minimalistic C client for Redis. Additional C clients for Redis can be found under the C section of the Redis Clients page.

Installing hiredis

Download the latest hiredis release from the GitHub repository.

图 8-19　Hiredis 官方网站

```
3   #include "hiredis/hiredis.h"     必要的头文件
4
5   int main(int argc, char *argv[]) {
6       const char *hostname = "r-              .redis.rds.aliyuncs.com";
7       int port = 6379;
8       redisContext *c = redisConnect(hostname, port);
9       if (c != nullptr && c->err) {
10          std::cout << "Error: " << c->errstr;              连接 Redis
11          return 0;
12      } else {
13          std::cout << "Connected to Redis!" << std::endl;
14      }
15
16      redisReply *reply;
17      reply = reinterpret_cast<redisReply *>(redisCommand(c, "AUTH          "));    认证
18      std::cout << reply->str << std::endl;
19      freeReplyObject(reply);
20
21      // Delete all the keys of the currently selected DB.
22      reply = reinterpret_cast<redisReply *>(redisCommand(c, "flushdb"));
23      std::cout << reply->str << std::endl;
24      freeReplyObject(reply);
25
26      // SET Command
27      reply = reinterpret_cast<redisReply *>(
28          redisCommand(c, "SET %s %s", "hello", "world"));
29      freeReplyObject(reply);
30                                                                          简单操作
31      // Return the number of keys in the currently-selected database
32      reply = reinterpret_cast<redisReply *>(redisCommand(c, "dbsize"));
33      std::cout << reply->integer << std::endl;
34      freeReplyObject(reply);
35
36      // GET Command
37      reply = reinterpret_cast<redisReply *>(redisCommand(c, "GET %s", "hello"));
38      printf("%s\n", reply->str);
39      freeReplyObject(reply);
40
41      redisFree(c);
42      return 0;
43  }
```

图 8-20　HiRedis 使用示例

```
wxl@nvmserver1:~/redis$ ./example_redis
Connected to Redis!
OK
OK
1
world
```

图 8-21　示例程序的执行结果

需要注意的是，redisCommand() 函数的执行结果是存储在 redisReply 数据结构中的，并且根据返回结果的类型存储在不同的变量中。例如，GET 返回的结果是字符串。

本章小结

本章主要介绍了云计算和云数据库的相关知识。首先介绍了自建数据库和云数据库各自的优缺点，接着介绍了云数据库的核心技术和系统架构，并着重讨论了读写分离技术，最后给出了云数据的使用示例。

通过对本章的学习，读者应初步掌握云数据库的相关概念和使用方法。

第 9 章

时序数据库技术

随着物联网的高速发展，传感器产生的大量数据对数据库系统提出了新的需求。传感器产生的数据与产生时间息息相关，被称为时序数据。时序数据库是专门针对时序数据的存取需求设计的数据库管理系统，与关系数据库既有相同点又存在不同之处。目前，时序数据库是工业界和学术界的研究热点。

内容提要： 本章首先简单介绍了时序数据库的概念，然后着重介绍了时序数据库核心技术，接着介绍了几种典型的时序数据库，最后重点介绍了 InfluxDB 的设计和使用。

9.1 时序数据库技术概述

1. 时序数据

时序数据是将时间作为数据维度的一种数据类型，通常是传感器在一段时间内通过重复测量获得的观测数据的集合。如果采用二维折线图来表示时序数据，横坐标代表的是时间。根据相邻数据点之间时间间隔的差异性，时序数据可以划分为两种类型。第一种类型是固定时间间隔的时序数据，例如集群监测数据和人体健康监测数据。由于数据采样点之间的时间间隔是固定的，因此历史数据对预测未来数据具有很高的参考价值。第二种类型是不固定时间间隔的时序数据，例如日志数据。这类数据由于采样点时间间隔不规则，难以对数据进行模型化和预测。

相较于常规数据，时序数据具有其独特之处。时序数据的产生遵循时间顺序，这意味着数据的时间戳是单调递增的。当数据到达数据库系统时，由于时间戳不同，每个数据点都会被记录为一个新的数据，因此时序数据不会发生更新操作并且会以追加写的方式写入数据库系统。在传统的关系数据库中，数据可能会通过事务完成数据更新。但是时序数据的不可变性使其相较于关系数据具有明显不同。此外，同一条时间序列上的数据往往具有自相关性，这种自相关性可以帮助用户发现数据中存在的规律，成功地选择最佳预测模型，正确地评估模型的有效性。

对于时序数据，单个数据点的数据价值并不高，人们更加关注数据序列的聚合值。以天气预报为例，气象专家很难根据过去某一天的天气预测未来的天气，而是需要通过一段时间内的天气情况进行预测。对于时序数据，只有将一段时间的数据进行聚合分析才能得到更高的数据价值。除此之外，在进行数据查询时，时间也是不可或缺的查询信息。

时序数据有两个主要用途：一个是根据过去一段时间的数据规律进行分析预测，常见于金融领域的风险预测、气象学中各种类型的预测；另一个主要用途是异常检测，常见于互联网公司大规模集群的异常模式分析。

时序数据往往数据量庞大，并且与其他数据负载不同的是，时序数据需要数据生命周期管理和大规模的范围查询，因此需要有专门设计的数据库系统来管理。

2. 时序数据库

时序数据库是专门为时序数据存储和查询设计的数据库系统。时序数据库是专门针对时序数据的特性进行优化的数据库系统。第一代时序数据库主要关注的是金融数据、股票交易的波动性。如今，随着物联网的快速发展，传感器数量急速增加，这些传感器每时每刻都在产生大量的时序数据流。这意味着要搭建高性能、可扩展且时序数据专用的数据库系统来支持这种负载。

尽管传统的关系数据库可以用于存储时序数据，但是由于缺乏对于时序数据常见工作负载的优化会导致性能不佳。时序数据库针对海量时序数据的存储和分析进行了专门的优化，使得其在时序数据的场景下性能优于关系数据库。时序数据库的设计理念与关系数据库具有很多不同之处，体现在以下几个方面。

1）时序数据很少发生更新和删除，因此相较于关系数据库需要同时保证增删改查（CRUD）的性能，时序数据库设定查询和写入的优先级高于删除和更新，可以通过避免删除和更新提高查询和写入性能。

2）时序数据库需要满足时序数据中常见的存取要求，例如数据生命周期管理、数据汇总和大规模时间范围内的查询，例如以毫秒的粒度查询几个月的数据。

3）时序数据库需要支持快速写入大量数据，这对于时序数据库的单机性能和分布式性能都提出了很高的要求。

4）时序数据库需要支持降采样（downsample）或者淘汰旧数据，同时需要保持新数据的高精度。对于其他数据库系统来说，这种生命周期管理很难实现，但是对于时序数据库，这是一种必需的功能。

5）时序数据库对于时间戳的精度有很高的要求，需要支持微秒甚至是纳秒级别的时间精度，这对于金融行业和科学计算具有重大的意义，也是其他系统无法支持的。

6）时序数据的数据量巨大，需要专门的压缩算法减少实际存储的数据量，并且压缩算法还需要考虑到用户对于精度的需求。

7）由于聚合操作在时序数据的场景下十分常见，因此数据需要按列存储在磁盘上，查询时可以通过读取连续的数据块加速聚合查询计算。

8）时序数据往往具有多个标签（tag）和域（field）。标签作为索引项，例如传感器的位置和编号；域作为数据的值，例如温度传感器传回的温度。但在实际中，数据库系统并不能假定标签和域的数量，因此时序数据库需要支持用户无限添加数据的标签和域。

9.2 时序数据库的核心技术

本节将从 InfluxDB 的存储结构——TSM Tree 和针对序列的索引——TSI 两个方面介绍 InfluxDB 的核心技术。这两个方面也代表了时序数据库的核心技术，即针对时序数据的读 / 写性能优化。针对读 / 写优化问题，不同的时序数据库设计了不同的优化策略，但是根本思想都是充分利用时序数据的特性来满足时序数据的存取需求。

9.2.1 TSM Tree

InfluxDB 在发展初期采用 LevelDB 作为存储引擎。LevelDB 采用 LSM Tree 结构，可以有效地提升写吞吐并且支持多种压缩算法。但是 LevelDB 不支持热备份。如果要进行备份，LevelDB 需要先关闭数据库然后在复制数据。InfluxDB 引入了 LevelDB 的变种 RocksDB 解决这个问题。此外，在时序数据的场景下，用户要求数据库系统自动删除过期数据，因此时序数据库需要支持大规模的删除。但是，由于 LevelDB 和 RocksDB 均采用了追加写的方式来处理删除操作，即不真正删除原数据，而是只追加写入一条日志记录指示数据已被删除，导致了需要删除的旧数据仍会存储在磁盘中占用空间，带来了额外的空间浪费，需要通过后续的合并操作才能真正删除旧数据以回收空间。对于这个问题，InfluxDB 采用了数据分片的方式，每个数据分片存储一段时间内的数据，并且通过一个 LevelDB 实例进行管理。需要删除过期数据时，InfluxDB 直接关闭过期数据分片对应的 LevelDB 实例，并将物理文件全部删除。数据分片的方式虽然有利于回收空间，但这一方法在响应范围查询时容易导致性能变差。例如，当用户查询一段较长时间内的数据时，涉及的数据可能覆盖多个数据分片（因为每个数据分片仅存储一段时间内的数据），从而导致打开的 LevelDB 实例及需要读取的文件数量剧增，甚至超过一个查询进程允许打开的文件句柄数目，从而造成性能下降。

在认识到 LevelDB 的局限性后，InfluxDB 又尝试采用 BoltDB 作为存储引擎。BoltDB 是一个基于内存映射 B+ 树的数据库，虽然在写性能上不如 LSM Tree 结构的存储引擎，但是可以提供足够的系统稳定性，并且 BoltDB 是完全使用 Go 语言实现的，与 InfluxDB 完美契合。BoltDB 在磁盘上只使用一个文件，因此可以有效地避免打开过多文件句柄的问题，并且支持热备份。但是随着数据量的变大，BoltDB 的写性能严重限制了 InfluxDB 的性能。虽然 InfluxDB 在 BoltDB 上添加了一个预写日志，先暂时缓存写请求再一次性将写请求发送给 BlotDB，但是仍然不能满足实际需求。

基于上述经验，InfluxDB 团队决定开发一个类似于 LSM Tree 的结构，由此产生了 TSM Tree（time-structured merge tree）。TSM Tree 仿照 LSM Tree 的存储结构，针对时序数据的存取特性做出了相应的优化，例如提出了新的合并操作来优化查询性能。通过这些优化，TSM Tree 克服了 LevelDB 的局限性，成为 InfluxDB 取得优异性能的关键。

1. TSM Tree 的架构

TSM Tree 的架构如图 9-1 所示。内存层包括内存缓存（Cache）、索引（Index）、压缩模块（Compression），以及合并操作控制器（Compactor）；磁盘层包括 TSM 文件和预写日志（WAL）。由于索引是 InfluxDB 的另一大核心技术，因此在 9.3.2 节着重介绍，这里介绍除索引外其他模块的设计和功能。

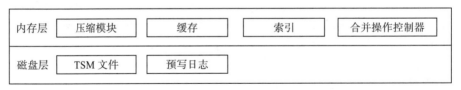

图 9-1　TSM Tree 的架构

2. 预写日志

预写日志（write ahead log, WAL）中存储写入操作和删除操作的数据，当大小超过 10MB 时，文件会被关闭同时生成一个新的日志文件，文件编号单调递增。预写日志的日志项包括 3 个部分：1B 表示操作类型（写入或者删除），之后的 4B 表示压缩的数据块数目，后面是压缩的数据块。

当写入请求到达系统时，数据点会被序列化，采用 Snappy 算法进行压缩然后写入预写日志中，然后对预写日志进行 fsync 操作（fsync 是 Linux 提供的系统调用，强制将数据更新到磁盘）。写入日志后，再将数据写入内存，写入操作才会成功返回。采用批量写入的方式可以得到更好的写入性能，InfluxDB 建议的批大小为 5000 ～ 10000 个数据点。

3. 内存缓存

内存缓存（Cache）类似于 LSM Tree 中的 MemTable，将预写日志中的数据复制在内存中。数据点按照度量、标签集和域进行划分，每个域内的数据保持时间有序。度量（measurement）是时序数据库中的一个术语，是指时序数据的逻辑存储结构，其概念类似于关系数据库中表。并且，数据在内存中不会被压缩。当数据量达到阈值时，内存缓存会被转化为 TSM 文件，并且删除相应预写日志。内存缓存可以占用的内存空间存在一个上限，当内存使用量超过上限时，内存缓存会暂时拒绝新的写入请求，防止数据写入过快而超出内存容量。与 LSM Tree 不同，如果内存缓存超过一段时间没有新的写入请求，也会被转化为 TSM 文件。

当系统重新启动时，内存缓存可以通过磁盘上的预写日志重新构建。对内存缓存进行删除操作时，会直接删除对应的数据。在进行查询时，会将内存缓存的结果和 TSM 文件的结果合并，并且为了避免查询时发生的写入操作对结果的影响，查询执行在查询产生时的数据版本上。

4. TSM 文件

TSM 文件是 InfluxDB 在磁盘上存储数据的文件格式，与 LSM Tree 中的 SSTable 十分类似。TSM 文件格式如图 9-2 所示，分为 4 个部分，分别是头部（header）、数据区（blocks）、索引（index）和尾部（footer）。

图 9-2　TSM 文件格式

1）头部由一个魔数（magic number）和一个版本号构成。

2）数据区由多个数据块组成，每个数据块由校验码和数据组成，数据的长度保存在索引中。

3）索引中保存每个数据块的元数据。索引项首先按照序列键的字典序排序，再按照时间排序。一个数据点的多个域在 TSM 文件中占据多个索引项。索引项首先是序列键的长度和序列键，之后是数据类型（如 float、int 等），接下来是索引块条目的数量，每个索引块条目包括块内数据起始时间和终止时间、数据块在文件中的偏移量和数据块的大小。TSM 文件中每个数据块都会有一个对应的索引块条目。索引可以帮助用户快速定位数据块，以及判断查询时需要读取多少数据。

4）尾部保存索引在文件中的偏移量。

5. 压缩

存储在磁盘上的数据需要压缩，以降低占用的磁盘空间和减少查询时需要读取的数据量。InfluxDB 对于不同的数据类型采用不同的压缩算法。对于时间戳，InfluxDB 采用自适应的压缩算法，根据数据特征选择差值压缩、游程压缩等；对于 float 类型的数据，InfluxDB 采用 Facebook 提出的 XOR 压缩；对于 int 类型的数据，InfluxDB 采用 ZigZag 压缩和 simple8b 压缩；对于字符串变量，InfluxDB 采用了 Snappy 压缩。

6. 合并操作

合并（compaction）操作将数据从写优化的格式转化为读优化的格式，在系统中重复进行。合并操作是 TSM Tree 与 LSM Tree 最大的不同点。TSM Tree 根据时序数据的特征，设计了专门的合并操作。

1）Snapshots，将内存缓存和预写日志中的数据转化为 TSM 文件，释放内存缓存占用的内存空间和预写日志占用的磁盘空间。触发条件是内存缓存大小超过设定的阈值，或者内存缓存超过一定时间没有新的写入请求。

2）Level Compactions，将上一层多个 TSM 文件合并成一个大的 TSM 文件，放到下一层。处于第四层的文件（TSM Tree 最多只有四层）或者大小已经达到设定的最大值的文件不会再参与这个合并操作。层数较低的合并操作发生较为频繁，不会进行解压缩和合并数据块，避免 CPU 开销过大。层数较高的合并操作发生不频繁，因此会进行解压缩和合并数据块，提高 TSM 文件的压缩效率。

3）Index Optimization，当第四层的 TSM 文件逐渐变多，每个文件的内部索引都会很大，影响查询性能，这个时候会触发该合并操作。该合并操作将一个 TSM 文件集合中的数据进行拆分，将同一个序列的数据集中在一起，这使得不同的 TSM 文件中几乎不存在重复的序列。在进行该操作前，同一个序列的数据点可能分散在多个 TSM 文件中，该操作完成后，同一个序列的数据点将在一个 TSM 文件中连续存储。

4）Full Compactions，只有当数据分片长时间没有写入操作或者数据分片上发生了删除操作时，才会触发该合并操作。该操作生成数据分片上最优的 TSM 文件集合，过程中会进行 Level Compactions 和 Index Optimization。除非新的写入请求或者删除请求到达数据分片，否则已经进行了该操作的分片不会再进行其他合并操作。

9.2.2 TSI

随着数据库中数据量的增长，时序数据库中可能存在大量的时间序列。为了保证能快速通过序列键找到对应的序列，InfluxDB 使用了时间序列索引（time series index，TSI）。在引入 TSI 之前，TSM Tree 使用一个内存倒排索引维护序列键和序列之间的关系。由于需要对每个度量、每个标签键值对和每个数据域的名称倒排索引，因此如果系统存在大量时间序列时，内存使用量将会显著增加，并且当系统启动时，需要根据磁盘上的数据重构倒排索引，极大地延长了启动时间。TSI 是一个支持磁盘存储的倒排索引。通过使用 TSI，InfluxDB 可以支持数百条时间序列，移除了内存容量对可以存储的时间序列数目的限制。TSI 被 InfluxDB 视为除 TSM Tree 之外最重大的技术突破。

TSI 将索引放置在磁盘上的文件中，通过内存映射实现读取。TSI 使用操作系统的页缓存（page cache）保留热数据，冷数据存储在磁盘上。这意味着操作系统将会采用 LRU 的策略对内存中的索引进行管理，无须用户设置专门的缓存替换策略。类似于 TSM Tree，TSI 也有预写日志（WAL）和相应的内存结构，并且在查询时，会将内存结构与已有的索引进行合并。后台的协程会不断地将索引合并成越来越大的文件，避免在查询时需要合并过多的索引。InfluxDB 对 TSI 还采用了一些其他的优化，例如采用哈希索引的方式加速索引项的查询。

在时序数据库中，可能存在很多短暂的时间序列。TSI 可以很好地解决这部分时间序列的索引占据的内存开销，当这些时间序列不再进行写入和查询时，它们的索引将会存储在磁盘上而不在占据内存空间。

但是 TSI 也存在局限性。当所有时间序列都执行查询和写入操作时，它们的索引可能会被频繁地在内存和磁盘间切换，严重影响查询性能。在这种情况下，InfluxDB 官方目前给出的解决方案是横向扩展集群。

1. TSI 的结构

TSI 中存在一个序列文件（series file），它包含整个数据库中所有的序列键。同一个数据库中的所有数据分片（shard）共享序列文件。

每个数据分片存在一个索引，其结构如图 9-3 所示，索引会进一步进行分区，每个分区采用 LSM Tree 结构进行存储。LSM Tree 中分为日志文件（log file）和索引文件（index file）。日志文件类似于 LSM Tree 中的预写日志，存储最新写入的序列。

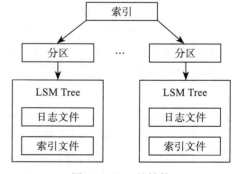

图 9-3　TSI 的结构

同时内存中保存这些序列的索引，类似于 LSM Tree 中的 MemTable。索引文件类似于 LSM Tree 中的 SSTable，包含不可变的、内存映射的索引。索引文件可以从日志文件转化而来，或者由两个索引文件合并得到。

2. 日志文件

日志文件类似于预写日志，简单地将日志项以顺序写的方式写入磁盘。当日志文件大小达到 5MB 时，会转化为索引文件。日志项有多种类型，分别为添加序列、删除序列、删除度量、删除标签键和删除标签值。

日志文件同样会在内存中维护索引。日志文件的索引维护以下信息：

1）度量对应的名称。

2）度量对应的标签键。

3）度量对应的序列。

4）标签值对应的序列。

5）序列、度量、标签键以及标签值的位置。

日志文件维护一个位图，每一位表示 ID 为该位的序列是否存在。当启动时，会通过将其他日志文件和索引文件的位图合并，重新生成整个索引的位图，以此来表示索引中存在的全部序列。

3. 索引文件

索引文件不可修改并且和日志文件表示相同的索引信息，类似于 SSTable，但是可以通过内存映射直接访问。索引文件存在一些内部的索引部分：标签块（tag block）维护一个标签键和对应的标签值的索引；度量块（measurement block）维护度量和对应的标签键的索引；索引块（trailer）维护文件中的偏移量信息。

4. 合并操作

TSI 中存在两种合并操作。第一种合并操作是当日志文件超过 5MB 时，会创建一个新的日志文件，同时将旧的日志文件转化为索引文件。TSI 中设定日志文件为 L0 层，生成的索引文件为 L1 层。第二种合并操作是将两个较小的索引文件合并成一个新的索引文件，例如将两个在 L1 层的索引文件合并成一个 L2 层的索引文件。

5. 写操作

写操作的流程如下：首先在序列文件中查询序列是否存在，如果不存在则返回一个自动递增的序列 ID。序列会被发送到相应的数据分区上的索引，数据分区上的索引维护一个位图索引来判断 ID 对应的序列是否存在。如果序列存在，序列将直接被忽略；如果序列不存在，则会对序列 ID 进行哈希运算，然后分配给相应的分区。分区将序列写入日志文件，同时在内存中维护对应的索引。

6. 读操作

索引提供多种 API 检索数据。MeasurementIterator 函数返回度量名称的排序链表，Tag-

KeyIterator 函数返回度量内标签键的排序链表，TagValueIterator 函数返回给定标签键对应的标签值的排序链表，MeasurementSeriesIDIterator 函数返回度量内所有序列 ID 的排序链表，TagKeySeriesIDIterator 函数返回给定标签键对应的所有序列 ID 的排序链表，TagValueSeriesIDIterator 函数返回给定标签值对应的所有序列 ID 的排序链表。这些函数可以相互组合，进行并集运算、交集运算和差集运算，实现复杂查询。

9.3　典型的时序数据库系统

目前，工业界和学术界都针对时序数据库开展了深入的研究，提出和实现了多个时序数据库产品。本节介绍几个当前比较典型的时序数据库及其相关特性。

9.3.1　InfluxDB

图 9-4 是数据库排名网站 DB-Engines 关于时序数据库受欢迎程度的排名。可以看出，InfluxDB 目前已经成为最受欢迎的时序数据库。InfluxDB 于 2016 年发行了 1.0 版本，自发行之日起就受到了广泛的关注，目前分为开源版本和商业版本。开源版本仅支持单机节点，商业版本提供分布式服务。

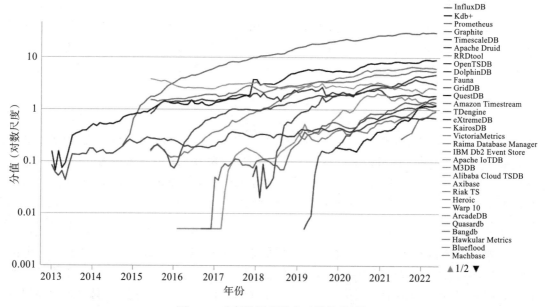

图 9-4　时序数据库排名（详见彩插）

InfluxDB 全部使用 Go 语言，不需要其他的依赖。InfluxDB 自研的 TSM 引擎提供了高性能的读 / 写操作，并且针对时序场景下的多种数据类型提供了不同的压缩算法。InfluxDB 不仅提供了高效的 HTTP 查询和写入接口，还支持多种其他时序数据库的写入协议，例如

OpenTSDB 和 Graphite。在查询方面，InfluxDB 自研了类 SQL 的查询语言——InfluxQL，降低了用户的学习成本，便于用户使用。此外，InfluxDB 采用了自研的索引——TSI，用户可以快速地查询标签对应的序列。InfluxDB 的保留策略可以帮助系统自动淘汰过期数据，并且通过数据分片的方式降低了大规模删除过期数据的代价。

目前 InfluxDB 从数据采样、数据存储、数据可视化到数据分析已经形成了完整的软件生态，称为 TICK 开源软件栈。其中，T 为 Telegraf，用于收集数据；I 为 InfluxDB，用于存储数据；C 为 Chronograf，用于数据可视化；K 为 Kapacitor，用于数据监控和预警。根据 InfluxDB 在 GitHub 上最新版本的介绍，除 Telegraf 外，Chronograf 和 Kapacitor 都已经集成到 InfluxDB 中。

9.3.2 Graphite

Graphite 是一个企业级的监控工具，可以在廉价机上运行，最初是由 Chris Davis 在 Orbitz 工作时，作为一个辅助项目在 2006 年使用 Python 语言编写而成。在 2008 年，Orbitz 允许软件以开源 Apache 2.0 license 的授权方式发行。

Graphite 是一个开源的、实时的、显示时间序列度量数据的图形系统。其本身并不收集数据，而是像一个数据库，通过其后端接收数据，然后以实时方式查询、转换、组合这些数据。Graphite 支持内建的 Web 界面，允许用户浏览数据和生成的图像。

Graphite 的架构如图 9-5 所示。虽然 Graphite 不会进行数据收集，但是设计了名为 Carbon 的监听器进程来被动地监听时序数据，并将数据存储在 Whisper 数据库中。最后，Graphite 通过 Graphite-Webapp 可视化组件按需绘制图形。因为 Graphite 只能被动地接收数据，因此发送数据的应用程序需要进行相关配置以将数据发送到 Graphite 的 Carbon 组件。

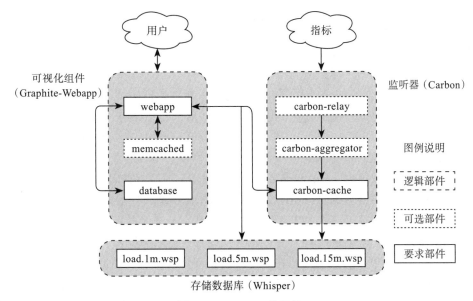

图 9-5 Graphite 的架构

1）Carbon 是一组守护进程，更详细地说是一组用 Python 编写的监听数据服务的进程，主要由 carbon-cache.py 实现，更高级的功能则由 carbon-relay.py 和 carbon-aggregator.py 实现。carbon-cache.py 负责缓存数据并写入磁盘，carbon-relay.py 负责复制和分片以实现分布式，carbon-aggregator.py 负责聚合数据以减少磁盘压力。

2）Whisper 数据库是固定大小的环形时序数据库，可以为随时间不断变化的数值型数据提供快速、可靠的存储。Whisper 使用大端双精度浮点类型来存储数据，每个数据点包含一个时间戳和一个值。除此之外，Whisper 还可以把高精度的指标数据压缩成低精度的指标数据，以满足存储长期的历史数据的需求。存储和查询时对于每条指标（对数据的聚类操作），Whisper 会生成一个指标文件进行存储，且只要收到第一个数据点就会分配整个指标所需数据大小的空间，无论后续数据是否收到。

3）Graphite-Webapp 是用 Django 开发的 UI，用于图标的渲染，提供 API 做页面层集成。其统计数据的维度分为空间（target）和时间（时间范围），支持返回大部分类型的图像格式。

Graphite 的主要优点包括：响应快速；架构模块化且可规模化；为时序数据提供了可视化工具且支持实时监视；可长期保存历史数据；支持大量的开源工具协作；架构简单，学习成本低；数据冗余带来的容错能力；开源。

Graphite 的主要缺点有：本身不支持分片复制等分布操作，需要用户自己定义这些操作和处理；安装过程复杂；本身只有存储和绘图功能且不提供插件，其余功能只能通过第三方工具实现；硬盘空间利用效率低，每个数据点都需要存储时间戳，且为每条指标都分配了可能用不上的空间；不支持 XML 数据的导入。

9.3.3　Kdb+

Kdb+ 由 Arthur Whitney 开发，由 KxSystems 公司（https://kx.com）于 2003 年推出，其前身 K 和 Kdb/KSQL 分别于 1993 年和 1998 年推出。Kdb+ 号称是世界上最快的时序数据库。Kdb+ 软件大小不足 1MB，却集时间序列数据库、内存数据库、磁盘数据库等为一体，提供了流数据、实时数据、历史数据的采集、存储、分析、检索一站式解决方案。Kdb+ 主要应用于金融行业，目前扩大到制造业、电信、汽车、航天、物联网、零售等多个领域。

Kdb+ 的系统架构如图 9-6 所示。事件引擎（event engine）负责收集事件，并将消息记录到事务日志（log）文件中以保证发生故障时的可恢复。事件引擎通过 IPC 将传入的数据保存到内存中的实时数据库（real-time database，RDB）中。流查询引擎（streaming query）针对事件引擎收集的事件数据进行实时分析（例如加权平均、标准偏差、插值等）。当数据在给定时间段（通常是每天一次）结束时，RDB 将数据从内存持久化到磁盘。该数据在历史数据库（HDB）中立即可用，并且允许 RDB 从内存中清除数据。

在这种架构下，最新的数据驻留在内存中，访问速度最快，而旧数据驻留在持久磁盘上，维护成本更低。这一体系结构的另一个优点是，它允许用户像在内存中一样查询磁盘上的表，反之亦然，无须更改查询语法，因此减少了开发和维护开销。

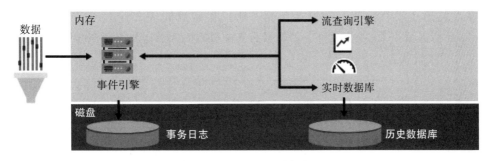

图 9-6　Kdb+ 的系统架构

由于 Kdb+ 进程可以很容易地通过 REST 连接或通过 IPC 连接，所以将进程从一个服务器移到多个服务器上也非常简单，从而支持水平可伸缩性和分布式处理，以满足性能和容错的需求。

9.3.4　Prometheus

Prometheus 是一个由前 Google 工程师从 2012 年开始在 SoundCloud 上构建的开源监控报警系统和时序数据库。Prometheus 的开发者和用户社区非常活跃，它现在是一个独立的开源项目，可以独立于任何公司进行维护。Prometheus 于 2016 年 5 月加入 CNCF 基金会，成为继 Kubernetes 之后的第二个 CNCF 托管项目。

Prometheus 实际上是一个监控报警系统，其整体架构如图 9-7 所示。Prometheus server 中包含了一个 TSDB。Prometheus 所有的存储都是按时间序列去实现的，相同的 metrics（指标名称）和 label（一个或多个标签）组成一条时间序列，不同的 label 表示不同的时间序列。为了支持一些查询，有时还会临时产生一些时间序列存储 metrics name&label 指标名称和标签。每条时间序列是由唯一的 "指标名称" 和一组 "标签"（key=value）的形式组成。指定指标名称和标签集合的时间序列的方法：

```
<metric name>{<label name>=<label value>, ...}
```

Prometheus 默认将时间序列数据库保存在本地磁盘中，同时也可以将数据保存到任意第三方的存储服务中。Prometheus 采用自定义的存储格式将样本数据保存在本地磁盘中。Prometheus 以 2h 为一个时间窗口，将 2h 内产生的数据存储在一个块（block）中。每个块都是一个单独的目录，里面含该时间窗口内的所有样本数据（chunks）、元数据文件（meta.json）及索引文件（index）。其中，索引文件会将指标名称和标签索引到样板数据的时间序列中。此期间如果通过 API 删除时间序列，删除记录会保存在单独的逻辑文件 tombstone 当中。

当前样本数据所在的块会被直接保存在内存中，不会持久化到磁盘中。为了确保 Prometheus 发生崩溃或重启时能够恢复数据，Prometheus 启动时会通过预写日志（WAL）重新记录，从而恢复数据。预写日志文件保存在 wal 目录中，每个文件的大小为 128MB。

WAL 文件包括还没有被压缩的原始数据，所以比常规的块文件大得多。一般情况下，Prometheus 会保留 3 个 WAL 文件，但如果有些高负载服务器需要保存 2h 以上的原始数据，WAL 文件的数量就会大于 3 个。

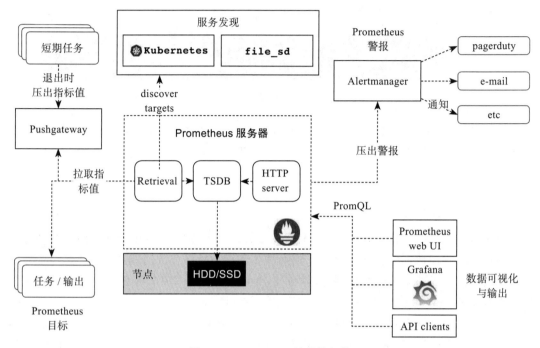

图 9-7　Prometheus 的整体架构

如果本地存储出现故障，最好的办法是停止运行 Prometheus 并删除整个存储目录。因为 Prometheus 的本地存储不支持非 POSIX 兼容的文件系统，一旦发生损坏，将无法恢复。NFS 只有部分兼容 POSIX，大部分实现都不兼容 POSIX。除了删除整个目录之外，也可以尝试删除个别块目录来解决问题。删除每个块目录将会丢失大约 2h 时间窗口的样本数据。所以，Prometheus 的本地存储并不能实现长期的持久化存储。

Prometheus 的本地存储无法持久化数据，无法灵活扩展。为了保持 Prometheus 的简单性，Prometheus 并没有尝试在自身中解决以上问题，而是定义两个标准接口（remote_write 和 remote_read)，用户可以基于这两个接口对接将数据保存到任意第三方的存储服务中，这种方式在 Prometheus 中称为 Remote Storage。目前 Prometheus 社区也提供了部分对第三方数据库的 Remote Storage 支持。

Prometheus 提供了一种功能表达式语言 PromQL，允许用户实时选择和汇聚时间序列数据。表达式的结果可以在浏览器中以图形显示，也可以显示为表格数据，或者由外部系统通过 HTTP API 调用。

Prometheus 的优点如下：

1）Prometheus 在记录纯数字时间序列方面表现得非常好。它既适用于面向服务器等硬件指标的监控，也适用于高动态的面向服务架构的监控。对于现在流行的微服务，Prometheus 的多维度数据收集和数据筛选查询语言也是非常强大的。

2）Prometheus 是为服务的可靠性而设计的，当服务出现故障时，它可以快速定位和诊断问题。它的搭建过程对硬件和服务没有很强的依赖关系。

3）支持多维数据模型，其时序数据由指标名称和键值对维度定义。

4）采用强大的查询语言 PromQL。

5）不依赖分布式存储，单个服务节点具有自治能力。

Prometheus 的缺点如下：

1）Prometheus 非常重视可靠性，即使在出现故障的情况下，也可以随时查看有关系统的可用统计信息。如果需要百分之百的准确度，如按请求数量计费，那么 Prometheus 不太适用，因为它收集的数据可能不够详细和完整。在这种情况下，最好使用其他系统来收集和分析数据以进行计费，并使用 Prometheus 来监控系统的其余部分。

2）Prometheus 在数据存储扩展性及持久性方面没有 InfluxDB 好。

3）Prometheus 会把近 2h 所有的数据缓存在内存中，当服务数越来越多，系统中的指标（metric）会越来越多，最终可能会触发 OOM（内存溢出）。例如，对于一个拥有 100 个节点的集群，需要专门用一台 64GB 内存的服务器来运行 Prometheus。

4）Prometheus 使用 Binlog（二进制日志）的方式将实时写入的数据持久化，在系统崩溃的时候会重新回放 Binlog 来恢复。但由于数据在内存中保存 2h，一次恢复的时间可能很长，而一旦是因为 OOM 问题重启，Prometheus 将无限重启下去。

5）存储时长。Prometheus 被诟病最多的一个问题是对长期存储（long term storage，LTS）的支持较弱。Prometheus 默认最多支持 15 天的存储，虽然可以调整启动参数以设置更长的时间，但受限于单机限制，还是无法实现长期存储的。

6）单机问题。Prometheus 是单机应用，无论是数据抓取、存储、计算都只能单点执行，几乎无法适应大规模的集群。为此社区提供了很多分布式的解决方案，例如 Cortex、Thanos、M3DB 等。

9.4　InfluxDB

InfluxDB 是目前最流行的时序数据库，本节来具体介绍 InfluxDB 的技术细节。需要注意的是，在不同时序数据库中，虽然时序数据的格式是一致的，但是对于时序数据的组成部分的称呼有所不同。

9.4.1　InfluxDB 的数据模型

表 9-1 构造了一系列数据用于举例说明时序数据的数据模型。下面给出时序数据模型涉及的一些术语的定义，包括时间戳、度量、标签和数据域等。

表 9-1   时序数据模型

_time	_measurement	location	sensor	_field	_value
2022-05-01T09:00:00Z	天气	北京市	温度传感器	温度	25
2022-05-01T09:00:00Z	天气	上海市	风力传感器	风力	3
2022-05-01T12:00:00Z	天气	北京市	温度传感器	温度	30
2022-05-01T12:00:00Z	天气	上海市	风力传感器	风力	4

1. 时间戳

所有时序数据都具有时间戳（timestamp），在 InfluxDB 中用名为 _time 的列进行标识。时间戳代表了数据产生的时间，同一条序列上的数据通过时间戳判断数据产生的先后顺序，在分析数据序列特征时起决定性作用。不同的时序数据库支持的时间戳精度和格式略有不同。以 InfluxDB 为例，InfluxDB 最高可支持纳秒级别的时间戳粒度，支持的时间格式为 GMT 格式和 RFC3339 下有效的日期 – 时间字符串。

2. 度量

度量（measurement）类似于 SQL 数据库中的表，在 InfluxDB 中用名为 _measurement 的列进行标识。度量的类型必须为字符串，用于总体概述存储的数据。度量内包含时间戳、标签和数据域。例如表 9-1 中的第二列，度量名称为天气，表示存储的数据用以描述天气情况。每个度量内的不同数据可能存在不同的数据保留策略。数据保留策略包括数据淘汰时间和数据备份数目。以表 9-1 所列的数据为例，采集的温度和湿度数据可以采用不同的副本策略，比如一周内的温度数据可以采用三副本的形式保存，一天内的湿度数据可以采用单副本的形式保存。具体的副本策略可由用户根据实际应用需要进行设置。

3. 标签

标签（tag）包括标签键（tag key）和标签值（tag value），用作数据的元信息。如表 9-1 中，标签键为 location 和 sensor，其中 location 对应的标签值为北京市和上海市，sensor 对应的标签值为温度传感器和风力传感器。每条数据的 location 和 sensor 组合在一起，形成一个标签集合（tag set），例如 location 为北京市，sensor 为温度传感器。

标签是数据的元信息，是时序数据的可选部分，这意味着在时序数据中可以不存在标签。但是，时序数据库会对标签建立索引，类似于 SQL 数据库中的索引列。如果存在标签，将标签设置为查询条件将会显著提升查询性能。因此，在进行设计时，用户需要将经常查询的元信息设置为标签。

4. 数据域

数据域（field）由数据键（field key）和数据值（field value）两部分组成。在 InfluxDB 中用名为 _field 的列标识数据键，用名为 _value 的列标识数据值。

数据键代表数据域的名称，在表 9-1 中，温度和风力是数据键；数据值是实际测量得到的值，在表 9-1 中，温度对应的数据值为 25 和 30，风力对应的数据值为 3 和 4。

数据域集合（field set）代表某一个时间戳下多个数据键值的集合，在表 9-1 中，在

2022-05-01T09:00:00Z 时刻，温度为 25 和风力为 3 组成一个数据域集合。

　　需要注意的是，在时序数据中，数据域是必不可少的组成部分，但是时序数据库不会对数据域构建索引，数据域类似于 SQL 数据库中的无索引列。如果将数据域设置为查询的过滤条件，则需要遍历所有的数据域的值才能得到查询结果。因此，使用标签作为查询条件比使用数据域作为查询条件能更好地提升查询性能。

5. 序列键和序列

　　序列键（series key）表示使用相同的度量、标签集合和数据键的一系列数据点的集合。在表 9-1 中，天气、location = 北京市、sensor = 温度传感器和温度组成了一个序列键。序列（series）表示在给定序列键的情况下，时间戳和数据值的对应关系。在表 9-1 中，给定的序列键为天气、location = 北京市、sensor = 温度传感器和温度，2022-05-01T09:00:00Z 对应 25，以及 2022-05-01T12:00:00Z 对应 30 组成了一个序列。

6. 数据点

　　序列是数据点（point）的集合，数据点包括序列键、数据值和时间戳。在表 9-1 中，天气、location = 北京市、sensor = 温度传感器、温度、2022-05-01T09:00:00Z 对应 25 组成一个数据点。

7. 数据桶

　　在 InfluxDB 中，所有数据都存储在数据桶（bucket）中。数据桶类似于数据库，是将数据库和数据生命周期的概念结合在一起。数据桶预先设定数据淘汰时间，定期将过期数据删除。

9.4.2　InfluxDB 的系统架构

　　InfluxDB 的系统架构如图 9-8 所示。其中，TSM 存储引擎是 InfluxDB 根据真实环境下的多年经验提出的新型存储引擎。

1. 数据库

　　数据库（database）是用户、保留策略、连续查询和时序数据的逻辑集合。在 InfluxDB 中，用户分为两类：管理员用户对所有数据库都有读 / 写权限，同时可以管理非管理员用户的权限；非管理员用户对每个数据库可能只有读权限、只有写权限或者拥有读 / 写权限。连续查询（continuous query）自动在实时数据上周期性执行查询，并且会把查询结果存储到指定的度量中。两次连续查询的时间间隔由用户指定。

2. 保留策略

　　保留策略（retention policy，RP）设定数据过期时间、在集群环境下数据需要备份的数目和每个分片组负责的时间范围。每个数据库可以设置专门的保留策略。并且可以有多个保留策略。默认的保留策略是无限的数据生命周期、数据有一份备份，以及每个分片组负责 7 天的数据存储。保留策略、度量和标签集合共同定义一个序列。

图 9-8 描述的是 InfluxDB 1.x 版本的系统架构，在其 2.x 版本中，数据库和保留策略进行了合并，称为数据桶。为了兼容 1.x 版本的查询和写入操作，InfluxDB 的 2.x 版本引入了一个数据库和保留策略到数据桶的双向映射。当使用 1.x 版本的查询和写入操作时，首先会通过映射找到相应的数据桶，如果数据桶存在，则正常执行，如果无法找到数据桶，则会返回错误。

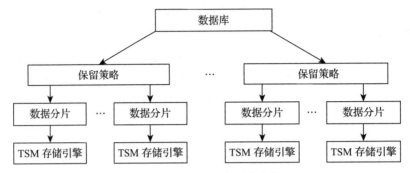

图 9-8　InfluxDB 的系统架构

3. 数据分片

InfluxDB 对数据进行分片，按照数据分片（shard）进行存储。每个分片存储指定时间范围内的时序数据，时间范围可以通过 shard group duration 参数设定。在指定时间范围内的同一个序列的所有数据点存储在同一个分片中。一个分片可以包含多个序列，并且只属于一个分片组（shard group）。在 InfluxDB 开源版本中，每个分片组中只有一个分片。在 InfluxDB 商业化版本中，每个分片组中包含多个分片，这些分片分散在不同的节点中，通过多备份的形式保证数据的可靠性。

shard group duration 参数指定了每个分片组负责的时间范围，以及 InfluxDB 创建新的分片组的频率。在默认情况下，InfluxDB 根据保留策略设定 shard group duration，默认 shard group duration 见表 9-2。

表 9-2　默认 shard group duration

保留策略	默认 shard group duration
少于 2 天	1h
2 天至 6 个月	1 天
6 个月以上	7 天

shard group duration 的设定会影响系统的性能，需要根据数据特征进行合适的配置。每个分区负责的时间范围越长，系统的整体性能越好，原因在于每个分片会存储更多的数据，可以有效提高压缩效率，减少备份的数据量，并且可以在一些情况下提升查询速度。每个分区负责的时间范围越短，系统的灵活性越高，原因在于更加频繁地删除过期数据。在 InfluxDB 中，当数据点过期之后，并不会直接删除，只有当整个分片内的数据都过期之后才会把分片整体删除。

InfluxDB 只能将数据写入活跃的分片（即未进行压缩的分片）中。当分片一段时间内没有写入操作，InfluxDB 会对分片中的数据进行压缩，同时将其转化为冷分片。在大多数情况下，InfluxDB 只会对最近的分片进行写入，但是可能存在一些晚到的数据需要写入冷分片。此时，必须先将冷分片解压缩后才能写入数据，写入完成之后，再将分片重新压缩。因此，写入晚到数据会导致暂时的写吞吐率降低。

InfluxDB 会周期性地检查分片组是否已经超过需要保留的时间。如果发现分片组的结束时间超过需要保留的时间，InfluxDB 会将分片组和相应的 TSM 文件直接删除。对于设置为永久保留的数据，分片组会一直将其保存在磁盘上。

4. TSM 存储引擎

每个分片对应一个 TSM 存储引擎（TSM engine），因此不同分片拥有不同的预写日志。如果频繁地对不同分片进行写入，将会产生预写日志带来的磁盘随机写，影响系统性能。TSM 存储引擎采用 TSM Tree 结构，整体上与 LSM Tree 类似。TSM Tree 将磁盘上的文件称为 TSM 文件，类似于 LSM Tree 的 SSTable。TSM 文件以列存储的形式存储压缩的序列数据，好处在于列存储的形式可以提升压缩效率，同时当根据序列键进行查询时，可以忽略无关数据。TSM Tree 与 LSM Tree 的不同点在于合并操作。TSM Tree 针对时序数据的特性设计了新的合并操作，根本思想是将同一序列的值聚集在一起，实现更高的压缩效率和更快的查询速度。

9.5 时序数据库使用示例

本节以 InfluxDB 为例，详细介绍 InfluxDB 的安装和使用方法。

9.5.1 InfluxDB 的安装

首先，登录官方网站下载 InfluxDB，如图 9-9 所示，根据自身系统和需要的版本选择对应的下载方式。这里选择下载的版本为 2.3.0，服务器系统为 Ubuntu 20.04。

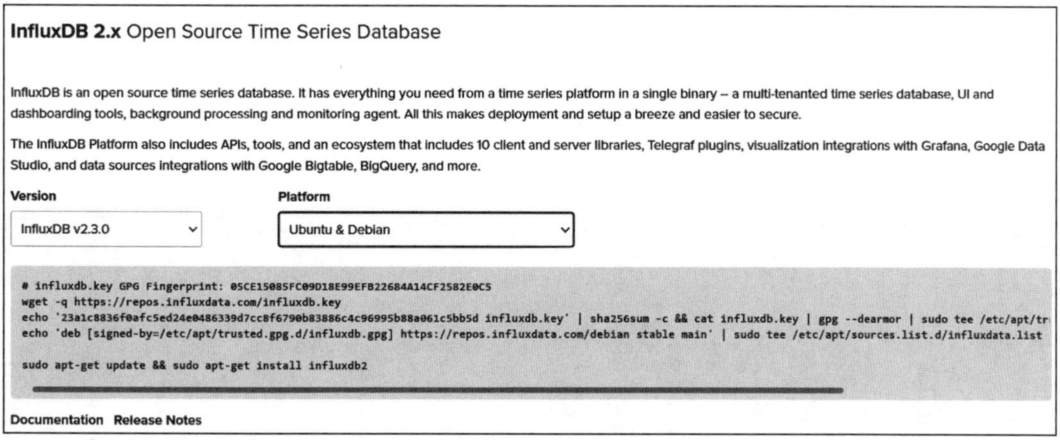

图 9-9 InfluxDB 的下载界面

接下来需要启动 InfluxDB 服务，如图 9-10 所示。

```
# lyq @ server2 in ~/influxdb [10:13:52]
$ sudo service influxdb start
```

图 9-10 启动 InfluxDB 服务

如果显示 Active 说明 InfluxDB 服务启动正常，如图 9-11 所示。

```
# lyq @ server2 in ~/influxdb [10:14:42]
$ sudo service influxdb status
● influxdb.service - InfluxDB is an open-source, distributed, time series database
   Loaded: loaded (/lib/systemd/system/influxdb.service; enabled; vendor preset: enabled)
   Active: active (running) since Mon 2022-04-18 10:14:42 UTC; 31s ago
     Docs: https://docs.influxdata.com/influxdb/
  Process: 1396691 ExecStart=/usr/lib/influxdb/scripts/influxd-systemd-start.sh (code=exited, status=0/SUCCESS)
 Main PID: 1396692 (influxd)
    Tasks: 37 (limit: 115756)
   Memory: 48.0M
   CGroup: /system.slice/influxdb.service
           └─1396692 /usr/bin/influxd
```

图 9-11 InfluxDB 服务正常启动

InfluxDB 服务正常启动后，需要启动守护进程，如图 9-12 所示。

```
# lyq @ server2 in ~/influxdb [10:16:13]
$ influxd
2022-04-18T10:16:32.767123Z    info    Welcome to InfluxDB    {"log_id": "0_w2cf~W000", "version": "v2.2.0", "com
2022-04-18T10:16:32.769480Z    info    Resources opened    {"log_id": "0_w2cf~W000", "service": "bolt", "path"
2022-04-18T10:16:32.769551Z    info    Resources opened    {"log_id": "0_w2cf~W000", "service": "sqlite", "pat
2022-04-18T10:16:32.770075Z    info    Bringing up metadata migrations {"log_id": "0_w2cf~W000", "service": "KV mi
2022-04-18T10:16:32.806916Z    info    Bringing up metadata migrations {"log_id": "0_w2cf~W000", "service": "SQL m
2022-04-18T10:16:32.816203Z    info    Using data dir    {"log_id": "0_w2cf~W000", "service": "storage-engine": "ser
2022-04-18T10:16:32.816329Z    info    Compaction settings    {"log_id": "0_w2cf~W000", "service": "storage-engin
bytes_per_second_burst": 50331648}
2022-04-18T10:16:32.816350Z    info    Open store (start)    {"log_id": "0_w2cf~W000", "service": "storage-engin
2022-04-18T10:16:32.816413Z    info    Open store (end)    {"log_id": "0_w2cf~W000", "service": "storage-engin
2022-04-18T10:16:32.816446Z    info    Starting retention policy enforcement service    {"log_id": "0_w2cf~W000", "
2022-04-18T10:16:32.816473Z    info    Starting precreation service    {"log_id": "0_w2cf~W000", "service": "shard
2022-04-18T10:16:32.817296Z    info    Starting query controller    {"log_id": "0_w2cf~W000", "service": "stora
s_quota_per_query": 9223372036854775807, "max_memory_bytes": 0, "queue_size": 1024}
2022-04-18T10:16:32.819478Z    info    Configuring InfluxQL statement executor (zeros indicate unlimited).    {"l
2022-04-18T10:16:32.825024Z    error   Failed to set up TCP listener    {"log_id": "0_w2cf~W000", "service": "tcp-l
Error: listen tcp :8086: bind: address already in use
2022-04-18T10:16:32.825010Z    info    Starting    {"log_id": "0_w2cf~W000", "service": "telemetry", "interval
See 'influxd -h' for help
```

图 9-12 启动守护进程

9.5.2 Influx CLI 的安装

如果需要通过命令行控制 InfluxDB，还需要安装 Influx CLI，如图 9-13 所示。

```
# lyq @ server2 in ~/influxdb [10:19:28]
$ wget https://dl.influxdata.com/influxdb/releases/influxdb2-client-2.3.0-linux-amd64.tar.gz
--2022-04-18 10:19:31--  https://dl.influxdata.com/influxdb/releases/influxdb2-client-2.3.0-linux-amd64.tar.gz
Resolving dl.influxdata.com (dl.influxdata.com)... 13.35.95.46, 13.35.95.34, 13.35.95.108, ...
Connecting to dl.influxdata.com (dl.influxdata.com)|13.35.95.46|:443... connected.
HTTP request sent, awaiting response... 200 OK
Length: 5350662 (5.1M) [application/x-gzip]
Saving to: 'influxdb2-client-2.3.0-linux-amd64.tar.gz'

influxdb2-client-2.3.0-linux-amd64.tar 100%[==============================]

2022-04-18 10:19:33 (3.33 MB/s) - 'influxdb2-client-2.3.0-linux-amd64.tar.gz' saved [5350662/5350662]
```

图 9-13 Influx CLI 的下载

接下来解压 Influx CLI，如图 9-14 所示。

```
# lyq @ server2 in ~/influxdb [10:20:08] C:2
$ tar xvzf influxdb2-client-2.3.0-linux-amd64.tar.gz
influxdb2-client-2.3.0-linux-amd64/LICENSE
influxdb2-client-2.3.0-linux-amd64/README.md
influxdb2-client-2.3.0-linux-amd64/influx
```

图 9-14　解压 Influx CLI

将 Influx 添加到系统的 $PATH 中，如图 9-15 所示。

```
# lyq @ server2 in ~/influxdb [10:20:21]
$ sudo cp influxdb2-client-2.3.0-linux-amd64/influx /usr/local/bin/
```

图 9-15　修改环境变量

9.5.3　InfluxDB 的使用

1. InfluxDB 的设置

使用之前首先需要对 InfluxDB 进行设置，如图 9-16 所示。

```
# lyq @ server2 in ~/influxdb [10:40:19] C:1
$ influx setup
> Welcome to InfluxDB 2.0!
? Please type your primary username lyq
? Please type your password ********
? Please type your password again ********
? Please type your primary organization name kdelab
? Please type your primary bucket name test
? Please type your retention period in hours, or 0 for infinite 0
? Setup with these parameters?
  Username:          lyq
  Organization:      kdelab
  Bucket:            test
  Retention Period:  infinite
 Yes
User    Organization    Bucket
lyq     kdelab          test
```

图 9-16　设置 InfluxDB

2. 写入操作

写入操作示例如图 9-17 所示，其中 -o 参数表示组织名称，-b 参数表示数据桶名称，-p 参数表示时间精度，采用了秒（s）的时间精度。数据所属的度量为 myMeasurement，host 标签值为 myHost，testField 数据域的值为 testData，最后一项为数据的 epoch_time，对应的实际时间为 2019 年 5 月 3 日 15 点 12 分（对应图中的整数值 1556896326，因为 InfluxDB 使用 1970 年 1 月 1 日以来的秒数表示 epoch_time）。

```
# lyq @ server2 in ~/influxdb [10:40:58]
$ influx write -o kdelab -b test -p s 'myMeasurement,host=myHost testField="testData" 1556896326'
```

图 9-17　InfluxDB 写入操作示例

3. 查询操作

查询操作示例如图 9-18 所示，本次查询内容为过去 5 年内名字为 test 的数据桶的所有数据。实际上只在该数据桶内插入了图 9-17 中的一条数据，结果显示可以成功查询出结果。

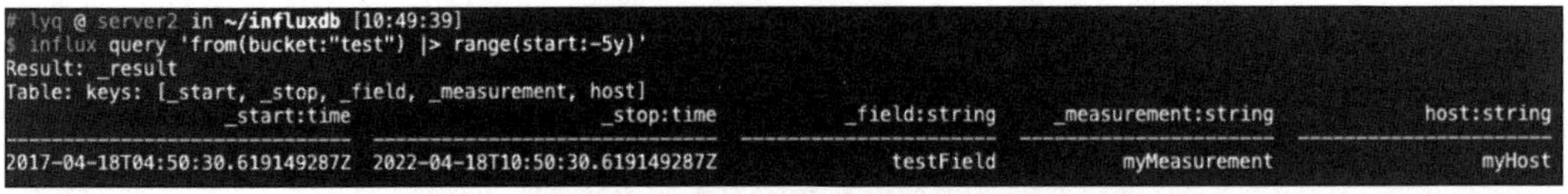

```
# lyq @ server2 in ~/influxdb [10:49:39]
$ influx query 'from(bucket:"test") |> range(start:-5y)'
Result: _result
Table: keys: [_start, _stop, _field, _measurement, host]
                  _start:time                    _stop:time              _field:string    _measurement:string              host:string
2017-04-18T04:50:30.619149287Z  2022-04-18T10:50:30.619149287Z            testField          myMeasurement                  myHost
```

图 9-18   InfluxDB 查询操作示例

本章小结

本章主要介绍了时序数据库的相关知识，包括时序数据库的存储模型、系统架构和核心技术，并以 InfluxDB 为例着重讨论了时序数据库针对时序数据的特性做出的新型设计，最后介绍了 InfluxDB 的安装和使用方法。

通过对本章的学习，读者应掌握时序数据库与传统的关系数据库及 NoSQL 数据库的不同之处，了解时序数据库的核心技术。

第 10 章

内存数据库技术

内存数据库主要用于对于及时性要求较高的场景。在大数据时代，许多互联网公司都需要提供超低延迟服务（如实时竞价、游戏等）和实时数据分析。例如，贸易公司需要检测交易价格的突然变化，并立即（在几毫秒内）做出反应，这是使用传统的基于磁盘的处理 /存储系统无法实现的。

内容提要：本章首先介绍内存数据库的基本知识和系统架构，然后着重介绍内存数据库的核心技术及几种典型的内存数据库系统，最后给出了内存数据库 Redis 的使用示例。

10.1 内存数据库技术概述

内存数据库的概念与磁盘数据库的概念相对。传统磁盘数据库以磁盘为主要数据存储介质，内存作为磁盘的缓存。而内存数据库以内存（一般是随机访问存储器（RAM））为主要的数据存储介质的数据库系统。内存数据库技术出现于 20 世纪 80 年代。在此期间开发的产品包括 IMS/Fast Path、MARS MMDB、System M、TPK、OBE 和 HALO 等。此时的研究主要集中在改进传统的基于磁盘的数据库系统的性能，或者如何将数据库安装到主内存中。然而，由于 RAM 的价格高昂而容量有限，内存数据库的广泛应用并不现实。在 20世纪 90 年代，硬件技术的进步重新激发了人们对内存数据库研究的兴趣。出现了一些商用内存数据库，并将其用于对时间性能较为敏感的应用场景，如电信和股票市场。此类内存数据库包括 Dali/DataBlitz、ClustRa、TimesTen 和 P*Time。内存数据库的发展主要得益于存储技术的发展，近年来，内存存储容量和带宽正以每 3 年 100% 的速度增长，与此同时，RAM 成本每 5 年下降 10 倍。此外，其他的硬件 / 体系结构的改进可能以较低的开销为内存数据库系统提供更好的性能，例如 NUMA 体系结构、SIMD 指令、RDMA 网络、硬件事务性内存和非易失性内存。这些新技术促进了内存数据库技术的发展。

内存数据库技术并不等同于将传统的数据库结构全部放进一个足够大的内存中。传统数据库系统一个的主要设计目标是减少磁盘 I/O。对于内存数据库来说，这些复杂的组件是多余的。假设直接将一个传统的磁盘数据库移进内存中，虽然这样的系统比磁盘数据库性能更好，但它没有充分利用内存。例如，索引结构将被设计用于磁盘访问（例如 B 树），即使数据存储在内存中。此外，应用程序可能必须通过缓冲区管理器访问数据，就好像数据还是在磁盘上一样。例如，每次应用程序希望访问给定的元组时，都必须计算其磁盘地址，然后调用缓冲区管理器来检查相应的块是否在内存中。显然，如果数据总是在内存中，那么通过它的内存地址来引用它会更有效。

除了舍弃一些优化磁盘 I/O 的复杂结构，内存数据库也需要关注在传统磁盘数据库中常被忽略的性能优化问题。例如高速缓冲区（cache）的时间 / 空间性能、并发控制的代价等。这些代价与磁盘 I/O 代价相比可以忽略不计，但是在内存数据库中，这些代价却可以成为性能瓶颈。同时，内存具有易失性，内存数据库的可持久性与一致性也一直是内存数据库的研究重点。

内存数据库的主要技术主要有以下几个方面。

1. 索引设计

相比于磁盘数据库的索引设计，内存数据库的索引设计需要考虑高速缓冲区的利用效率，而不是优化磁盘 I/O。在过去数十年间，CPU 处理速度与内存带宽之间的差距日益明显。如果忽略磁盘 I/O，内存的访问占据了运行时间的 50% 以上。为了减少内存访问，内存数据库中的索引应尽量减少高速缓冲区的空间占用。

2. 数据存储

由于数据主要存储在内存中，内存数据库的数据组织不受磁盘数据结构（页结构）的限制。同时，磁盘数据库访问数据的间接性对于内存数据库来说带来了额外的计算和查找代价。因此，内存数据库一般直接用内存地址来访问数据。

一些内存数据库对数据库进行物理分区（例如，H-Store、VoltDB 等）。在这些分区的数据库系统中，事务也被分割到不同的分区单线程顺序执行，并且事务在一个分区中执行时其他事务不能访问该分区中的数据。此外，它允许事务在执行时单独使用其分区中的可用资源（例如 CPU 核心）。一个数据库可以在不同的物理设备上进行分区，因此，数据库可能比单个节点的可用内存大。相反，不分区的内存系统（如 Hekaton、SAP HANA、MemSQL 和 Oracle TimesTen）可以访问数据库中的任何记录。相比起不分区的系统，分区的内存数据库系统需要平衡分区的访问频率。

在数据的组织上，内存数据库的选择是面向行还是面向列存储。尽管内存的随机读与顺序读性能差异不大，但是数据的组织形式对高速缓冲区的局部性与空间利用率有很大的影响。行格式下单个元组的属性值连续存储，这对于在线事务处理（OLTP）的工作负载是比较好的组织形式。OLTP 事务查询往往一次处理单个实体及其大部分（或全部）属性。列格式使用分解存储模型（DSM），该模型连续存储单个属性的元组值。DSM 适用于在线分析处理（OLAP）系统。OLAP 查询往往同时操作多个实体。此外，它们通常只访问每个实体的属性子集。有的内存数据库，如 SAP HANA，使用行存储和列存储的混合模式，以支持两种事务类型的负载。

3. 可并行性

并行性分为 3 个层级：数据级并行（如位级并行、SIMD）、共享内存的扩展并行（线

程 / 进程）和无共享扩展并行（分布式计算）。这 3 个级别的并行性可以同时利用。位并行算法将多个数据值打包到一个 CPU 字中，可以在一个周期内处理，充分利用了现代 CPU 的周期内并行性。循环内并行性能可以与压缩比成正比，因为它不需要任何并发控制协议。SIMD 指令可以极大地改进向量式计算，被广泛应用于高性能计算和数据库系统。共享内存扩展并行可以利用超级计算机甚至个人计算机的多核架构，而无共享扩展并行在云 / 分布式计算中得到广泛应用。为了实现负载平衡和最小化跨分区协调，后两个层级的并行都需要良好的数据分区策略。

4. 查询处理

传统的查询处理机制可以任意组合运算符，实现灵活的功能表达，但是为了实现这一点，会产生大量的函数调用，导致代码的局部性低。在内存数据库中，内存访问是主要的性能瓶颈之一。为了提高寄存器和高速缓冲的命中率，内存数据库考虑使用粗粒度（例如事务级）查询过程。这些查询过程是预设并且已经存储好的。另一个解决方法是采用动态编译。

5. 并发控制

出于性能原因，内存数据库避免实现锁管理器。锁管理器是管理事务锁定请求的组件。在访问数据之前，事务必须与锁管理器交换消息以锁定 / 解锁该数据。在磁盘数据库中，磁盘 I/O 才是代价的主要来源。然而，锁管理器机制是内存数据库的性能瓶颈。在内存数据库中，类似锁机制的悲观并发控制方法是将包含锁信息的元数据嵌入到记录中，并以此管理对该记录的访问。

除了嵌入元数据，许多内存数据库采用多版本并发控制（MVCC）。在多版本并发控制中，读事务不必阻塞数据，因为写事务会对新创建的版本进行修改，而不会影响到读事务。多版本并发控制的另一个优点是启用快照。快照相当于瞬间物化的数据库状态。快照对于持久性和恢复非常有用。内存数据库可以通过异步一致检查点生成快照，即系统不需要暂停事务处理来创建快照。不过，多版本并发控制需要每次更新时创建新的数据版本，并定期删除过时的版本，这会产生一定的代价。一些内存数据库实现了乐观的多版本并发控制。乐观的多版本并发控制比处理锁代价更低。当冲突率较低时，乐观并发控制是一种很好的方法。然而，当许多事务由于高冲突率而需要回滚和重新启动时，它会降低系统性能。SAP HANA 是实现悲观多版本并发控制的一个例子。SAP HANA 使用多版本并发控制确保一致的读取操作。但是，它在记录级别使用独占写锁。在更新记录之前，事务必须获得记录的写锁，另一个需要更新该记录的事务必须等待锁被释放。

6. 故障恢复

由于内存的易失性，为了实现数据的可持久化和故障恢复，内存数据库仍然需要将数据存储在非易失性的存储器上。由于二级存储的 I/O 代价是很高的，因此内存数据库必须尽量降低持久化和故障恢复的代价。

实现持久化和故障恢复的一个主要方式是日志。由于事务在提交之前必须等待日志写入二级存储，这会导致事务的响应时间延长。因此，日志会影响系统性能。

为了节省日志上的 I/O，内存数据库选择执行逻辑日志记录，这通常比物理日志记录在日志上存储的内容更少。此外，内存数据库大部分只生成 redo 日志，以减少刷新到辅助存储的数据。部分内存数据库在内存中记录 undo 日志，用于事务失败时回滚，但是不会刷盘，一旦事务提交，这个 undo 日志就会被丢弃，不会带来二级存储 I/O。大多数内存数据库使用 SSD 作为日志设备，以提高 I/O 性能。此外，一些系统也避免使用日志索引。崩溃后，它们往往在恢复的同时重建索引。

为了进一步减少日志 I/O，一些系统使用了一种称为命令日志（或事务日志）的事务级（粗粒度）日志记录技术。在命令日志中，事务的逻辑被写入日志，而不是事务的操作（操作日志）。每个事务都必须是预定义的过程。日志只记录事务的标识符及其相应的查询参数。命令日志是非常轻量级的，只需要一条日志记录就可以存储整个事务。这种技术为事务处理带来了较低的开销。但是，它可能会减慢恢复过程，因为它需要再次执行事务。此外，和磁盘数据库一样，内存数据库可以使用组提交和预提交技术来改进用于写入日志记录的辅助内存访问。

在发生崩溃后，数据库需要从日志中恢复到崩溃以前的状态。在日志记录上节省的时间往往会导致重建上花更长的时间。不过，大多数内存数据库更倾向于牺牲恢复速度换取事务处理时的低延迟。一些内存数据库通过多个备份来实现重建时的可用性。

为了加快恢复速度，内存数据库会定期生成快照。在多版本并发控制的内存数据库中，快照具有异步一致性，即保证一致性，但不保证与数据库的最新版本同步。生成快照无须中止事务处理。恢复时，数据库加载最新的快照，并从检查点向前重做日志来恢复，这比从头开始重新执行日志中记载的操作更快。

7. 数据溢出

纵然内存价格下降、容量变大，但依然比不上数据的增长速度。因此，在内存数据库中依然需要考虑数据溢出的问题。随着硬件技术的进步，采用非易失性存储器（NVM）的混合系统（例如 SCM、PCM、SSD、闪存）为数据溢出提供了解决方案。非易失性存储器比 RAM 的容量更大、更经济，同时它也能提供比磁盘更好的查询和 I/O 速度。与传统数据库系统一样，当主内存不足时，可以采用有效的逐出机制来替换内存中的数据。数据压缩也被用来减少内存使用压力。

10.2 内存数据库的系统架构

图 10-1 所示为 SAP HANA 的系统架构。SAP HANA 的核心由一组内存处理引擎组成。关系数据位于行 / 列组合引擎中，可以在行或列两种布局间切换，以支持查询表达式包含不同布局的表。图形数据和文本数据分别位于图形引擎和文本引擎中。这是可扩展的体系结构，还可以添加更多的引擎。只要有足够的可用空间，会将所有数据保存在主内存中。作为主要区别特征之一，所有数据结构都针对高速缓冲区效率进行了优化，而不是针对传统磁盘块的组织进行优化。此外，引擎使用各种压缩方案压缩数据。当达到可用主存的限制

时，整个数据对象（如表或分区）将在应用程序语义的控制下从内存中卸载，并在再次需要时重新加载到内存中。

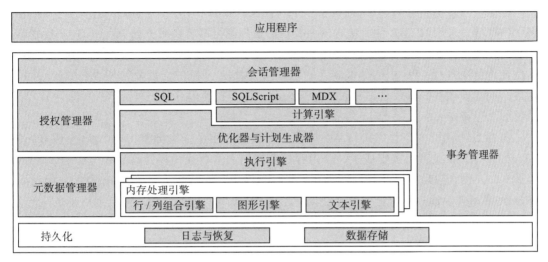

图 10-1 SAP HANA 的系统架构

从应用程序的角度来看，SAP HANA 提供了多种接口，例如用于通用数据管理功能的标准 SQL 或更专业的语言，如 SQLScript 和 MDX 等。SQL 查询由计划生成器转换为执行计划，然后由执行引擎进行优化和执行。来自其他接口的查询首先由计算引擎中更具表现力的抽象数据流模型来描述，再被转换为相同类型的执行计划，并在同一个引擎中执行。无论外部接口如何，执行引擎都可以使用所有内存处理引擎，并处理执行在多个节点上的分布。

与传统的数据库系统一样，SAP HANA 具有管理查询执行的组件。会话管理器控制数据库层和应用程序层之间的各个连接；而授权管理器控制用户的权限；事务管理器实现快照隔离或较弱的隔离级别，包括分布式环境；元数据管理器是描述表和其他数据结构的数据存储库，并且与事务管理器一样，在分布式的情况下由本地部分和全局部分组成。

虽然出于性能原因，几乎所有的数据都由内存处理引擎保存在内存中，但数据也必须由持久层存储，以便在显式关闭或故障后重新启动系统时进行备份和恢复。根据需要记录更新，以恢复到数据库的最后提交状态，并定期将整个数据对象持久化到数据存储中。

10.3 内存数据库的核心技术

10.3.1 数据非统一内存访问

传统的硬件系统具有基于统一内存访问（UMA）的共享内存体系结构。在这样的对称多处理系统上，处理器通过共享总线访问内存，共享总线为所有的 CPU 提供类似的访问时间。CPU 之间的交互通信也通过该共享总线进行，这样总线很容易因来自多个内核的请求而变得拥挤。单个控制器可管理的 DRAM 芯片数量有限，这限制了系统架构支持的内存容量。总的来说，这样的设计对于不断扩展的多处理环境来说并不友好。

非统一内存访问（NUMA）允许将多个内存控制器集中到单个服务器节点中，从而创建多个内存域。采用 NUMA 体系结构的主要目的是提高可部署在服务器节点中的主内存带宽和总内存大小。在过去的几十年中，CPU 速度的增长速度超过了内存的速度。NUMA 体系结构允许解决现代 CPU 中的数据匮乏问题。在 NUMA 系统中，每个处理器都可以访问延迟最小的本地内存，以及延迟更长的远程内存。除了提高内存带宽外，该技术还可以增加系统的总存储器大小。

早在 20 世纪 80 年代，NUMA 系统就已在某些专用系统中部署，自 2008 年以来，所有 Intel 和 AMD 处理器都集成了一个内存控制器。大多数现代多处理器系统都是 NUMA，因此，NUMA 感知的数据库设计正在成为主流挑战。在数据库管理系统研究的背景下，NUMA 感知关注通过数据分区最小化对远程 NUMA 域的访问，管理对延迟敏感的工作负载（例如 OLTP 工作负载）上的系统内存访问（因为 NUMA 具有异构访问延迟），以及高效地跨 NUMA 域传输数据。

作为 NUMA 层次结构的一个副作用，从给定套接字到其邻居的内存访问会产生额外的跃点。这是远程内存访问的代价，在现代 NUMA 系统中通常为 1.2 ～ 1.5 倍。然而，资源饱和（互连 / 内存控制）带来的争用开销远比原始线路延迟更为显著。内存请求的不平衡分布将过载控制器上的内存访问延迟增加到 1000 个周期，而相对空闲控制器上的内存访问延迟约为 200 个周期。正确放置应用程序数据在优化查询延迟和通过内存数据管理实现的吞吐量方面起着至关重要的作用。

10.3.2 硬件事务性内存

事务性内存（TM）是用于共享内存访问的并发控制机制，类似于原子数据库事务。事务性内存被分为两种类型，即软件事务性内存（STM）和硬件事务性内存（HTM）。STM 在执行过程中会导致显著的减速，因此限制了实际应用；而 HTM 因其高效的硬件辅助原子操作 / 事务而吸引了新的关注。HTM 的基本思想是将 CPU 缓存用作本地事务缓冲区，并提供隔离。此外，通过缓存一致性来检测事务冲突。这种机制可以实现非常低的事务执行开销。然而，HTM 也有缺点：事务大小受限于缓存大小，通常为 32 KB；错误冲突导致意外事务中止；HTM 事务可能因中断事件而中止，这限制了 HTM 事务的最长持续时间。这些使得 HTM 只适用于小型和短期事务。HTM 被用于实现内存数据库的并发控制，或者用于提高索引性能。

10.3.3 非易失性存储器

先进的非易失性存储器（NVM）包括相变存储器（PCM）、忆阻器（ReRAM）、铁电存储器（FeRAM）和自旋转移转矩磁 RAM（STT-RAM）。NVM 是一种新兴技术，它综合了硬盘和 DRAM 的诸多优点：字节寻址能力、高性能持久性和大存储容量。NVM 在磁盘数据库和内存数据库系统设计上都有潜在的重要影响。不管是磁盘数据库还是内存数据库，为了持久

化的目的，都必须考虑事务的更新从内存到二级存储的传播。NVM 的字节寻址、低延迟和持
久性特性可以消除这种传播成本。表 10-1 列出了不同 NVM 与传统存储器件的性能比较。其
中，单元大小是指每个芯片单元的大小，一般以每比特所占用的功能密度平方（F^2）来表示。

表 10-1 不同 NVM 与传统存储器件的性能比较

存储器件	SRAM	DRAM	NAND Flash	STT-RAM	PCM	ReRAM	FeRAM
单元大小（F^2）	$120 \sim 200$	$60 \sim 100$	$4 \sim 6$	$6 \sim 50$	$4 \sim 12$	$4 \sim 10$	$6 \sim 40$
写寿命	10^{16}	$>10^{15}$	$10^4 \sim 10^5$	$10^{12} \sim 10^{15}$	$10^8 \sim 10^9$	$10^8 \sim 10^{11}$	$10^{14} \sim 10^{15}$
读延迟	$0.2 \sim 2$ns	约 10ns	$15 \sim 35\mu$s	$2 \sim 35$ns	$20 \sim 60$ns	约 10ns	$20 \sim 80$ns
写延迟	$0.2 \sim 2$ns	约 10ns	$200 \sim 500\mu$s	$3 \sim 50$ns	$20 \sim 150$ns	约 50ns	$50 \sim 75$ns
漏电功率	高	中等	低	低	低	低	低
刷写电量	低	中等	低	低 / 高	中等 / 高	低 / 高	低 / 高

然而，NVM 也有缺点，例如有限的持久性、读 / 写不对称性，以及排序和原子性的不
确定性。尽管 NVM 的新特性为数据库系统设计带来了新的可能性，但它也给数据库体系
结构设计带来了挑战。这些挑战主要包括 NVM 应该在存储结构扮演什么角色，以及基于
NVM 的日志与故障恢复的设计。

NVM 可以提供与 DRAM 相近的时延。PCM 的读延迟仅为 DRAM 的 2 ～ 5 倍，STT-
RAM 和 ReRAM 甚至可以实现比 DRAM 更低的读延迟。通过适当的缓存，精心设计的
PCM 也可以与 DRAM 性能相提并论。因此，NVM 有作为内存的可能性。

NVM 作为内存的一个问题是，写入不会立即持久。因为和 DRAM 一样，在层次结构
上 NVM 位于 CPU 缓存之后，所以数据更改最初会写入易失性 CPU 缓存，只有当相应的缓
存行从 CPU 缓存中退出时，更新才会变得持久（即写入 NVM）。因此，不可能阻止缓存行
被逐出并写入 NVM，并且每次更新都可能在任何时候保持不变。但是，可以通过刷新相应
的缓存行来强制写入 NVM。这些刷新是持久和可恢复系统的基础。

在以 NVM 为主存的系统中，日志记录的实现过程如下：元组是通过首先写入一个写
前日志（WAL）条目来更新的，该条目记录元组 id 和改动（也就是修改前与修改后的状
态）。然后，通过逐出相应的缓存行将日志条目持久化到 NVM。支持 NVM 的 Intel CPU，
如 Crystal Ridge 软件仿真平台，为此提供了一条特殊指令——clwb，允许将缓存行再写回
NVM，而不会使其失效。此外，为了确保编译器和 CPU 无序执行都不会对后续存储进行重
新排序，必须使用内存限制（sfence）。此后，日志条目是持久的，恢复组件可以使用它来
重做或撤销对实际元组的更改。此时，事务可以更新并保存元组本身。事务完成后，可以
截断事务写入的整个日志，因为所有更改都已持久化到 NVM。

NVM 作为内存的设计有几个优点：日志保持最少（它只包含正在进行的事务），恢复非
常高效；读取操作非常简单，因为系统可以直接从 NVM 简单地读取请求的元组。

相对地，也有不利因素：首先，由于 NVM 的延迟比 DRAM 更高，因此很难实现非常
高的事务吞吐量；其次，在没有缓冲区的情况下直接在 NVM 上工作会耗尽有限的 NVM 耐
久性，从而可能导致硬件故障；第三，直接在 NVM 上工作的引擎很难编程，因为无法防止

逐出，并且任何修改都可能持久存在，因此，任何对 NVM 的就地写入都必须使数据结构保持正确的状态（类似于无锁数据结构，这是非常困难的）。

NVM 也可以作为 DRAM 与磁盘的缓冲区。在这种系统中，所有页面都存储在更大的持久层（NVM）上；较小的易失性层（DRAM）充当软件管理的缓存，称为缓冲池。事务仅在 DRAM 中运行，并在访问页面时使用修复和取消锁定功能将页面锁定到缓冲池中。在传统的缓冲区管理器（DRAM+SSD/HDD）中，这是必要的，因为无法直接在面向块的设备上进行修改。在 NVM 的情况下，我们认为这仍然是有益的，因为 NVM 具有更高的延迟和有限的持久性。

NVM 的存储密度比 DRAM 高，功耗也更低。尽管 NVM 目前的成本远高于硬盘或闪存甚至 DRAM，但据估计，到下一个十年，可能会有 1 TB 的 PCM 和 100 TB 的忆阻器，价格接近于企业硬盘。另一方面，简单地用 NVM 替换磁盘并不一定是最佳选择，因为烦琐的文件系统接口（例如文件系统缓存和昂贵的系统调用）、块粒度访问会影响 NVM 的访问性能，NVM 的高经济成本也会带来企业的经济压力。因此，目前一种相对合理的做法是在系统中同时使用 NVM 和 DRAM，构造混合内存系统。此时，物理地址空间可以在易失性和非易失性存储器之间划分，数据库系统可以根据应用的特性来选择使用 NVM 还是DRAM。例如，执行读请求时将数据直接读入 DRAM 以提供高的读性能，而写数据时则直接将数据写入 NVM 以保证持久性。

除了存储布局之外，数据库系统的日志记录和恢复组件也受到即将推出的 NVM 硬件的极大影响。日志记录写入 NVM 的速度比写入 SSD 的速度要快得多。因此，从性能角度来看，将 SSD 存储替换为 NVM 作为日志记录设备在理论上讲可以降低写日志的时间代价。但是，将数据库日志系统迁移到 NVM 将面临几个挑战，即持久性、失败原子性和即时恢复。数据库的持久性要求数据写入后可以持久地存储在存储器上，不会因为掉电而丢失。以往的 DRAM 由于掉电而丢失数据，因此无法保证写入 DRAM 的数据的持久性。为此，目前的数据库系统通常采用先写日志（write-ahead log，WAL）来保证耐久性。WAL 是指数据库系统执行写数据操作之前必须先把表示本次写操作的日志记录写入持久存储介质上。如此一来，即便写数据过程因为掉电而被中断，由于日志已经提前写入了持久存储介质，因此可以通过日志将数据库恢复到最近的一致状态。然而，WAL 对于可字节寻址的 NVM 来说是不经济的，因为它将引起对 NVM 的重复写入。失败原子性要求当故障发生时，任何修改都不会使数据结构处于不一致的状态。然而，由于现代 CPU 的指令采用了乱序执行策略，因此数据从 CPU 缓存写入 NVM 的操作可能会被重新排序，导致写入 NVM 的数据可能没有遵循定义好的顺序。因此，为了实现失败原子性，程序员必须明确地确保数据写入的顺序，例如用 sfence 操作强制将 CPU 缓存刷写到 NVM。即时恢复是面向 NVM 的数据结构设计中的另一个关键问题，它要求数据结构从故障中立即（例如几毫秒内）恢复，而不需要任何耗时的无效检测或数据结构重建操作。然而，仅将所有的数据结构存储在 NVM 中并不能直接实现即时恢复，这是因为：①指向 NVM 中的内存指针在系统重启后将变得无效；②恢复时需要保证涉及多个 CPU 缓存行的复杂操作的失败原子性；③需要释放崩溃前一直持有的锁。

WBL（write-behind logging）是针对 NVM 而提出的另一种恢复技术。WBL 支持即时恢复。其主要思想是在日志中存储数据库的哪些部分已更新，而不是如何更新。系统将更改写入数据库，然后再将其存储在日志中。因此，日志总是稍微落后于数据库的内容。WBL 使用了一个脏元组表（dirty tuple table，DTT）用于跟踪事务更新。每个 DTT 条目包含事务 ID、修改的表和基于写入操作（插入、删除或更新）的元数据。与存储在 NVM 中的日志不同，DTT 存储在 DRAM 中。WBL 使用组提交（group commit）间隔来跟踪活动事务。在当前组提交间隔之前提交的所有事务都安全地保存在 NVM 上。提交一组事务时，DBMS 将保留 DTT 中包含的更改，然后在日志中记录组提交间隔的最终时间戳。如果某个长时间运行的事务所消耗的时间超过组提交间隔，系统还记录该事务的提交时间戳。

当系统发生故障时，DBMS 会忽略上一个组提交间隔内的事务的影响。由于 WBL 是为多版本存储设计的，因此忽略更新意味着系统不验证更新的版本。此外，WBL 技术不需要定期生成检查点来提高恢复的时间性能。这是因为在当前组提交间隔之前执行的所有事务更新都已持久化，因此可以安全地删除当前组提交间隔之前存储的日志记录。

10.3.4　单指令多数据

单指令多数据（SIMD）是当前处理器上可用的指令集。这些指令提供了一种更容易实现数据级并行的替代方法，以加快处理速度，避免并发问题。单个 SIMD 指令在多个数据点上并行形成。每条指令操作多个数据对象。然而，SIMD 限制了允许的最大并行性，并限制了数据结构的操作。例如，条件执行通常效率不高。此外，重新安排数据的成本非常高。尽管集成在单个硅芯片上的多个处理核允许一个程序与多个线程并行运行，但必须非常小心数据分区，以便多个线程可以有效地协同工作。这是因为多个线程可能会争夺共享缓存和内存带宽。此外，由于分区的原因，不同线程的起始元素可能不会与缓存行边界对齐。

高效的内存数据库设计应考虑数据级并行性。SIMD 指令可以加快昂贵的数据库操作（例如连接和排序）。已有许多工作优化了顺序访问操作符，如索引或线性扫描，构建了具有匹配 SIMD 寄存器布局的节点的多路树，并通过使用特殊矢量化技术优化了特定操作符，如排序。SAP HANA 通过 SIMD 实现了一个向量模式，以加速扫描过程中的字典解压缩。SIMD 可以改进大数据分析中常用的向量式计算。

10.3.5　远程直接内存访问

远程直接内存访问（RDMA）允许一台机器从另一台机器的预注册内存区域读 / 写，而不涉及远程端的内核和 CPU。与传统设计不同，在 RDMA 网络中，服务器不协调来自客户端的请求。客户端可以直接访问服务器的内存，而无须启动任何服务器。与以太网消息传递相比，RDMA 的 CPU 开销为零。然而，RDMA 在同步多个访问及协调不同机器对远程内存访问的策略方面存在一定的局限性。此外，RDMA 需要专门的网卡和接口支持，无法直接与传统以太网连接。RDMA 可以减少 CPU 在数据传输方面的处理开销，使得数据库服务器不需要使用高性能的 CPU 就可以达到较高的分布式计算和存储性能。

10.4 典型的内存数据库系统

10.4.1 TimesTen

TimesTen 是一个相对较早的内存数据库系统，它专注于提供高性能和实时数据处理能力。TimesTen 成立于 1995 年，2005 年被 Oracle 收购。Oracle 将其作为独立的内存数据库或缓存数据库，以补充传统基于磁盘的 Oracle RDBMS。

TimesTen 的数据模型采用了经典的关系数据模型。在被 Oracle 收购之后，它实现了 ANSI 标准 SQL，但近年来一直在努力使数据库与 Oracle 核心数据库兼容，以支持 Oracle 的存储过程语言 PL/SQL。

相比于传统的磁盘数据库，TimesTen 将数据完全加载到主存中，以提供快速的读 / 写操作。这种内存中的数据存储方式使得 TimesTen 能够实现非常低的延迟和高吞吐量，适用于对实时数据访问和响应时间要求较高的场景。TimesTen 还具有高可靠性和可用性。它支持数据的持久化，可以将内存中的数据同步到磁盘上，以防止数据丢失。此外，TimesTen 还提供了故障恢复和复制功能，以确保在系统故障或网络中断的情况下数据的安全性和可靠性。在默认配置中，所有磁盘写入都是异步的，即数据库操作通常不需要等待磁盘 I/O 操作。但是，如果在事务提交和写入事务日志之间断电，则数据可能会丢失。这会导致事务持久性无法保证。但是，用户可以选择在提交操作期间配置对事务日志的同步写入。在这种情况下，数据库将满足 ACID 性，但某些数据库操作需要等待磁盘 I/O。

TimesTen 数据库还具备与 Oracle 数据库的集成能力。它可以与 Oracle 数据库进行数据同步和复制，这使得企业可以实现实时数据共享和跨系统的数据一致性。

目前，TimesTen 广泛应用于金融交易、电信网络管理、实时分析等领域。它能够处理大规模的数据集，并提供对数据的实时查询和更新。无论是需要快速响应客户请求的在线交易系统，还是需要进行实时数据分析的应用，TimesTen 都可以提供高性能和高可靠性的解决方案。

10.4.2 Redis

TimesTen 试图构建一个与关系数据库兼容的内存数据库，而 Redis 则相反，它本质上是内存键值存储。Redis（remote dictionary server）最初被设想为一个简单的内存系统，能够在动力不足的系统（如虚拟机映像）上维持非常高的事务速率。

Redis 采用一种熟悉的键值存储体系结构，其中键指向对象。在 Redis 中，对象主要由字符串和各种类型的字符串集合（列表、排序列表、哈希映射等）组成。它只支持主键查找，没有辅助索引机制。

虽然 Redis 的设计目的是将所有数据保存在内存中，但通过使用其虚拟内存功能，Redis 可以在大于可用内存的数据集上运行。启用此选项后，Redis 将把旧的键值"交换"到磁盘文件中。如果需要这些键值，它们会被取回到内存中。这项功能显然会带来很大的性能开销，因为一些关键的查找会导致磁盘 I/O。

Redis 持久化的实现方式主要有以下几个。

1）快照文件。也就是在某个时间点存储整个 Redis 系统的副本。快照可以按需创建，也可以配置为按预定时间间隔或在达到写入阈值后进行。服务器关闭时也会出现快照。

2）仅追加写文件。记录数据库的变化，在发生故障时用来从快照状态"前滚"恢复数据库。配置选项允许用户在每次操作后对仅追加写文件的写入配置以 1s 的间隔或基于操作系统确定的刷新间隔。

此外，Redis 支持异步的 master/slave 副本。如果性能非常关键，并且一些数据丢失是可以接受的，那么可以将副本用作备份数据库，并将主 / 副本配置为具有最小的基于磁盘的持久性。然而，没有办法限制可能的数据丢失量；在高负载期间，从机可能会明显落后于主机。

尽管 Redis 是在内存数据库系统中从头设计的，但应用程序在以下情况下，可能需要等待 I/O。

1）如果仅附加文件配置为在每次操作后写入，则应用程序需要等待 I/O 完成，然后修改才会返回控制。

2）如果配置了 Redis 虚拟内存，则应用程序可能需要等待密钥"插入"内存。

Redis 作为一种简单、高性能的键值存储，在开发人员中很受欢迎，它在没有昂贵硬件的情况下可以运行良好。它缺乏其他一些非关系数据库管理系统（如 MongoDB）的成熟度，但在数据将装入内存或作为基于磁盘的数据库前面的缓存层的系统上，它运行良好。

10.4.3 SAP HANA

SAP HANA 是由德国软件公司 SAP 开发和推出的内存数据库系统。它以强大的性能、高度可扩展性和先进的分析功能而闻名。

SAP HANA 的数据模型采用了关系数据模型，它旨在通过将内存技术与列存储选项相结合，并结合优化的硬件配置提供高读 / 写性能。SAP HANA 的核心特点是其内存计算技术。它将数据完全加载到内存中，以实现快速的数据处理和分析。相比传统的磁盘数据库，SAP HANA 能够以极低的延迟执行复杂的查询和分析操作，从而提供实时的数据存取能力。这种内存计算的优势使得企业能够更快地做出决策、优化业务流程，并进行实时的数据分析。

SAP HANA 中的表可以配置为行存储或列存储。通常，用于商业智能目的的表将配置为列式，而 OLTP 表则配置为面向行的。行或列格式的选择使 HANA 能够同时支持 OLTP 和分析工作负载。此外，行存储中的数据保证在内存中，而列存储中的数据在默认情况下是按需加载的。但是，可以将指定的列或整个表配置为在数据库启动时立即加载。SAP HANA 的列式存储架构包括写优化增量存储模式的实现。列式存储表的事务在这个增量存储中缓冲。首先，数据以行格式保存（L1 增量）；然后，数据移动到 L2 增量存储区，该存储区是列式存储，但压缩程度相对较轻，并且未排序；最后，数据迁移到主列存储，在主列存储中，数据被高度压缩和排序。

SAP HANA 的持久性体系结构使用 Redis 和 TimesTen 中的快照和日志文件模式。

HANA 定期将内存状态快照到保存点文件。这些保存点会定期应用于主数据库文件。事务一致性则通过事务 Redo 日志来实现。与大多数符合 ACID 的关系数据库一样，此日志在事务提交时写入，这意味着应用程序将等待事务日志 I/O 完成，然后提交才能返回控制，这可能会降低 SAP HANA 在其他方面的内存操作速度。为了最大限度地减少 I/O 等待，重做日志被放置在 SAP 认证的磁盘上。

SAP HANA 的另一个特点是支持高可扩展性。它可以在单个服务器或通过集群和分布式计算模型在多个服务器上运行。这种扩展性使得 SAP HANA 能够处理大规模的数据集，并支持大量并发用户和复杂的分析任务。

SAP HANA 数据库还具备强大的分析和数据处理功能。它内置了高级的分析算法和机器学习库，可以进行复杂的数据挖掘、预测分析和文本处理。此外，SAP HANA 还提供了实时数据复制和同步功能，以确保数据的一致性和可靠性。

目前，SAP HANA 数据库被广泛应用于企业资源计划（ERP）系统、客户关系管理（CRM）系统和供应链管理等领域。SAP HANA 的高性能和实时性使得企业能够更好地管理和利用其海量数据资源，从而提高业务效率和创新能力。无论是在高速交易处理、实时分析还是大数据应用方面，SAP HANA 都为企业提供了一种强大的数据管理和分析解决方案。

10.4.4　VoltDB

Redis、HANA 和 TimesTen 都从头开始设计将内存用作所有数据的主要且通常是唯一的存储。然而，正如我们所看到的，使用这些系统的应用程序仍然经常需要等待磁盘 I/O。特别是当事务提交时，通常会有某种形式的日志或事务日志的磁盘 I/O。

VoltDB 是 H-Store 设计的商业实现。H-Store 是 Michael Stonebraker 2007 年发表的开创性论文中描述的数据库之一，该论文认为没有一种单一的数据库体系结构适用于所有现代工作负载。H-Store 描述了一个内存数据库，其设计意图明确，即在正常事务操作期间不需要磁盘 I/O，即 VoltDB。

VoltDB 支持 ACID 事务模型，但不是通过写入磁盘来保证数据持久性，而是通过跨多台机器的复制来保证持久性。只有当数据成功写入多台物理机器上的内存时，事务提交才会完成。涉及的机器数量取决于规定的 *K-* 安全级别。例如，二级的安全级别为可以保证在任意两台机器发生故障时不会丢失数据，在这种情况下，提交必须在完成之前成功传播到三台机器。

用户也可以配置命令日志，在基于磁盘的日志中记录事务命令。此日志可以在每次事务提交时同步写入，也可以异步写入。因为 VoltDB 只支持基于确定性存储过程的事务，所以日志只需要记录驱动事务的实际命令，而不是像其他数据库事务日志中常见的那样记录修改后的数据副本。同样地，如果使用同步命令日志，VoltDB 应用程序可能会经历磁盘 I/O 等待时间。

VoltDB 支持关系模型，但其集群方案只在该模型可以跨公共密钥进行分层划分时效果最好。在 VoltDB 中，表会被分区或复制。分区分布在集群的节点上，而复制的表在每个分区中都是重复的。复制的表在 OLTP 操作期间可能会产生额外的开销，因为事务必须在每个分区中复制。这与分区表不同，如果必须从多个分区整理数据，分区表会产生额外的开销。因此，复制的表通常是较小的引用类型表，而较大的事务表是分区的。

VoltDB 中的分区不仅分布在物理机器上，而且分布在具有多个 CPU 核的机器上。在 VoltDB 中，每个分区都专用于一个 CPU，该 CPU 对该分区具有独占的单线程访问权限。这种独占访问减少了锁定和锁存的开销，但它确实要求事务快速完成，以避免请求序列化。

VoltDB 事务通过封装到单个 Java 存储过程调用中而不是通过一组单独的 SQL 语句来表示，从而得以简化。这确保了事务持续时间最小化（事务中没有思考时间或网络时间），并进一步减少了锁定问题。

10.5　内存数据库使用示例

本节将以 Redis 为例，介绍内存数据库的安装过程，以及具体的数据库操作接口使用示例。需要注意的是，Redis 是一个键值结构的内存数据库系统，所以在新型数据库分类中它既属于键值数据库技术，也属于内存数据库技术。

10.5.1　Redis 的安装

下面演示在 macOS Monterey 上通过 homebrew 安装 Redis。在终端输入 brew install redis 命令，即可安装最新版本的 Redis 数据库。如图 10-2 所示，homebrew 默认将 Redis 安装在 /usr/local/Cellar/ 路径下。

安装好后，使用命令 " brew services restart redis" 启动 Redis 数据库。此启动方式为后台启动。brew services 会自动配置环境变量。

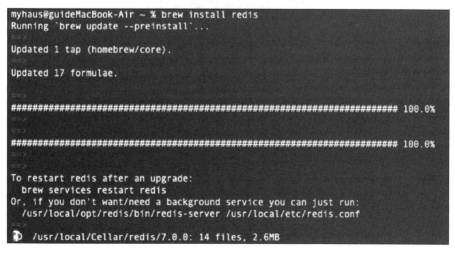

图 10-2　Redis 的安装

10.5.2 Redis 的使用示例

Redis 提供支持多种编程语言的客户端，通过 Redis 专用的协议与服务器交流。不过为了简化使用，Redis 提供了一个命令行程序，可用于向 Redis 发送命令，此程序称为 redis-cli。

可以通过输入"redis-cli 指令名 参数"来向 Redis 发送命令，如图 10-3 所示，使用 ping 命令来检测 Redis 客户端与服务器之间的通信是否正常。

```
myhaus@guideMacBook-Air ~ % redis-cli ping
PONG
```

图 10-3　redis-cli 的带参使用

也可以用无参形式运行 redis-cli，如图 10-4 所示，此时，进入互动模式，可以直接发出命令并获得回复。

```
myhaus@guideMacBook-Air ~ % redis-cli
127.0.0.1:6379> set mykey somevalue
OK
127.0.0.1:6379> get mykey
"somevalue"
127.0.0.1:6379>
```

图 10-4　redis-cli 的无参使用

图 10-4 所示为向 Redis 中插入与查询键值对。我们可以通过 exists 命令判断键值对是否已经存在，并通过 del 命令删除键值对。如图 10-5 所示，对于已创建的键值对，exists 和 del 返回值为 1，而对于不存在的键值对，返回为 0。

```
127.0.0.1:6379> exists mykey
(integer) 1
127.0.0.1:6379> del mykey
(integer) 1
127.0.0.1:6379> exists mykey
(integer) 0
127.0.0.1:6379> del mykey
(integer) 0
127.0.0.1:6379>
```

图 10-5　通过 exists 与 del 命令查询或删除键值对

对于值的格式，除了字符串，Redis 还支持列表（list）、哈希对象（hash）、集合对象（set）和有序集合对象（zset）等。对于基本的字符串类型，Redis 也支持丰富多样的操作。如图 10-6 所示，通过 set 命令创建一个值为"100"的键值对，可以对其执行 incr 命令。

可以看到 incr 等命令将字符串类型的值视作整型，进行数值运算，然后将结果以字符串形式存储。

如图 10-7 所示，通过 lpush 或者 rpush 命令在链表的头或尾插入元素，对应地，通过 lpop 或 rpop 命令在链表两端取出元素。需要注意的是，不需要主动创建一个空链表，当插入元素的链表不存在时，Redis 会自动创建一个空链表再插入；同样，当链表为空时，Redis 会自动删除这个键值对。

图 10-6　对字符型值进行数值操作

图 10-7　链表类型值的操作

Redis 提供事务功能，可以一次执行多个命令，并提供一定的隔离性和原子性保证。在事务内部的多个指令会被顺序执行，这个过程中其他用户发送的请求不会被执行。同时，一个事务要么完全不执行（例如，当执行指令未发送到 Redis 服务器），要么完全执行。不过当服务器崩溃或者被管理员强行中止时，事务的原子性可能会被破坏，Redis 将在服务器重启时检测到部分执行的事务。

事务功能的核心命令有 multi、exec、discard 和 watch。如图 10-8 所示，事务由 multi 命令发起，输入 multi 命令后，用户发送的指令将会进入一个队列，直到输入 exec 命令。输入 exec 命令会触发事务的执行；相反，输入 discard 命令会清空队列中的指令并退出事务状态。

图 10-8　Redis 中的 multi、exec 与 discard 命令

如果事务在执行 exec 命令前出错，例如输入的命令有语法错误，那么这个命令不会被添加进队列。如果错误发生在执行 exec 命令之后，那么 Redis 会报错，但是仍然会执行其他没有错误的命令，如图 10-9 所示。

如图 10-10 所示，Redis 通过 watch 命令实现简单的乐观并发控制。如果输入“watch 键名”，那么如果在执行 exec 命令之前，被“watch”的键值对被其他用户或 Redis 自身修改（例如该键值对过期）了，那么这个事务就不会执行。如果执行 exec 命令之前该键值对

都没有被更改，那么事务可以正常执行，执行后 watch 状态解除。watch 命令也可以多个同时使用，在这种情况下，任意一个被“ watch”的键值对被修改都会导致事务失败。此时，用户只能重新尝试执行事务。

```
127.0.0.1:6379> multi
OK
127.0.0.1:6379(TX)> set a 1
QUEUED
127.0.0.1:6379(TX)> set b b
QUEUED
127.0.0.1:6379(TX)> set c 1
QUEUED
127.0.0.1:6379(TX)> incr a
QUEUED
127.0.0.1:6379(TX)> incr b
QUEUED
127.0.0.1:6379(TX)> incr c
QUEUED
127.0.0.1:6379(TX)> exec
1) OK
2) OK
3) OK
4) (integer) 2
5) (error) ERR value is not an integer or out of range
6) (integer) 2
127.0.0.1:6379> mget a b c
1) "2"
2) "b"
3) "2"
127.0.0.1:6379>
```

图 10-9　Redis 的事务执行过程中出错演示

```
127.0.0.1:6379> watch b
OK
127.0.0.1:6379> multi
OK
127.0.0.1:6379(TX)> incr a
QUEUED
127.0.0.1:6379(TX)> incr b
QUEUED
127.0.0.1:6379(TX)> incr c
QUEUED
127.0.0.1:6379(TX)> exec
1) (integer) 2
2) (integer) 2
3) (integer) 2
127.0.0.1:6379>
```

图 10-10　Redis 中 watch 命令的使用

下面演示一个实际应用 Redis 的例子。在这个例子中，希望实时地获得某个比赛或者线上游戏的排行信息。对于数据不存储在内存的数据库，这个要求很难实现。但是在 Redis 中，这个要求可以轻而易举地实现。这要用到 Redis 支持的另一个聚合数据类型——有序集合（zset）。有序集合类型的值通过 zadd 命令添加元素，zadd 命令后可以指定添加元素的顺序。如图 10-11 所示，添加 4 位用户 A、B、C 和 D，其分数分别为 97、82、87 和 87。同样，zadd 语句也可以被用于更新已添加用户的排名。而如果要获取某个用户的排名，或者获取排名榜不同分段的用户，只需要分别使用 zrank 和 zrevrange 命令即可。

```
127.0.0.1:6379> zadd leaderboard 97 A
(integer) 1
127.0.0.1:6379> zadd leaderboard 82 B
(integer) 1
127.0.0.1:6379> zadd leaderboard 87 C
(integer) 1
127.0.0.1:6379> zadd leaderboard 87 D
(integer) 1
127.0.0.1:6379> zrevrange leaderboard 0 3 withscores
1) "A"
2) "97"
3) "D"
4) "87"
5) "C"
6) "87"
7) "B"
8) "82"
127.0.0.1:6379> |
```

图 10-11　使用 Redis 实现实时排行

本章小结

本章主要介绍了内存数据库与传统磁盘数据库在实现上的区别，以及对内存数据库影响巨大的硬件领域的新型技术。

通过对本章的学习，读者应掌握内存数据库为何不能沿用磁盘数据库的架构，以及内存数据库在性能瓶颈上采取了哪些解决措施。

第11章

时空数据库技术

时空数据库是以有效支持时空数据管理为目标的数据库管理系统，在交通管理、城市区划、森林火灾监测等领域有着广阔的应用需求。

内容提要：本章首先简单介绍了时空数据和时空数据库的概念，然后着重介绍了时空数据的语义表示、时空数据模型及时空数据库查询语言，最后讨论了时空数据库系统的实现技术及应用实例。

11.1 时空数据库技术概述

时空数据库技术是在以往的空间数据库技术和时态数据库技术上发展起来的。时空数据是随时间而变化的空间数据，因此本节将首先介绍空间数据库和时态数据库技术，然后引出时空数据库的概念。

11.1.1 空间数据与空间数据库

现实世界中的对象存在于空间当中。在特定的应用环境中，要考虑对象在空间中的位置，这些对象称为空间对象（spatial object）。空间对象由两方面数据共同构成：①与空间无关的描述性数据，通常称为主题属性或属性数据；②对象在空间中的位置，称为空间属性或空间数据。

空间数据库系统是提供空间对象管理的复杂系统。在空间数据库中，空间对象的主题属性一般用整型、浮点型和字符型等传统数据类型来表示，而空间数据的管理则需要增加新的空间数据类型和空间操作。空间数据库首先是一个数据库管理系统（DBMS）。其次，空间数据库的数据模型和查询语言要支持空间数据类型和空间操作。最后，在空间数据库的实现中要支持空间数据类型，提供空间索引，支持空间选择和空间连接。

空间数据库的核心问题是空间数据的表示和操作。空间可以是二维或多维的。二维空间数据是常见的空间数据，因此目前的空间数据库研究也基本上集中于二维空间数据管理。二维空间数据通常包括点（point）、线（line）和面（region），目前主要有两种不同的表示方法：栅格模型和矢量模型。

1. 栅格模型

栅格模型以栅格矩阵来表示空间数据。通常，一个栅格表示一个像素点，因此图像通常以栅格数据的形式存在。栅格模型的优点是可直接利用遥感、数字摄影测量等图像数据，数据结构比较简单，方向、邻接及连通计算易实现；但栅格模型对设备的存储空间要求过高（一般以栅格图像方式存储），而且不存储空间坐标，这使得空间实体的识别和标识比较困难，查询速度也相对较慢。栅格模型对于按实体组织数据的数据库来说并不合适。

2. 矢量模型

矢量模型以基本几何对象（点、线、面等）来表示空间数据。基本几何对象以采样点的空间坐标表示。例如，一个二维区域可以通过一个由区域的边界点构成的多边形来表示。矢量模型存储了空间数据的边界坐标，可以方便地表达空间数据之间的空间拓扑关系。而且在矢量模型中容易对单个目标进行定义和操作。其缺点是不能直接处理图像数据，且数据结构相对复杂。矢量模型是目前流行的空间数据表示方法，在 GIS 等平台中得到了广泛的应用。

空间数据的操作包括空间拓扑操作、空间几何操作和空间属性操作。空间拓扑操作即空间谓词，它判断两个空间数据之间的空间拓扑关系并返回 TRUE 或 FALSE。典型的空间拓扑关系包括相邻、相离、相交、部分覆盖、完全覆盖和包含等。空间几何操作是对空间数据执行几何运算，如求空间数据的交、并等。空间几何操作一般将空间数据视作点集，并以集合操作的方式来实现。空间属性操作计算的是空间数据本身的特性值，如求面积、周长等。

11.1.2　时态数据与时态数据库

在现实世界中，任何对象或事件的存在总是与某个时间相关联的。常规数据库总是只保存一个应用中数据的当前状态。随着时间的推移，数据的状态不断地变化，数据库也不断更新。每次数据库更新都以新的数据替代旧的数据，因此数据库的旧的状态就不再保留。

时态数据库是指不仅包含当前数据同时也包含历史数据的数据库。在时态数据库中，所有的数据都是与时间相关联的。我们把与数据关联的时间称为时态数据。在许多应用中，不仅要查询当前的数据，还要查询过去的数据，例如医疗系统、证券系统、信用管理等。这些应用需求也正是时态数据库研究的动机。

时态数据库一般采用版本技术（version）来管理历史数据，即给每个数据都加上一个时间戳（time stamp）。时间戳称为版本时间（version time），它可以是一个时刻，也可以是一个时间区间。如果时间戳加在整个数据库之上，就是数据库版本（database version），相当于每次保存整个数据库的一个快照。如果时间戳加在关系上，就是关系版本（relation version）。如果时间戳加在每个实体（或元组）上，就是对象版本（object version），或称元组版本（tuple version）。如果时间戳加在每个属性上，就是属性版本（attribute version）。具体采用哪种版本依赖于时态数据模型的设计。

时态数据库中的一个重要问题是时间的结构。在时态数据库中，时间可看成一个线性有序的数值集合，因此时间可以等同于某个已知的数值集合，例如 N（自然数）、Z（整数）、Q（有理数）或 R（实数）等。这种时间结构（time structure）称为线性时间结构。线性时间结构是最常用的，也是最简单的一种时间结构。线性时间结构可以表示为一段线段，称为时间轴。时间轴可以是无界的（unbounded），即无始点无终点；也可以是左有界的（left bounded）（有始点无终点）或右有界的（right bounded）（无始点有终点）；如果有始点也有终点，则称时间轴是有界的（bounded）。

时态数据库中的另一个问题是时间的表示。目前时态数据库中一般采用 3 个概念来表示时间：时间子（chronon）、时刻（instant）和时间区间（time period）。时间子是不可分的最小的时间单位。时间子长短的选择与所描述的问题有关，例如出生日期可以取日为时间子，而工资变化可以取月为时间子。时间子的长度在时态数据库中称为时间的粒度（granularity）。时间轴上的一个时刻（instant）是该点所在的时间子在时间轴上的序号。时刻可以用一个整数表示。如果时间轴上的两点同处于一个时间子中，则认为它们是同一时刻。因此，不能抽象地断定时间轴上 a 点与 b 点是否代表同一时刻，这个结论只有在指明了时间的粒度之后才有明确的意义。用时间子来度量时刻实际上是将连续的时间离散化了。一个时间区间是指两个时刻间的时间，它有明确的起止时刻。

时态数据库的第三个问题是时间的维（time dimension）。在时态数据库中存在两个不同的时间维，即有效时间（valid time）和事务时间（transaction time），这两个时间维从不同的方面描述了事物的时态特性。数据的有效时间是指数据在此期间是有效的，即其所代表的事实在此期间是成立的。事务时间是数据在数据库中插入、删除或修改的时间。例如，一个学校校长的任职时间为 [1999,2002]，这一时间是有效时间。但这一信息不一定是在 1999 年进入数据库的，可能是在 2000 年，这一时间就是事务时间。时态数据库是否支持有效时间或事务时间依赖于时态数据模型的设计。如果时态数据库仅支持有效时间，则称其为历史数据库（historical database）；如果仅支持事务时间，则称其为回滚数据库（rollback database）；如果同时支持有效时间和事务时间，则称其为双时态数据库（bitemporal database）。常规数据库既不支持有效时间，也不支持事务时间，可称为快照数据库（snapshot database）。

11.1.3　时空数据与时空数据库

过去，空间数据库和时态数据库是两个相互独立、毫不相关的研究领域。自 20 世纪 90 年代开始，空间数据库和时态数据库的研究者们才逐渐认识到各自研究领域里存在的一些问题，以及两者之间存在的联系，他们开始探索将空间数据库和时态数据库相结合的技术，由此产生了一个新的研究领域——时空数据库（spatiotemporal database）。

时空数据库是支持空间、时态和时空概念的，并可以同时捕捉数据的空间特性和时间特性的数据库管理系统。更简单地讲，时空数据库就是支持空间对象随时间而发生的变化的数据库管理系统。空间对象随时间而发生的变化在时空数据库里称为时空变化（spatiotemporal change）。连续时空变化是指空间对象随时间连续变化，在时空数据库中称为运动（motion）；离散时空变化是指空间对象的时空变化是间隔的。具有时空变化的空间对象称为时空对象。人们把时空对象随时间而变化的空间数据称为时空数据。对时空数据的管理能力是时空数据库与时态数据库、空间数据库的主要区别。

由于时空数据库中不仅涉及时空数据，还涉及空间数据和时态数据，因此时空数据库包含了空间和时态两种数据库中的一些概念。因此，为了研究时空数据的表示和操作，需要先弄清空间数据及时态数据的表示和操作。

时空数据的管理不是空间数据管理和时态数据管理的简单组合。如果给每个空间数据附上一个时态数据，相当于给空间数据做版本。这样只能获得每次版本时间里的时空对象快照，也只能表示离散时空变化。而且这种方法也会导致大量的冗余存储。因此，真正实现时空数据管理还要探寻新的技术。

11.2　时空数据的语义

时空语义是指时空数据和时空变化的语义，它是构建时空数据模型和时空数据库管理系统的基础。时空对象和时空变化的表示和查询是时空数据库尤其是时空数据模型研究的基础。为了回答针对时空变化的查询，首先必须分析时空对象的时空语义，研究空间对象的时空变化类型、时空变化的表示方法，以及时空对象的结构，然后才能进一步建立一个可以有效表示时空对象和时空变化的时空数据模型。

空间对象的变化研究是从时态数据库研究中延续下来的。基本的时空变化包含实体的出现、消失、分裂、转换等。但这些研究都忽略了其他一些时空变化类型，迄今为止还没有人对时空变化进行系统的研究。早期的一些工作研究了对象的标识变化。对象的标识变化是对象变化中一类重要的变化，任何一个对象都具有它的一个生命期，从诞生到消亡，在它的整个生命期中只有它的标识是保持不变的。在对象的标识变化研究中具有代表性的是奥地利维也纳技术大学和迈阿密大学国家地理信息和分析中心的研究人员。他们对时空数据库中影响对象标识的操作进行了分类，提出了单个对象的四种基本标识变化和多个对象的两种基本标识变化（见图 11-1）。但这种方法对对象标识没有发生改变的对象的主题属性变化及空间属性变化无法表达。基于历史图（history graph）的时空变化表示方法以版本状态和变换状态来表示对象的时空变化。版本状态是时空对象在某个时刻的快照，而变换状态记录了各个版本状态之间的联系。尽管历史图可以有效地表达离散的时空变化，但它对于连续时空变化的描述缺乏有效的支持。

为了在时空数据模型中表示和查询时空变化，研究人员提出了在时空数据模型中显式存储时空变化的方法。显式存储时空变化的观点认为，每个时空变化都是和某个特定的事件相关联的，因此时空变化可以通过对事件的存储和表示来实现。通常采用的许多模型，如快照模型、时空复合模型都不显式地存储对象的时空变化，而只是存储时空对象（或其部分特性）在不同时间里的版本。因此必须通过版本间的比较才能实现时空变化的查询。这类模型对时空变化的支持相对较弱，时空变化查询的效率低，而且不能查询涉及多个时空对象的变化（如分裂、合并等）。此外，将所有时空变化都显式存储也带来了额外的开销，即不仅要显式存储对象与对象之间的变化关联，还要显式存储一个对象的各个版本之间的变化关联。在现实世界中，对象与对象之间的变化需要显式存储，而一个对象内部的变化并不都需要显式存储。例如，我们需要回答"地块 A 是如何变化为地块 B 的"，但不需要回答"地块 A 的所有者是如何由 a 变为 b 的"。

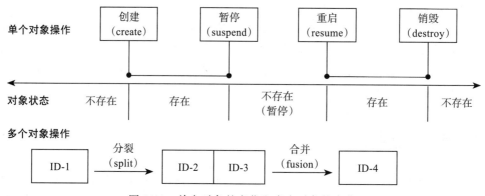

图 11-1　单个对象的变化和多个对象的变化

目前对时空语义的研究存在的主要问题是缺乏能够完整描述时空对象和时空变化的系统框架。以往工作都是集中在时空对象和时空变化的某个方面上，所定义的时空变化类型也缺乏系统性，没有构成一个可以完整描述时空对象和时空变化语义的框架。

11.2.1　时空变化的类型

按照面向对象的观点，现实世界中的对象由对象标识来确定，而对象的状态则通过对象的内部属性来确定。空间对象的内部属性包括空间属性和主题属性。因此，空间对象随时间的变化可以根据空间对象的内部结构分为两类：

1）空间对象的内部属性随时间发生的变化。

2）空间对象的标识随时间发生的变化。

其中，空间对象的内部属性变化又可分为空间属性变化和主题属性变化。因此，一个空间对象的时空变化过程可以通过以上的 3 种变化类型来表示。

另一方面，根据变化的特点，时空变化有两种：连续时空变化和离散时空变化。因此，一个空间对象的时空变化有表 11-1 所列的 6 种。

在这六种变化中，连续标识变化在现实世界中并不存在，因为一个对象的标识改变（即成为另一个新的对象）总是突然发生的。另外，连续属性变化也可不予考虑，因为空间对象的主题属性变化在现实世界中总是突然变化的（例如一个学校的名称发生了改变），因此在时空变化描述中，对连续属性变化也不加以考虑。因此，只需考虑下述 4 种时空变化。

1）**连续空间变化**。空间对象的空间属性随时间发生连续变化，例如洪水的蔓延（空间范围随时间连续变化）和车辆的行驶（空间位置的连续变化）；连续空间变化总是与一段时间相关联。

2）**离散空间变化**。空间对象的空间属性随时间发生离散变化，例如地块的边界变化；离散空间变化总是发生在某个特定的时刻。

3）**离散属性变化**。空间对象的主题属性随时间离散变化，例如地块所有者的变更。

4）**离散标识变化**。一个或多个空间对象瞬时变为另一个或多个空间对象，或者消亡，例如地块的划分和合并。

表 11-1　时空变化的类型

类别	空间属性变化	主题属性变化	对象标识变化
连续时空变化	连续空间变化	连续属性变化	连续标识变化
离散时空变化	离散空间变化	离散属性变化	离散标识变化

11.2.2　时空变化的表示

时空变化的描述是以上述 4 种时空变化类型为基础，通过对象级和属性级两个层次来描述。对象级时空变化以基于历史拓扑的离散标识变化表示，而属性级时空变化则以其他三种类型的变化来表示。由于一个空间对象的属性包括多个方面，因此引入描述子来表示空间对象的属性级时空变化。

定义 11.1（描述子）：空间对象 O 的描述子是定义在时间域上的一个函数 $F:\text{Time} \rightarrow \text{SubObject}$，其中 Time 是时间域，SubObject 是空间对象的一个属性子集。

空间对象的一个描述子表达了该对象的部分属性随时间变化的历史，根据空间对象的结构，描述子可以是空间描述子或属性描述子。

定义 11.2（空间描述子）：在定义 11.1 中，若 SubObject 是空间对象的空间属性，则称为空间描述子。

定义 11.3（属性描述子）：在定义 11.1 中，若 SubObject 是空间对象的主题属性集合的一个子集，则称为属性描述子。

对象级时空变化一般是指一个时空变化涉及多个空间对象，即一个空间对象的变化导致了若干空间对象（标识）的改变。属性级时空变化通常是指发生在一个空间对象内部属性上的变化。

定义 11.4（对象级时空变化）：如果一个空间对象的时空变化导致了一个或多个空间对象的对象标识发生了改变，则称该时空变化为对象级时空变化。

定义 11.5（属性级时空变化）：如果一个空间对象的时空变化仅改变了自身的内部属性，并且对象标识没有发生改变，则称该时空变化为属性级时空变化。

对象级时空变化和属性级时空变化给出了时空变化描述的基本框架。对象级时空变化的描述通过离散标识变化来表示，而属性级时空变化则通过空间描述子和属性描述子来描述。因此，一个空间对象的时空变化可以通过一个离散标识变化、一个空间描述子和一个或多个属性描述子来表示。一个空间对象之所以可能拥有多个属性描述子是因为不同的应用对主题属性的处理方式有所不同，有的应用将全部主题属性作为一个整体看待，但更多的应用则将主题属性分类组织以分别描述空间对象的不同特性。例如在地籍管理中，一个地块的地址一般由所在城市、区、街道、街道号等组成，从而在实际应用中可以将描述地块地址的若干属性组织为一个属性描述子，描述地块的地址变化信息，并和其他的属性描述子一起构成对象的主题属性变化描述。

图 11-2 以与或树的形式表示了时空变化描述的基本框架。一个空间对象的时空变化通过对象级时空变化和属性级时空变化来表示。属性级时空变化通过空间描述子和属性描述子表示了空间对象的空间变化和属性变化。对象级时空变化通过历史拓扑表达对象的离散标识变化。图 11-2 中的时空变化描述构成了一棵完备的时空变化描述树，即任何一个空间对象的时空变化都可以通过对象级时空变化和属性级时空变化描述。这是因为空间对象的状态由对象标识、空间属性和主题属性唯一指定。如前所述，在某个时间区间 $[t_s, t_e]$ 发生的时空变化总是可以通过组合对象标识变化、空间属性变化和主题属性变化来表示。根据定义，对象标识变化是对象级时空变化，而空间属性变化和主题属性变化是属性级时空变化。因此，任何一个时空变化也总可以通过对象级时空变化和属性级时空变化来表示。

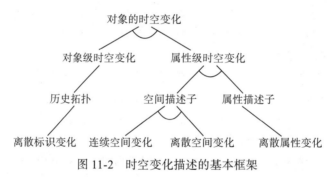

图 11-2　时空变化描述的基本框架

1. 属性级时空变化的表示

属性级时空变化描述了单个空间对象内部的时空变化。这里单个空间对象内部的变化指不引起对象标识变化的时空变化。由于空间对象的属性包括空间属性和主题属性，因此可以分别通过空间描述子和属性描述子来表示空间属性的变化和主题属性的变化。

空间描述子通过空间对象的连续空间存在状态和离散空间存在状态来表示空间属性变化。

定义 11.6（空间对象 O 的连续空间存在状态）：给定一个时间区间 $[t_s, t_e]$，若空间对象 O 的空间属性可以表示为时间 t 的一个连续函数 $\Psi(t)$，其中 $t \in [t_s, t_e]$，并且 t_s 的前一时刻和 t_e 的后一时刻均不满足函数 $\Psi(t)$，则称 O 在 $[t_s, t_e]$ 里的状态为连续空间存在状态，记为 $E_c(O, [t_s, t_e]) = <S_o, \Psi(t), [t_s, t_e]>$，其中 S_o 为 O 在时刻 t_s 时的空间属性。我们把 t_s 称为 O 的连续空间存在状态 E_c 的起始时间，t_e 称为 O 的连续空间存在状态 E_c 的终止时间。

定义 11.7（空间对象 O 的离散空间存在状态）：给定一个时间区间 $[t_s, t_e]$，若 O 的空间属性在 $[t_s, t_e]$ 内保持不变，并且 t_s 的前一时刻和 t_e 的后一时刻的状态与 $[t_s, t_e]$ 内的状态均不同，则称 O 在 $[t_s, t_e]$ 里的状态为离散空间存在状态，记为 $E_d(O, [t_s, t_e]) = <S_o, [t_s, t_e]>$。我们把 t_s 称为 O 的离散空间存在状态 E_d 的起始时间，t_e 称为 O 的离散空间存在状态 E_d 的终止时间。

根据以上定义，空间对象 O 在时刻 t 的空间状态可以表示为 $\text{State}(O) = (S_o, E)$，其中 S_o 是 O 的空间属性，E 是 O 的空间存在状态。E 或者是属于连续空间存在状态 $E_c(O, [t, t])$，或者是属于离散空间存在状态 $E_d(O, [t,t])$。S_o 在实际应用中通常以矢量模型来表示，从而对象的空间范围（面积）和空间位置都可以坐标点进行确定。一般认为空间对象的空间属性蕴含了空间对象的空间位置和空间范围。

空间描述子通过连续空间存在状态和离散空间存在状态的序列来表示。

定义 11.8（空间描述子）：一个空间对象 O 在时间区间 $[t_0, t_n]$ 里的空间描述子 $SD(O)$ 是一个空间存在状态序列 $<E_0, E_1, E_2, \cdots, E_m>$，其中 E_i 或者是连续空间存在状态，或者是离散空间存在状态，其起始时间记为 t_s^i，终止时间记为 t_e^i，并且 t_e^0 等于 t_0，t_e^m 等于 t_n，t_s^i 等于 $t_e^i + 1$。

规定：一个空间对象有且仅有一个空间描述子。这是因为现实世界中任何一个空间对象不可能在空间域上出现两个值。

空间属性变化可以通过空间描述子表示。例如图 11-3 所示的空间变化示例，空间对象 O 的空间属性在 $[t_0, t_1]$ 里为 S_o，从 t_2 时刻开始变为 S_o^1，一直持续到 t_3，t_4 时刻变为 S_o^2，并且连续变化到 t_5，然后从 t_6 开始变为 S_o^3，一直持续到 t_7，在 t_8 时刻，O 移动到了一个新位置，相应的空间属性表示为 S_o^4，一直持续到 t_9，在 t_{10} 时刻对象发生了旋转，以新的空间属性 S_o^5 表示，并一直持续到 t_{11}。在本例中，O 从 t_0 到 t_{11} 的空间描述子表示为：

$SD(O) = <(S_o, [t_0, t_1]), (S_o^1, [t_2, t_3]), (S_o^2, (1.3+t, 1.3+t), [t_4, t_5]), (S_o^3, [t_6, t_7]), (S_o^4, [t_8, t_9]), (S_o^5, [t_{10}, t_{11}])>$

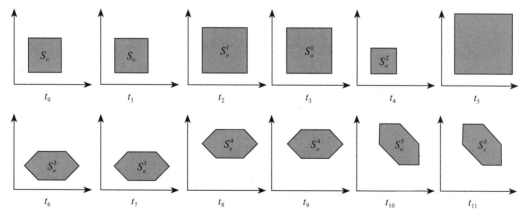

图 11-3　使用空间描述子描述对象的空间属性变化

在图 11-3 所示的例子中，$[t_4, t_5]$ 的变化是一个连续空间变化，以连续空间存在状态表示，其余均为离散空间变化，以离散存在状态表示。$[t_4, t_5]$ 的连续空间存在状态使用了约束矩形的表示方法。约束矩形以空间属性的最小外接矩形近似表示空间属性，并以矩形在 x 和

y 维上的约束表达式来表示连续空间变化，其中每个约束表达式都是时间的一个线性函数。因此图 11-3 中，对象 O 在 $[t_4, t_5]$ 之间的空间属性（S_o^2, (1, 3+t, 1, 3+t), $[t_4, t_5]$）是由约束表达式 $1 \leqslant x \leqslant 3+t \wedge \leqslant 1 \leqslant y \leqslant 3+t \wedge t_4 \leqslant t \leqslant t_5$ 规定的一个连续时空变化的矩形。

属性描述子与空间描述子类似，不同点在于：

1）空间描述子用于描述空间对象的空间变化，而属性描述子用于描述主题属性的变化（以下简称属性变化）。

2）一个空间对象只有一个空间描述子，但可以有多个属性描述子。

3）空间变化有连续空间变化和离散空间变化，而空间对象的属性变化只有离散属性变化一种。

属性描述子与空间描述子的表示方法也类似，这里采用离散属性存在状态来表示属性描述子。

定义 11.9（空间对象 O 的离散属性存在状态）：给定一个时间区间 $[t_s, t_e]$，若 O 的主题属性在 $[t_s, t_e]$ 内保持不变，并且 t_s 的前一时刻和 t_e 的后一时刻的状态与 $[t_s, t_e]$ 内的状态均不同，则称 O 在时间区间 $[t_s, t_e]$ 里的状态为离散属性存在状态，记为 $E_a(O, [t_s, t_e]) = <A_o, [t_s, t_e]>$，其中 A_o 表示对象 O 的主题属性集合。我们把 t_s 称为 O 的离散属性存在状态 E_a 的起始时间，t_e 称为对象 O 的离散属性存在状态 E_a 的终止时间。

下面进一步给出属性描述子的定义。

定义 11.10（属性描述子）：空间对象 O 在时间区间 $[t_0, t_n]$ 里的一个属性描述子 AD（O）是一个属性存在状态序列 $<E_0, E_1, E_2, \cdots, E_m>$，其中 E_i 是离散属性存在状态，其起始时间记为 t_s^i，终止时间记为 t_e^i，并且 t_e^0 等于 t_0，t_e^m 等于 t_n，t_s^i 等于 $t_e^i + 1$。

与空间描述子不同，一个空间对象可以拥有多个属性描述子，不同的属性描述子描述空间对象不同的特性，以记号 $\text{AD}^*(O)$ 表示对象 O 的属性描述子集合。

假设空间对象 O 有 $a_1, a_2, \cdots, a_n$ 个主题属性，组成了 k 个属性描述子 $\text{AD}_1, \text{AD}_2, \cdots, \text{AD}_k$，每个属性描述子 AD_i 包含了 m_i 个属性。如果 m_i 个属性中的任何一个发生了变化，则意味着属性描述子 AD_i 发生了变化。空间对象 O 在时间轴上的属性变化就可以用 k 个属性描述子来表示了。以图 11-3 所示的例子为例，假设空间对象 O 有 6 个属性 $a_1, a_2, a_3, a_4, a_5, a_6$，组成了两个属性描述子 AD_1 和 AD_2，其中 AD_1 包含了属性 a_1 和 a_2，AD_2 包含了属性 $a_3 \sim a_6$，将 AD_1 和 AD_2 的属性的初始状态分别记为 A_o^1 和 A_o^2。在 $[t_0, t_{11}]$ 间，假设 a_1 在 t_1' 改变为 a_1'，其余属性保持不变；在 t_2' 时刻 a_2 和 a_3 同时发生了变化，分别变为新值 a_2' 和 a_3'，在 t_3' 时刻 a_4 和 a_5 同时发生了变化，分别变为了新值 a_4' 和 a_5'，之后一直到 t_{11}，所有属性都保持不变。以上关于对象 O 的属性变化可以统一表示为

$$\text{AD}^*(O) = (<(A_o^1, [t_0, t_1'-1]), (A_o^{1'}, [t_1', t_2'-1]), (A_o^{1''}, [t_2', t_{11}])>, <(A_o^2, [t_0, t_2'-1]), (A_o^{2'}, [t_2', t_3'-1]), (A_o^{2''}, [t_3', t_{11}]) >)$$

上式使用了两个属性描述子 AD_1 和 AD_2 描述了对象 O 在 $[t_0, t_{11}]$ 之间的属性变化。其中，AD_1 记录了属性 a_1 和 a_2 的变化历史，而 AD_2 记录了属性 $a_3 \sim a_6$ 的变化历史。其中 * 表示可存在多项。

2. 对象级时空变化的表示

对象级时空变化描述了对象标识变化的时空变化，可以采用离散标识变化进行描述。离散标识变化从对象标识层面描述了一个对象的历史演变过程，因此通过离散标识变化可以获得一个对象与其他对象的历史联系。为了表示离散标识变化，引入历史拓扑的概念。

一个历史拓扑是一个空间对象与其前趋对象和后继对象在时间轴上的关联。用历史拓扑表示离散标识的变化容易实现。当一个空间对象在一个时空变化中发生离散标识变化，就更新空间对象的历史拓扑，记录空间对象的标识变化。

在实际中，对象标识的变化存在多种形式，因此，为了更好地描述历史拓扑，将空间对象的离散标识变化进行如下分类。

1）空间对象的创建（create）：一个空间对象的创建意味着一个新空间对象开始存在于现实世界中。

2）空间对象的消亡（elimination）：一个空间对象的消亡意味着空间对象在现实世界中消失。

3）空间对象的分裂（split）：一个空间对象的空间数据分裂为若干个新的空间数据，此时原对象的后继对象应指向新对象的集合，而每个新对象的前趋对象应指向原对象，后继对象为空。

4）空间对象的合并（mergence）：多个空间对象的空间数据合并形成一个新的空间数据，相应地产生一个新的空间对象。此时，原来的各个对象的后继对象应指向新对象，而新对象的前趋应指向原对象的集合。

为了记录空间对象的历史拓扑，仅记录空间对象的前趋对象和后继对象还不够。例如一个空间对象在 t 时刻被创建，紧接着就被消亡。这时，如果只记录对象的前趋和后继（此时都为空），就无法获知发生在该对象上的这两次变化。因此，在描述历史拓扑时，采用显式的变化描述方式，即在每次更新历史拓扑时显式地记录对象发生的离散标识变化类型。这与属性级时空变化的隐式描述方法不同。显式的离散标识变化描述可以有效地回答例如"一个对象在某个时间区间里是否与其他对象发生了合并？"，以及"对象 A 是从哪一个对象演变而来的？"这样的问题，符合现实世界中查询对象时空变化的要求。

历史拓扑的结构由空间对象的历史拓扑状态指定。

定义 11.11（历史拓扑状态）：若空间对象 O 在时刻 t 发生了离散标识变化，则称 O 在 t 时刻的状态为历史拓扑状态，记为 $E_h(O_p, O_n, \mathrm{CT}, t)$。其中，$O_p$ 是 O 的前趋对象集；O_n 是 O 的后继对象集；CT 是变化类型，可以是创建、消亡、分裂或合并的一种；t 称为 O 的历史拓扑时间。

下面进一步给出历史拓扑的定义。

定义 11.12（历史拓扑）：空间对象 O 在时间区间 $[t_0, t_n]$ 里的历史拓扑是一个 O 的历史拓扑状态序列 $\mathrm{HT}(O) = <E_1, E_2, E_3, \cdots, E_m>$。其中，每个 E_i 都是 O 的一个历史拓扑状态，其历史拓扑时间记为 t_h^i，并且满足 $t_0 \leqslant t_h^i \leqslant t_h^{i+1} \leqslant t_n + 1 (1 \leqslant i \leqslant m-1)$。

该定义指出空间对象在 $[t_0, t_n]$ 里的历史拓扑由 $[t_0, t_n]$ 间的所有历史拓扑状态组成。每个历史拓扑状态记录了对象发生的一次离散标识变化。

图 11-4 所示为地籍管理系统中一个地块的变化历史。其中，在 t_1 时刻地块对象 O_1 被创建（存在于数据库中），在 t_2 时刻地块对象 O_1 分裂为 O_2 和 O_3，在 t_3 时刻地块对象 O_3 分裂为 O_4 和 O_5，在 t_4 时刻地块对象 O_2 和 O_4 合并为 O_6，在 t_5 时刻地块对象 O_5 被消亡（从数据库中删除了）。则 $[t_1, t_5]$ 区间内各个对象的离散标识变化可通过各个对象的历史拓扑来表示：

$HT(O_1) = <(\phi, \phi, Creation, t_1),(\phi, \{O_2,O_3\}, Split, t_2)>$

$HT(O_2) = <(\{O_1\}, \phi, Split, t_2),(\phi, \{O_6\}, Mergence, t_4)>$

$HT(O_3) = <(\{O_1\}, \phi, Split, t_2),(\phi, \{O_4,O_5\}, Split, t_3)>$

$HT(O_4) = <(\{O_3\}, \phi, Split, t_3),(\phi, \{O_6\}, Mergence, t_4)>$

$HT(O_5) = <(\{O_3\}, \phi, Split, t_2),(\phi, \phi, Elimination, t_5)>$

$HT(O_6) = <(\{O_4,O_5\}, \phi, Mergence, t_4)>$

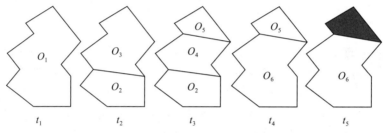

图 11-4 一个地块的变化历史

历史拓扑满足一定的约束，这些约束包括：

1）一个历史拓扑中最多只能出现一个 Create 类型的历史拓扑状态，并且该状态只能是历史拓扑的第一个历史拓扑状态。因为空间对象如果被创建，则意味着对象在实际存在，因此再进行创建不符合实际情况，并且空间对象的其他变化也只能发生在对象存在之后。

2）一个历史拓扑中最多只能出现一个 Elimination 类型的历史拓扑状态，并且该状态只能是历史拓扑的最后一个历史拓扑状态。这是因为对象一旦被消亡就不复存在，因此不可能再发生其他变化。

3）一个历史拓扑至多具有两个历史拓扑状态。这是因为每次历史拓扑状态都意味着对象标识的一次变化，第一次历史拓扑状态表示对象开始存在，因而第二次历史拓扑状态后该对象由于标识改变不再存在。

11.2.3 时空对象与时空变化

为了表示和查询时空变化，一个时空对象可以形式化表示为一个四元组，如定义 11.13 所述。

定义 11.13（时空对象）：时空对象 O 是一个四元组 $O = <OID,SD,AD^*,HT>$。其中，OID 是对象 O 的对象标识；SD 是对象 O 的空间描述子；AD^* 是对象 O 的属性描述子集合，*表示可存在多项；HT 是对象 O 的历史拓扑。

根据面向对象理论，对象的属性是对象本身的特性。在空间数据库和 GIS 的研究中，空间对象的空间属性和主题属性都是静态的，符合人们观察一个静态地理对象的特点。但在时空数据库应用中，空间对象是动态的，其空间属性和主题属性是随时间而变化的，所以，时空变化是时空对象本身的一个特性。因此，一个时空对象本身的特性不仅包括空间属性和主题属性，还要包括这些属性随时间而发生的变化。进而言之，时空变化总是和时空对象的某部分特性紧密关联的，这些特性可能是空间属性、主题属性或整个对象。因此，时空变化不应与时空对象的属性描述分开，而应集成起来描述。这就是时空对象定义所包含的含义。

定义 11.13 给出的时空对象的表示可以适应不同的变化描述粒度。变化描述粒度是指表示是否发生变化的最小元素。如果一个时空对象只有一个属性描述子，则属性描述子的变化描述粒度是整个对象，代表了对象版本（或元组版本）；如果时空对象有 n 个主题属性，每个主题属性指定一个属性描述子，则属性描述子的变化描述粒度是单个属性，代表了属性版本。对于时空对象的空间变化，也可通过不同的空间定义来实现不同的空间变化描述粒度。如果以栅格表示空间属性，则空间描述子对空间变化的描述粒度与对象版本等同。如果以矢量模型表示，则可以实现不同的粒度：如果以时空对象的整个空间范围的矢量边界来表示空间属性，则空间变化描述的粒度为对象版本；如果将对象的空间属性表示为三角形或参数化矩形的集合，以三角形或矩形的变化来表示空间变化，则变化描述粒度要小于对象版本；而如果时空对象的空间变化以矢量边界的坐标点的变化来表示，则粒度退化至最小，即一个坐标点。

通过时空对象的定义，可以给出时空变化和时空变化查询的形式化定义。

定义 11.14（时空变化）：时空对象 O 的时空变化是时空对象 O 的空间描述子 SD、属性描述子集合 AD^* 及历史拓扑 HT 的集合。SD、AD^* 和 HT 分别表达了 O 的空间变化、属性变化和标识变化。

定义 11.15（时空变化查询）：时空对象 O 上的时空变化查询是 O 上的空间描述子 SD 的查询、属性描述子集合 AD^* 上的查询和历史拓扑 HT 上的查询的一个组合。

结合时空对象和空间描述子、属性描述子及历史拓扑的定义，可以进一步建立基于时空变化的时空语义模型和时空数据模型。

11.2.4 时空语义模型

语义模型是按用户的观点对数据进行建模所得到的模型，它强调语义表达功能，并且独立于计算机系统和 DBMS。语义模型一般都以图形化的方式进行表达。目前，流行的语义建模方法有 ER 方法、UML 方法、语义对象模型等。逻辑模型是通常意义上的数据模型，它按计算机系统的观点对数据进行建模，直接面向数据库的逻辑结构，并且与实际的 DBMS 相关。这种模型一般都有严格的形式化定义，以便于进一步的实现。关系模型、层次模型、网状模型等都是常见的逻辑模型。物理模型是逻辑模型在特定的 DBMS 之上实现所得的数据库物理结构，如一个关系模型在 Oracle 上实现后得到的物理模型是一个 Oracle

数据库模式。图 11-5 展示了模型的不同层次。

时空语义模型是对现实世界的时空数据特性进行抽象的语义模型。其目的是表达现实世界中时空对象的结构及时空对象间的联系。与传统应用中的对象不同，时空数据库应用中的时空对象的结构及时空对象间的联系是随时间而变化的，因此在建立时空语义模型时必须考虑时间因素及对象随时间而发生的变化。以往所提出的时空语义模型主要沿用了两种方法进行表示：ER 方法和面向对象的方法。到目前为止，这两种方法基本上是平分秋色的。人们根据自己对时空语义的理解提出了不同的时空语义模型。例如基于 ER 方法的 STER 模型、基于 OMT 方法的 STOM 和 Patterns 模型，以及基于 UML 方法的 EXT UML 等。采用

图 11-5　模型的不同层次

什么方法表示语义模型只是图形符号上的区别，关键在于语义模型所蕴含的表达能力。基于前面的时空语义研究，这里提出的时空语义模型通过对象级变化图（object-level diagram, OLD）和属性级变化图（attribute-level diagram, ALD）两个层次来表示时空对象的时空演变过程。对象级变化图表示涉及多个时空对象的时空变化历史，属性级变化图表示各个时空对象内部结构的时空变化历史。时空语义模型中使用的符号如图 11-6 所示。

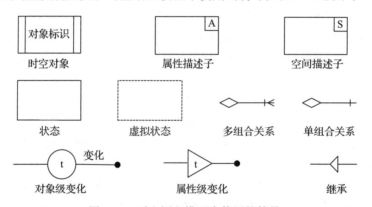

图 11-6　时空语义模型中使用的符号

对象级变化图是一个由对象级变化（Object-Level Change）符号和时空对象（Spatiotemporal Object）符号构成的图，其中对象级变化按其变化时间从左向右排列，同一时间的对象级变化排列在同一垂直方向上。因此，OLD 的图形类似图 11-7 所示。

ALD 是一个描述每个时空对象属性级时空变化的图。如图 11-8 所示，在 ALD 中，一个时空对象表示为一个对象标识、属性描述子、空间描述子的集合。

OLD 和 ALD 不仅表达了时空对象的静态结构，也表达了其动态时空特性。对象标识唯一标识一个时空对象，它可以是关系数据库中的主键或者是 OODB 中的一个 OID。属性描述子描述了时空对象随时间而变化的主题属性。空间描述子描述了时空对象随时间而发生变化的空间属性。时空对象间的时空联系是时空数据库中比较复杂的数据。

图 11-9 展示了时空对象间两种不同的时空联系。时空对象在特定时刻的时空联系是静

态时空联系，例如时空对象间的空间拓扑关系。在时空语义模型中，静态时空联系通过空间描述子隐式表示，即每个特定时刻的静态时空联系在对象内部并没有相应的属性，而是通过时空对象的空间存在状态进行计算得到。

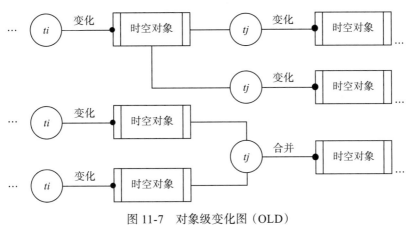

图 11-7 对象级变化图（OLD）

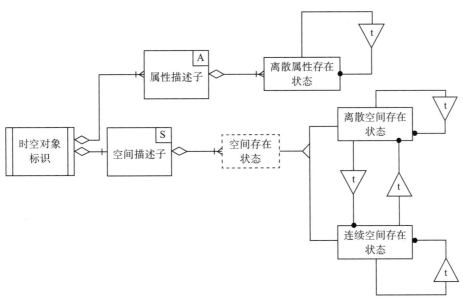

图 11-8 属性级变化图（ALD）

如图 11-9 所示，时空对象 A 和 B 在 T_0 时刻的静态时空联系可以通过 A 和 B 在 T_0 的空间存在状态计算得到，例如，函数 Overlap(When$_s$(A, T_0), When$_s$ (B, T_0)) 可以用于确定 T_0 时刻 A 是否与 B 存在覆盖关系。一个时空对象与其"父母"和"子女"之间的时空联系是动态时空联系，所谓动态是指这种时空联系表示的是沿着时间轴方向的时空联系，而不是某个时刻的时空联系。动态时空联系记录了一个时空对象与其他时空对象之间的历史联系。如前所述，在时空语义模型中，动态时空联系通过历史拓扑来表示。例如，A 和 C 的历史关系，即 C 在 T_1 时刻从 A 中分裂出来，既可以通过 A 中的历史拓扑 HT(A) 表示，也可通过 C 中的历史拓扑 HT(C) 表示。之所以同时在"父母"对象和"子女"对象中记录历史关系，是为了给时空查询增加入口，从而加快查询的速度。

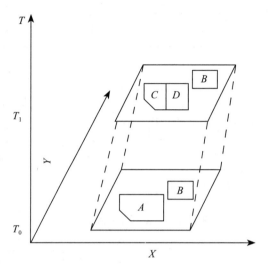

图 11-9　静态时空联系和动态时空联系

下面通过一个例子来说明时空语义模型的建模过程。图 11-10 给出了一个地块的时空变化历史，这种变化在地籍管理、行政区划管理中是很常见的。假设现在每个地块都是通过下面的信息进行描述的：

地块（地块编号，地块的所有者，地块所在的行政区，地块所在的道路或街道名，地块所在的街道号码，地块的空间范围）

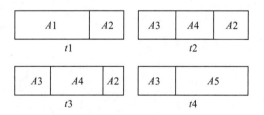

图 11-10　地块的时空变化历史

在建立时空语义模型时，首先确定对象标识、属性描述子、空间描述子和历史拓扑。在本例中，假设地块的属性信息通过两个属性描述子来描述——AD_1（地块的所有者）和 AD_2（地块所在的行政区，地块所在的道路或街道名，地块所在的街道号码），分别描述地块的所有者变化历史和地块的地址变化历史。由于在时空语义模型中，每个时空对象只有一个空间描述子，因此使用 SD 表示地块对应的空间描述子。该例对应的 OLD 如图 11-11 所示，图 11-12 所示为地块 $A4$ 对应的 ALD（其他对象的 ALD 与此类似）。

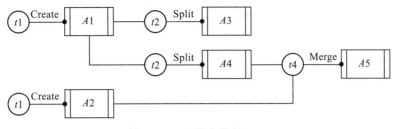

图 11-11　地块变化的 OLD

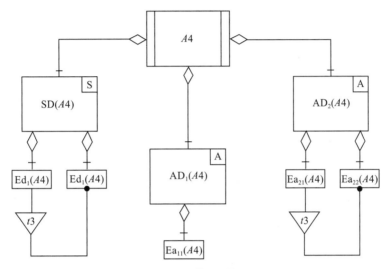

图 11-12　地块 $A4$ 的 ALD

11.3　时空数据模型

　　时空数据模型是描述现实世界中的时空对象、时空对象间的时空联系及语义约束的模型。与传统的数据模型一样，时空数据模型同样也分为语义型和结构型两种时空数据模型。语义型时空数据模型侧重于时空语义的表达，以用户的观点描述现实世界中时空对象及对象间的时空联系。因此，语义型时空数据模型的抽象程度较高，对模型中要素的描述也没有严格的形式化定义，一般独立于计算机系统。而结构型时空数据模型则直接面向时空数据在数据库中的逻辑结构，有着严格的形式化定义（以便在计算机系统中实现）。通常所说的时空数据模型是指结构型时空数据模型。

　　时空数据模型是时空数据库研究最集中的领域。自 20 世纪 90 年代开始，已经提出了多种不同的模型。这些模型大致可分为 5 类：①基于版本的时空数据模型；②基于事件的时空数据模型；③基于约束数据库的时空数据模型；④基于数据类型的时空数据模型；⑤面向移动对象的时空数据模型。

11.3.1   基于版本的时空数据模型

版本是时态数据库中的核心技术之一。在 GIS 中引入时态信息的时态 GIS（temporal GIS，TGIS），通过记录空间对象在不同时刻的状态来记录空间数据随时间而发生的变化，这就是基于版本的时空数据模型的核心。与时态数据库类似，在时空数据库中空间对象随时间而发生的变化也可采用不同的版本技术。基于版本技术，研究者提出了多个时空数据模型：时空快照模型（spatiotemporal snapshot model）、基态修正模型（base state and amendment model）、时空立方体模型（spatiotemporal cube model）、时空复合模型（spatiotemporal composite model）和时空对象模型（spatiotemporal object model）。时空快照模型采用数据库版本技术，将版本时间标记在全局状态上，以一系列的数据库快照来表示空间对象随时间而发生的演变，其中每个快照记录了当前时刻的数据库状态。这一模型非常简单和直观，但无法表达发生在两个快照之间的变化，而且导致了大量的数据冗余，并可能导致数据的不一致性。基态修正模型以一个原始的数据库状态（快照）为基础状态，通过记录每一次相对基态的状态变化来表示时空对象的时空变化。该模型将版本时间标记在两个数据库状态的变化差值上，即只在数据库状态发生变化时才做一次版本，并且做版本时只记录当前状态与基态之间的差值。与时空快照模型相比，基态修正模型减少了数据冗余，但每次为了计算数据库的当前状态都需要引用基态和所有的状态变化记录，因此查询效率低。时空立方体模型以二维空间和一维时间构成的三维立方体来表示时空数据。该模型采用了对象版本技术，将版本时间标记在空间坐标点上，当空间对象的空间坐标点发生变化时就增长立方体。当立方体不断增长时，数据查询（提取子立方体）将变得十分复杂。时空复合模型结合了数据库版本和对象版本的特点，将版本时间标记在人为组合的一个时空复合体上。一个时空复合体是空间同构、时态一致的若干空间对象的组合。时空数据库表示为时空复合体的集合，每个时空复合体的变化单独表示，并且每当一个时空复合体发生变化时，就产生一个新的时空复合体。因此，时空复合模型的版本粒度介于时空快照模型的和时空立方体模型的之间，它以时空复合体为版本单位，从而可以有效回答针对时空复合体的时空变化查询（例如，学校校区的变化）。但由于各个时空复合体独立表示时空变化，因此该模型无法表示和回答涉及多个时空复合体的查询。并且在时空复合模型中，如果有数据库更新操作，则可能导致大量的时空复合体需要重建。时空对象模型以面向对象技术为基础，将时空数据库表示为一个时空对象集合，每个时空对象包含若干个时空原子（spatiotemporal atom）。一个时空原子是时空对象的部分空间属性，这些空间属性在一个相对长时间里保持不变。尽管时空原子本身不表示任何时空变化，但将一个时空对象的时空原子投影到时间维或空间维上就可以得到该时空对象在不同时间里的状态，因而可以表示时空对象的状态和变化。但时空对象模型与时空快照模型、时空复合模型类似，都只能表示离散的变化，无法表达连续的变化。

11.3.2   基于事件的时空数据模型

基于事件的时空数据模型源于时态数据模型。在时态数据模型中，人们已经提出了按时间序列表示时态信息的模型，即将时态信息表示为一个时间的序列。将这一思想应用到时空数据建模上，就产生了基于事件的时空数据模型。

一个事件（event）是一个发生在某个确定时刻的事实。基于事件的时空数据模型的思想就是将空间对象的时空变化表示为一个个的事件，每一个事件记录了空间对象的一次状态变化，因此事件对应着时空变化。与基于版本的时空数据模型相比，基于事件的模型是以显式的方式表达时空变化。在基于版本的时空数据模型中，版本本身并不表示变化，时空变化是通过版本间的比较来表示的。而在基于事件的模型中，每次事件即是一次变化，并且还可以同时记录变化的前后关联状态等信息。基于事件的时空数据模型在近几年受到了国内外研究者的关注。事件以空间对象的版本变化来表示，并通过基于空间对象版本和拓扑的时态操作来实现时空变化查询。空间对象的每次状态变化（形状和属性等）可被视为一个事件，用一维时间轴上的事件序列（event list）表示对象的时空演变过程在这个基础上，研究者提出了基于事件的时空数据模型（event-based spatio-temporal data model，ESTDM）。ESTDM 采用栅格形式的图层表示空间数据，每个事件对应图层的一个版本，并且记录每个事件与其前一事件和后一事件的联系，从而形成对图层的整个时空演变过程的描述。如图 11-13 所示，在 ESTDM 中一个头文件包含了主题图层的一个初始状态（即一个快照），以及指向事件列表的指针。每次图层的变化都会在事件列表中增加一个事件项，该事件表示了当前的栅格图层与前一状态的变化，这一变化通过栅格的变化来表示。但 ESTDM 对于矢量形式的空间数据缺乏有效支持。此外，由于 ESTDM 采用图层方式表示空间数据，所以现实世界中一个完整的空间实体可能被分割成几部分在不同的图层中表示，从而破坏了实体的时空完整性，致使对实体的时空变化的查询必须参考不同图层的事件列表。

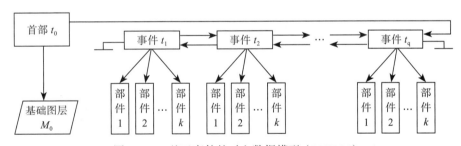

图 11-13　基于事件的时空数据模型（ESTDM）

基于事件的时空数据模型以显式的事件来表示时空变化。但将时空对象的所有变化都显式存储也带来了额外的开销，即不仅要显式存储时空对象与时空对象之间的变化关联，还要显式存储一个时空对象的各个版本之间的变化关联。在现实世界中，时空对象与时空对象之间的变化需要显式地存储，因为应用需要了解一个时空对象是如何从其他时空对象演变而来的，而一个时空对象内部的变化并不需要显式地存储，因为应用只关心时空对象值的改变。因此，在基于事件的时空数据模型中，关键在于如何有效、合理地定义和表示事件。

11.3.3　基于约束数据库的时空数据模型

约束数据库通过"广义元组"（generalized tuple）对传统的关系数据模型进行了扩充。

约束关系 R 中的一个约束元组是定义在一个变量集上的约束合取式。例如，定义在变量集 $\{x,y\}$ 上的约束元组可以是 $((1<x<3) \wedge (2<y<5))$，这对应于二维平面上的一个矩形区域。由于每个约束元组可以描述一个可能是无限的点集，因此约束数据模型可以用约束的形式来表示时空数据等多维信息。

　　基于约束数据库的时空数据模型的最大优点是其在传统关系代数操作上的封闭性很容易证明。因而这种时空数据模型仍可以采用关系代数或关系演算作为数据操作。根据约束数据库的思想，人们提出了若干时空数据模型。这些时空数据模型在不同程度上利用了约束数据库的某些特性。"参数化 2—Spaghetti"模型在 Worboys 模型的基础上发展而来。Worboys 模型基于关系模型，结合 2—Spaghetti 空间数据模型和时态数据模型，通过对空间对象加上时间戳来表示时空数据。该模型的抽象语义是 2—Spaghetti 模型与时态数据模型的积，每个关系表示了 2 维空间信息和 1 维时态信息。参数化 2—Spaghetti 模型改进了 Worboys 的模型，它允许空间对象的坐标点是一个时间的线性函数，从而可以表达空间对象在某个时间区间里的线性连续变化。参数化 2—Spaghetti 模型中关系 r 的抽象语义是一个集合 S（可能是无限的），S 中的每个元素是一个关系，该关系包含了当 t 取 [From, To] 之间的值时 r 中所有元组的实例（取出列 From 和 To）。给定一个特定的 t 值，参数化 2—Spaghetti 模型将生成一个与 2—Spaghetti 模型语义等同的数据库。图 11-14 展示了 Worboys 模型与参数化 2—Spaghetti 模型之间的区别与联系。参数化 2—Spaghetti 模型中的时态选择和投影、空间选择和投影及并等操作容易定义，但连接操作的定义存在困难，因为该模型中的元组对于交操作是不封闭的，这是该模型的一个缺点。

ID	x	y	x'	y'	x''	y''	From	To
$p1$	10	4	10	4	10	4	1980	1986
$l1$	5	10	9	6	9	6	1995	1996
$l1$	9	6	9	3	9	3	1995	1996
$t1$	2	3	2	7	6	3	1975	1990
$r1$	1	2	1	11	11.5	11	1994	1996
$r1$	11.5	11	11.5	2	1	2	1994	1996
$p2$	3	5	3	8	4	9	1991	1996
$p2$	4	9	7	6	3	8	1991	1996
$p2$	3	5	7	6	3	8	1991	1996

a) Worboys 模型

ID	x	y	x'	y'	x''	y''	From	To
$r1$	3	10	3	10	3	10	1	$+\infty$
$r1$	3	10	3	$11-t$	$2+t$	10	1	8
$r1$	3	10	3	3	10	10	8	$+\infty$
$r1$	3	3	10	10	3	$11-t$	8	10
$r1$	10	10	$11-t$	10	$18-t$	10	8	10
$r1$	3	3	10	10	3	1	10	$+\infty$
$r1$	10	10	3	1	10	8	10	$+\infty$
$r1$	3	1	10	8	$t-7$	10	10	17
$r1$	$t-7$	1	10	$18-t$	10	8	10	17
$r1$	3	1	10	8			17	$+\infty$
$r1$	10	1	10	8			17	$+\infty$

b) 参数化 2—Spaghetti 模型

图 11-14　Worboys 模型和参数化 2—Spaghetti 模型中的时空数据表示

　　针对参数化 2—Spaghetti 模型的缺点，研究者提出了一种新的用于描述连续时空变化的时空数据模型——参数化矩形（parametric rectangle）模型。一个 n 维参数化矩形是一个 $2n+2$ 维元组 $<x1,x1',x2,x2',\cdots, xn,xn', \text{From}, \text{To}>$，其中 xi 与 xi' 都是时间 t 的函数，$t \in$

[From, To]。图 11-15 所示为一个 2 维参数化矩形的例子。

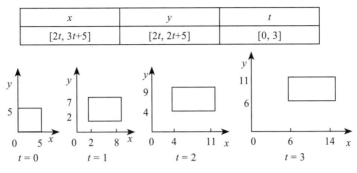

x	y	t
$[2t, 3t+5]$	$[2t, 2t+5]$	$[0, 3]$

图 11-15　2 维参数化矩形示例

与其他模型相比，基于约束数据库的时空数据模型具有较强的表达能力。以参数化矩形模型为例，该模型不仅可以表达连续型变化（这是许多模型所欠缺的），而且当 x、y 上的约束表达式退化为常量时（t 是常数），还可以表达基于版本的时空数据模型的语义。这类模型的主要问题是在实际应用中必须预先知道定义在时间域上的时空对象的约束表达式，而这在实践中是很难做到的。但基于约束数据库的时空数据模型对于特定的一些应用，例如海上航行、车辆交通管理等较容易计算约束表达式的移动应用，还是比较适合的。

11.3.4　基于数据类型的时空数据模型

基于数据类型的时空数据模型以数据类型来表示空间数据、时态数据和时空数据。这类模型由一个时空数据类型的集合及数据类型上的操作集组成。基于数据类型的时空数据模型的最大优点是可以和对象关系数据库管理系统（object-relational DBMS，ORDBMS）及 SQL 语言无缝结合。对象关系数据库技术综合了面向对象数据库技术和关系数据库技术的优点，是目前流行的复杂数据管理技术。对象关系数据库技术的先驱者 M. Stonebraker 早在 1996 年就认为对象关系数据库将是数据库技术的下一个大浪潮。对象关系数据模型是扩充了的关系模型，其核心是允许用户通过自定义的扩展数据类型扩充关系数据模型的类型系统，同时也允许用户自定义扩展数据类型上的操作，以实现对扩展数据类型的数据操作。扩展数据类型和扩展操作使传统的关系模型能够有效地利用对象技术来表示和操纵复杂数据。

图 11-16 所示为基于数据类型的时空数据模型 STORM（spatio-temporal object-relational model）的设计思想。STORM 以对象关系数据模型为基础进行设计。其核心思想就是对对象关系数据模型进行时空扩展，通过扩展的抽象数据类型及其操作来实现时空数据管理。STORM 以时空关系来表示时空对象的集合。时空关系的每个时空元组对应一个时空对象。时空对象以基本数据类型和

图 11-16　时空数据模型 STORM 的设计思想

扩展的时空数据类型来表示。STORM 的数据操作采用扩展的关系代数操作，通过空间数据操作、时态数据操作、时空数据操作和历史拓扑操作增强了传统的关系代数操作，使其能够有效地操纵时空数据。

图 11-17 所示为 STORM 中的基本表逻辑结构。由于对象关系数据库仍以关系数据库为基础，因此在对象关系数据库中，实体集仍通过关系来表示，只不过此时的关系已与传统的关系大不相同。在 STORM 中的基本表逻辑结构中，主码（primary key）的域定义为 int；主题属性（thematic attribute）的域可以是传统关系模型中的域类型；时空属性（spatiotemporal attribute）是扩展的时空数据类型，它们表示了空间对象的空间属性随时间而发生的变化；历史拓扑属性（history topology attribute）是扩展的历史拓扑类型，它表示了时空对象在不同时间里与其他时空对象间的历史关联。在图 11-17 所示的数据结构上的查询以扩充的关系代数操作进行。如果关系代数操作与时空属性或历史拓扑属性相关，就是时空查询操作；如果仅与主题属性相关，则为传统的关系代数操作。时空查询操作由时空数据类型和历史拓扑类型上的操作支持。时空数据类型及操作支持了时空数据及属性级时空变化的表示和查询，包括连续时空变化和离散时空变化；历史拓扑类型及操作支持了对象级时空变化的表示和查询。

| 主码 | 主题属性 | 时空属性 | 历史拓扑属性 |

图 11-17   STORM 中的基本表逻辑结构

综上所述，在设计 STORM 时，关键是设计扩展的时空数据类型、历史拓扑类型及之上的操作。它们是时空对象表示和查询的核心。表 11-2 和表 11-3 分别列出了 STORM 中的扩展时空数据类型和时空操作。

表 11-2   STORM 中的扩展时空数据类型

空间数据类型	时态数据类型	时空数据类型	历史拓扑类型
point、points、line、string、triangle、region、regions	instant、period	通过 std 和 stc 类型构造子构造	htstate、mHT

表 11-3   STORM 中的扩展时空操作

	几何操作	拓扑操作	属性操作
空间操作	Union、Intersect、Cross、Center	Disjoint、Meet、Intersects、Contain、Overlap、Equal	Distance、Area、Length、Perimeter
时态操作	Coalesce、Duplicate	Before、Equals、Meets、Overlaps、During、Starts、Finishes	
时空操作	History、When、htHistory、htWhen	stDisjoint、stEqual、stMeet、stIntersects、stContain、stOverlap	

STORM 中的时空数据类型的设计思想是为时空对象的对象标识、空间描述子、属性描述子和历史拓扑分别提供不同的扩展数据类型。但在 STORM 中没有定义属性描述子相应的扩展数据类型。这是因为属性描述子所基于的主题属性集合是与应用相关的，所以，

STORM 中不考虑属性描述子的扩展数据类型的实现。另一个问题是对象标识的类型定义。在对象关系模型中，对象的标识仍通过主码来表示，而主码的数据类型也是与应用相关的，不同的应用可能会有不同的主码类型。但对象标识（现在即主码）的类型是历史拓扑的一部分，如果不能指定对象标识的类型，则无法设计历史拓扑的数据结构。因此在 STORM 中采取了一种折中的方法，即规定主码的数据类型必须为 int 类型。如果应用存在非 int 类型的主码 a，则可以增加一个新的 int 类型的属性 b，并将 b 设为主码，同时将 a 设为候选码即可。

11.3.5 面向移动对象的时空数据模型

移动对象是一类特殊的具有明显特征的时空对象，这些对象的位置随时间变化，但它们的形状不随时间而变化，例如海上航行的船只、公路上行驶的车辆等。因此，在时空数据库中可以将移动对象的空间数据抽象为 0 维的点。由于空间数据都抽象成点，因此面向移动对象的时空数据模型就避开了其他时空数据模型中的一些难点问题，集中处理时空对象位置的变化，即移动。正是因为这一特殊性，面向移动对象的时空数据模型在表达时空对象位置的连续时空变化（移动）时成果显著，因为点的连续变化比区域的连续变化建模要容易得多。目前，该模型除了研究移动对象的连续位置变化外，还引发了一些其他问题的研究，例如，移动对象的未来位置查询、移动对象的变化概率等。总之，面向移动对象的时空数据模型可以满足一些特殊的应用，并且在表达空间位置的连续变化、针对移动对象的查询和索引等方面有一定的优势，也为时空数据库的研究开辟了一个新的途径。但对于一般的时空应用而言，这类模型缺乏可适用性。

11.4 时空数据库查询语言

时空数据库语言是查询和操纵时空数据库的接口。以往提出的时空数据库语言基本采用了两种研究方法：基于 SQL 的时空数据库语言和基于 OQL 的时空数据库语言。基于 SQL 的时空数据库语言在支持时空数据存取上存在两种不同的解决手段：一种是采用兼容 SQL 的方法进行时空数据库语言的设计，对 SQL 的子句不做任何扩充；另一种方法是采取扩充 SQL 子句的方式支持时空数据的存取。从实际应用的角度考虑，兼容 SQL 的方法显然要优于后一种方法。

目前还没有时空数据库查询语言的标准，本节主要介绍一种基于第 11.3 节介绍的 STORM 模型的时空数据库语言——SQLST。SQLST 以 SQL 语言为基础，对 SQL 语言的 DDL 和 DML 进行了扩充。

11.4.1 数据定义语言

数据定义语言（DDL）包括操作基本表、视图和索引的 CREATE、ALTER、DROP 语句。这里仅对 CREATE TABLE 语句进行说明。CREATE TABLE 语句的语法格式如下：

```
CREATE TABLE table_name (attribute_name attribute_type [,attribute_name
    attribute_type] * [, CONSTRAINT constraint_name constraint_description] *);
```

其中，*号表示可以存在多项。

例如，建立一个 land 表的语句为

```
CREATE TABLE land(
    Id Int,
    Owner Varchar(20),
    Validtime period,
    Boundary stdregion,
    History mht);
```

SQLST 的 CREATE TABLE 语句与 SQL 的基本格式相同，扩充主要体现在基本数据类型和约束表达上。

1. SQLST 的数据类型

SQLST 支持以下几类数据类型。

（1）SQL 中的基本数据类型

基本数据类型包括 INT、REAL、CHAR、DATE 等。

（2）空间数据类型

SQLST 中的空间数据类型包括以下 7 种。

1）point：点。它由两个 real 类型数值构成的值对，表示二维空间中的坐标点。格式为"x y"。例如"10 20"表示点 (10,20)。

2）points：多点。是一个变长的 point 数组，表示一个 point 类型数据的集合。格式为"x1 y1 x2 y2 … xk yk"。例如"10 20 30 40 12 32"。

3）line：线。它由两个 point 构成的点对，表示二维空间中的一个线段。格式为"x1 y1 x2 y2"。例如"10 20 30 40"。

4）string：折线。它是一个变长的 point 数组，表示二维空间中的一条折线。格式与 points 相同。

5）triangle：三角形区域。它由 3 个 point 组成的定长数组。例如"1 1 2 1 2 2"。

6）region：区域。它由变长的 point 数组表示的二维空间区域，其中数组的第一个 point 和最后一个 point 相同。例如"1 1 2 1 2 2 1 2 1 1"表示四边形，4 个顶点分别为 (1,1)、(2,1)、(2,2) 和 (1,2)。

7）regions：多区域。它是一个变长的 region 数组，表示一个 region 的集合。region 之间使用符号"|"分隔。

（3）时态数据类型

SQLST 中的时态数据类型包括以下 2 种。

1）instant：时刻。它表示时间轴上的一个时间点。instant 采用的时间子是秒（s）。instant 的数据结构为一个格式化时间字符串，可以是两种形式：一种是""YYYY-MM-DD HH:NN:SS""；另一种是"NOW"，NOW 表示当前的时刻。instant 类型数据的例子如

"2003-02-01 11:59:59"、NOW。

2）period：时间区间。它是由两个 instant 构成的序对，表示一段时间。其中第一个 instant 表示 period 的开始，第二个 instant 表示 period 的结束。period 数据两端都是闭合的。例如，"2003-02-01 11:59:59" "2003-03-01 11:59:59""、"2003-02-01 11:59:59" NOW。

（4）时空数据类型

SQLST 中的时空数据类型包括以下 9 种。

1）stdpoint：离散时空点。它是一个列表，列表中的每个元素是一个由 point 和 period 构成的值对，表示 point 值在 period 期间保持不变。例如 "2003-02-01 11:59:59" "2003-03-01 11:59:59" 1 1,"2003-03-01 12:00:00" NOW 2 1。

2）stdpoints：离散时空多点。它是一个列表，列表中的每个元素是一个由 points 和 period 构成的值对，表示 points 值在 period 期间保持不变。例如 "2003-02-01 11:59:59" "2003-03-01 11:59:59" 1 1 2 1 3 1,"2003-03-01 12:00:00" NOW 1 1 3 1 4 1。

3）stdline：离散时空线。它是一个列表，列表中的每个元素是一个由 line 和 period 构成的值对，表示 line 值在 period 期间保持不变。例如 "2003-02-01 11:59:59" "2003-03-01 11:59:59" 1 1 2 1,"2003-03-01 12:00:00" NOW 1 1 3 1。

4）stdstring：离散时空折线。它是一个列表，列表中的每个元素是一个由 string 和 period 构成的值对，表示 string 值在 period 期间保持不变。格式与 stdpoints 相同。

5）stdregion：离散时空区域。它是一个列表，列表中的每个元素是一个由 region 和 period 构成的值对，表示 region 值在 period 期间保持不变。例如，"2003-02-01 11:59:59" "2003-03-01 11:59:59" 1 1 2 1 2 2 1 2 1 1,"2003-03-01 12:00:00" NOW 1 1 3 1 3 3 1 3 1 1。

6）stdregions：离散时空域集。它是一个列表，列表中的每个元素是一个由 regions 和 period 构成的值对，表示 regions 值在 period 期间保持不变。格式与 stdpoints 类似。

7）stcpoint：连续时空点。它是一个列表，列表中的每个元素由 2 个字符串和 1 个 period 组成，2 个字符串都是以 t 为变量的线性函数表达式，分别表示连续时空点在 x 和 y 方向的位置与时间 t 的函数关系，period 是连续时空点保持 x 和 y 方向上的移动函数的时间区间。例如 10+4t,10, "2003-03-01 12:00:00" NOW 表示点 (10,10) 从 2003-03-01 12:00:00 开始就一直在以每秒 4 个单位的速度向右水平移动。

8）stcline：连续时空线。它是一个列表，列表中的每个元素由一个 4 个字符串和 1 个 period 组成。4 个字符串都是 t 的线性函数，分别表示 line 的两个端点在 x 和 y 方向的位置函数。period 是 4 个函数保持不变的时间区间。例如，10+4t,10,10,5t, "2003-03-01 12:00:00" NOW 表示一条直线 (10,10,10,20) 自 2003-03-01 12:00:00 至今的连续变化，它的一个端点始终以每秒 4 个单位的速度向右移动，而另一个端点始终以每秒 5 个单位的速度向上移动。

9）stcregion：连续时空区域。它是一个列表，其中每个元素是一个连续变化的水平方向的矩形（每条边都与 x 或 y 平行），矩形的结构为 ($x0,x1,y0,y1,p$)。其中，$x0$ 是矩形左端的 x 维值随时间 t 变化的线性函数；$x1$ 是矩形右端的 x 维值和时间 t 的线性函数；$y0$

是矩形下端的 y 维值随时间 t 变化的线性函数；$y1$ 是矩形上端的 y 维值和时间 t 的线性函数；p 是变化保持的时间区间。这一矩形称为约束矩形，例如，2t,3t+5,2t,2t+5,"2003-03-01 12:00:00" NOW 表示一个连续时空矩形，它是由 $2t \leqslant x \leqslant 3t+5$ 和 $2t \leqslant y \leqslant 2t+5$ 确定的一个连续变化的矩形。

（5）历史拓扑类型

SQLST 中的历史拓扑类型只有 HTstate 和 mHT 两种类型。

1）HTstate：历史拓扑状态类型。它由 1 个 int、1 个 instant 和 2 个 int 类型数组组成，分别表示变化类型、历史拓扑时间、前趋对象标识集和后继对象标识集，其中前趋对象标识集和后继对象标识集可以为 NULL。例如 "2003-03-01 12:00:00" 1 NULL|NULL" 表示一个时空对象的创建，"2003-03-01 12:00:00" 2 NULL|100 200 表示一个时空对象的分裂。

2）mHT：历史拓扑类型。mHT 数据是一个 HTstate 列表，列表元素之间使用逗号分隔。例如 "2003-03-01 12:00:00" 1 NULL|NULL,"2003-04-01 12:00:00" 2 NULL|100 200 表示一个时空对象在 2003-03-01 12:00:00 创建然后在 2003-04-01 12:00:00 分裂为对象 100 和 200 的过程。

2. SQLST 的约束表达

SQLST 的数据约束可以在 CREATE TABLE 的 CONSTRAINT 子句中表达。SQLST 支持 SQL 的 Primary Key、Foreign Key、Unique 和 Check 约束，但对 Check 约束的定义进行了扩充，使其可以支持 STORM 中的语义约束。Check 约束的定义格式如下：

CONSTRAINT Check(<Check expression>*)

其中，Check expression 必须是返回 True 或 False 的一个条件表达式，它可以是以下几种形式之一：

形式 1：<字段名><条件比较符><常数>

其中，条件比较符可以是 >、<、>=、<=、<>、=。例如 Check id > 1000。

形式 2：<字段名><IN><常量集合或 SELECT 子查询>

例如，CHECK sex IN ('M', 'F')

形式 3：<函数><条件比较符><常数>

这里的函数可以是算术函数、字符串函数或时空函数（空间、时态、时空操作或历史拓扑操作）。例如，Check distance(Location, '10 10') <=20 表示插入或修改记录时，新记录的 Location（point 类型）必须与点 (10,10) 的距离不超过 20。

形式 4：<函数><IN><常量集合或 SELECT 子查询>

这里的函数可以是算术函数、字符串函数或时空函数（空间、时态、时空操作或历史拓扑操作）。

11.4.2　数据操纵语言

SQL 中的 DML 语句包括 INSERT、DELETE 和 SELECT 语句。SQLST 对于 INSERT 语句没有做扩充。DELETE 语句的主要扩充是 WHERE 子句，它与 SELECT 中的 WHERE

子句相同，因此在下面的 SELECT 语句中对其进行讨论。SQLST 对 SELECT 语句的扩充主要体现在 SELECT 子句和 WHERE 子句上。SQLST 扩充了 SQL 中的函数集，使得空间操作、时态操作、时空操作及历史拓扑操作可以作为内嵌的函数在 SELECT 子句和 WHERE 子句中使用。SELECT 语句的基本格式如下：

```
SELECT <列名表>
FROM <表名>
WHERE <条件表达式>
```

其中，<列名表>中除了是传统 SQL 列名及表达式之外，还可以是一个非拓扑操作的时空操作；<条件表达式>除了可以是传统 SQL 中允许的方式外，还可以是以下几种形式：

1）空间拓扑操作、时态拓扑操作或时空拓扑操作。

2）涉及非拓扑操作的时空操作的一个比较式，比较符可以是 >、<、>=、<=、<> 或 =。

11.4.3　时空查询示例

本小节通过一个例子来说明 SQLST 查询功能的实现方法。

这是一个地籍管理的例子。一个城市有多个区要管理，每个区有若干地块要管理。其中有两个时空表 land 和 district。district 表存放了城市中各个区的情况，land 表存放了各个区中地块及其所有者的情况。district 表和 land 表的结构如下：

```
land(land_id: int, district_id: int, owner: varchar(20), owntime: period,
     boundary: stdregion, history: mHT) district(district_id: int, name:
     varchar(20), boundary: stdregion, history: mHT)
```

1. 创建时空表

```
CREATE TABLE district(
     district_id int,
     name varchar(20),
     boundary stdregion,
     history mHT
);
CREATE TABLE land(
     land_id int,
     owner varchar(20),
     owntime period,
     boundary stdregion,
     history mHT
);
```

2. 时空查询例子

【例 11-1】返回张三目前所拥有的地块号和地块面积。

```
SELECT id, area(when(boundary,'NOW'::instant) as land_area
FROM land
WHERE owner=' 张三 '
```

其中，符号"::"表示将字符串强制转换为 instant 类型。

【例 11-2】返回编号为 100 的地块在 2000-01-01 时的边界与面积，以及在 2002-01-01 时的边界与面积。

```
SELECT boundary1, area(boundary1) as area_2000,boundary2, area(boundary2) as
   area_2002
FROM (SELECT when(land.boundary, '"2000-01-01 00:00:00"'::instant) as boundary1,
   when(land.boundary, '"2002-01-01 00:00:00"'::instant) as boundary2 FROM land
   WHERE land_id=100) land2
```

【例 11-3】查询自 2000-01-01 以来与编号为 100 的地块相邻的所有地块。

```
SELECT a.land_id
FROM land a, land b
WHERE a.land_id<>b.land_id and stMeet(a.boundary, b.boundary, '"2000-01-01
   00:00:00, NOW"'::period ) and b.land_id=100
```

【例 11-4】查询 2000-12-01 时"中市区"的所有地块的面积总和。

```
SELECT sum(area(when(b.boundary,'"2000-12-01 00:00:00"'::instant) as sum_area
FROM district a, land b
WHERE contain(when(a.boundary,'"2000-12-01 00:00:00"'::instant), when(b.
   boundary,'"2000-12-01 00:00:00"'::instant)) and a.Name=' 中市区 '
```

【例 11-5】返回 100 号地块自 2002-01-01 以来的边界变化。

```
SELECT id, history(boundary,'"2002-01-01 00:00:00, NOW"'::period) as boundary_
   history
FROM land
WHERE id=100
```

【例 11-6】查询"中市区"自 1999-01-01 以来的标识变化（指与其他区发生了重组）。

```
SELECT district_id, name, history(history,'"1999-01-01 00:00:00, NOW"'::period)
   as id_history
FROM district
WHERE name=' 中市区 '
```

【例 11-7】查询张三在 2002-12-01 到 2003-06-01 之间所拥有的地块的地块号和时间。

```
SELECT id,duplicate(owntime, '"2002-12-01 00:00:00, 2003-06-01
   00:00:00"'::period) as time
   FROM land
   WHERE owner=' 张三 ' and overlaps(owntime, '"2002-12-01 00:00:00, 2003-06-01
      00:00:00"'::period)
```

11.5　时空数据库管理系统的实现技术

以往的时空数据库研究主要集中于时空数据模型与语言上，对时空数据库管理系统的实现讨论较少。时空数据模型缺乏有效实现的原因可归纳为两个：一是许多时空数据模型过于复杂，因而难以采用现有技术实现。一些时空数据模型以面向对象数据模型为基础，引入了时空对象的各种复杂操作和复杂关系，如继承、聚合、再生等。尽管这些特性提高了模型的表达能力，但也给模型的完全实现带来了困难。二是缺乏实现的平台及相关技术。从应用的角度分析，在关系数据库管理系统上实现时空数据库系统是最理想的，因为 RDBMS 是目前应用最广泛的数据库技术。但事实正好相反，面向对象数据库管理系统，如 O2、Versant 等，可用于时空数据库系统的实现，但 OODB 在实用性方面还存在着不足。对象关系数据库管理系统结合了 RDBMS 和 OODBMS 的优点，是目前可用于时空数据库系统实现的最佳选择，并且也得到了主流的 DBMS，如 Oracle、Informix、DB2 等的支持。但在 ORDBMS 上实现时空数据库系统同样比较复杂，而且除了 Informix 之外，其他的 ORDBMS 都没有提供相应的开发和调试工具。

本节主要讨论基于 STORM 的时空数据库管理系统的实现技术。首先讨论了基于 STORM 的时空数据库管理系统的实现结构。在分析了目前几种实现结构之后，确定了基于 ORDBMS 的结构是较好的实现结构。在具体实现技术上，选择了 Informix Dynamic Serve v9.21 作为底层的 ORDBMS，并采用 DataBlade 技术进行了系统实现。

11.5.1 基于 STORM 的时空数据库管理系统的实现结构

基于 STORM 的时空数据库管理系统的实现结构继承了过去对空间数据库和时态数据库的研究成果。目前已提出的实现结构主要有 3 种：完全型实现结构、层次型实现结构和扩展型实现结构。

1. 完全型实现结构

完全型实现结构直接在操作系统之上实现一个时空数据库管理系统。这种实现结构需要完全实现一个数据库管理系统中的模块，包括查询编译与执行、事务管理、存储管理等，并且为了满足实际应用，还要设计时空数据库的数据驱动程序。这种结构的实现工作量巨大，而且难以满足一般时空应用开发的需求。

2. 层次型实现结构

层次型实现结构（见图 11-18）在传统的关系数据库管理系统之上附加了一个时空层，通过时空层来完成对时空数据的操作，不需要对底层的数据库管理系统内核进行任何变化。时空层承担了时空数据库语言与 SQL 间的翻译、时空查询优化等几乎所有的时空数据管理工作，所有的时空数据请求都要通过时空层进行处理。时空查询翻译成 SQL 之后将会十分复杂，因而不利于底层的关系数据库管理系统进行查询优化。而且，时空层也会成为应用开发的瓶颈，因为所有的请求都要首先通过它转换为标准的 SQL。

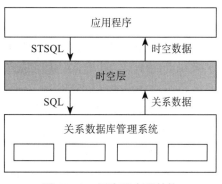

图 11-18 层次型实现结构

3. 扩展型实现结构

扩展型实现结构指的是在对象关系数据库管理系统之上进行时空扩展。图 11-19 所示为这种结构，其中阴影部分是时空扩展。由于对象关系数据库管理系统提供了用户定义数据类型（user defined data type，UDT）及用户定义过程（user defined routine，UDR）的扩展功能，因此，可以在对象关系数据库管理系统之上扩展新的时空数据类型和时空操作，

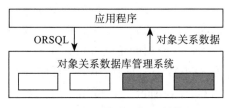

图 11-19　扩展型实现结构

并将时空索引也通过 UDR 和其他技术扩展到核心中。这种结构是目前最受关注的结构。它使得时空数据库管理系统的实现和使用成为可能。但其主要的问题是：虽然底层的数据库管理系统可以使用扩展的时空索引来加快查询速度，但它对时空查询优化的支持也仅局限于此。底层的数据库管理系统仍采用关系数据库的查询优化规则来处理一个时空查询，而这对于时空查询是不适合的。

11.5.2　基于 DataBlade 的时空数据库管理系统的实现

本小节讨论基于对象关系数据库 Informix 的时空数据库管理系统的实现技术。时空数据模型采用 STORM，实现的时空数据库管理系统依然以 STORM 来命名。STORM 的实现结构采用了基于 ORDBMS 的扩展型实现结构。整个实现框架如图 11-20 所示。

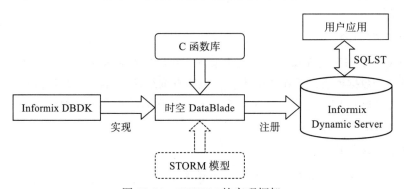

图 11-20　STORM 的实现框架

STORM 的实现以 Informix Dynamic Server 为底层的 ORDBMS，采用 Informix DBDK 工具集进行开发。其中，C 函数库是实现时空数据类型和时空操作的代码库，可以在运行时被链接到 Informix DBMS 中。时空 DataBlade 提供了对对象关系数据库管理系统的时空支持，一旦被注册到底层的 Informix Dynamic Server 中，就成为 Informix Dynamic Server 内核的一部分，不需要提供任何的外部模块来完成对时空数据的支持。时空 DataBlade 一般用 C 语言编写，并且依赖 C 函数库。它也可以包含一些由过程式 SQL 语言编写的函数。时空 DataBlade 被注册后，用户应用就可以通过兼容 SQL 的 SQLST 方便地获得时空数据管理的支持，不需要任何额外的工作。

DataBlade 是一系列扩展数据类型（UDT）、扩展数据操作（UDR）及一些其他文件的组合体。Informix DataBlade 的开发和部署过程如图 11-21 所示。整个开发使用了 Informix 提供的 DataBlade Developers' Kit（DBDK）。

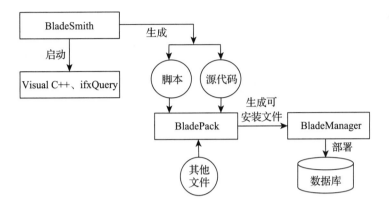

图 11-21　Informix DataBlade 的开发和部署过程示意

DBDK 包含 3 个主要的工具。

1）BladeSmith：管理 DataBlade 的整个开发过程，包括各种扩展数据类型（UDT）和扩展数据操作（UDR）的增加、修改等。

2）BladePack：根据 BladeSmith 开发的各种文件生成可安装的 DataBlade 模块。

3）BladeManager：将一个已安装的 DataBlade 部署到指定的数据库上。部署之后该数据库就可使用 DataBlade 中的 UDT 和 UDR 了。

STORM 中主要包括时空 UDT（STUDT）和时空 UDR（STUDR）的扩展。STUDT 以 Informix 中的 Opaque Type 实现。一个 Opaque Type 是一个完全封装的扩展数据类型，其内部结构对用户完全屏蔽，用户应用必须通过定义在 Opaque Type 之上的函数才能存取它的内部数据。Opaque Type 比较符合 STORM 中的 STUDT，因为用户访问时空数据时并不需要直接去存取它的内部结构（例如一个 region 的内部结构是"一个可变长的 point 列表＋表示 point 数目的 int 类型"），而只希望系统返回时空数据的某个特性（例如返回 region 的面积）。基于 Opaque Type 的 STUDT 扩展的关键是定义各个 STUDT 的内部结构。例如 stdregion 类型的内部结构被定义为 4 个可变长字符串类型，分别代表 4 个函数，再加上 1 个 period 类型。

STUDR 的扩展首先需要编写各个操作对应的函数（通常是用 C 语言编写的）。如下面的例子将 htWhen(mHT, instant) 操作注册到 Informix Dynamic Server 中，其中第 4 行末的 when_ht 是相应的包含实际程序代码的 C 函数。

```
Create Function htWhen (mHT,instant)
Returns htstate
External name "$INFORMIXDIR/extend/storm.1.0/storm.bld(when_ht)" Language c;
Grant execute on Function htWhen (mHT,instant) to public;
```

由于 STORM 相当于数据库的一种插件，其本身并没有显式的界面，因此这里通过一个例子数据库 storm_demo 来说明时空 DataBlade 的实现过程。整个演示过程的操作步骤如下。

1）安装 STORM。直接运行 BladePack 生成的安装文件中的 setup.exe。运行界面如图 11-22 所示。

图 11-22　安装 STORM

2）将 STORM 部署到例子数据库 storm_demo 上。运行 BladeManager（见图 11-23），新安装的 STORM 出现在可用的 DataBlade 列表中，将它加到左边的列表中，如图 11-24 所示。

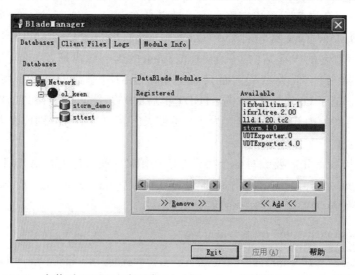

图 11-23　安装后 STORM 出现在 BladeManager 的可用 DataBlade 列表中

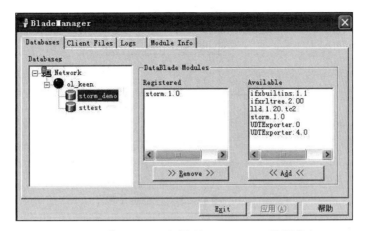

图 11-24　将 STORM 部署到 storm_demo 数据库上

3）创建表 land(land_id int, owner char(10), boundary stdregion, history mHT)，并插入若干条记录（见图 11-25）。这些记录对应图 11-26 中的例子。

4）查询操作。查询 1999-12-31 时与地块 1002 相邻的所有地块的地块号和边界。

```
SELECT b.land_id, b.boundary
FROM land a, land b
WHERE meet(when(a.boundary,'"1999-12-31 00:00:00"'), when(b.
    boundary,'"1999-12-31 00:00:00"')) and a.land_id=1002;
```

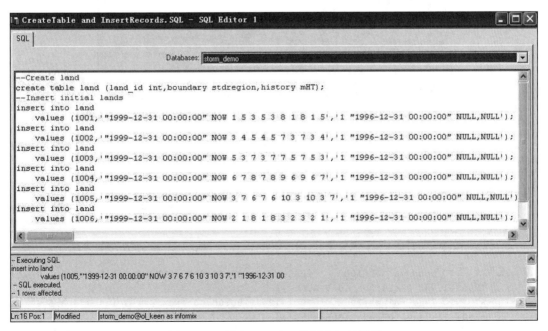

图 11-25　创建 land 表，并插入初始记录

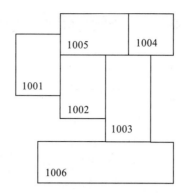

图 11-26　图 11-25 对应的地块例子

查询结果如图 11-27 所示。

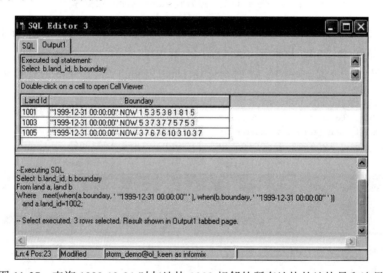

图 11-27　查询 1999-12-31 时与地块 1002 相邻的所有地块的地块号和边界

5）更新操作 1（属性级时空变化）。在 2000-12-31 时地块 1006 的边界扩大为 (2,1), (9,1), (9,3), (2,3)。

```
UPDATE land SET boundary=Replace(stdregionOut(boundary),'NOW','"2000-12-31
   00:00:00"') || ',"2000-12-31 00:00:00" NOW 2 1 9 1 9 3 2 3' WHERE land_
   id=1006;
```

6）更新操作 2（对象级时空变化）。在 2001-12-31 时地块 1006 分裂为两个地块。

```
INSERT INTO land values(1007, '"2001-12-31 00:00:00" NOW 2 1 5 1 5 3 3 1 2 1','3
   "2001-12-31 00:00:00" 1006,NULL');
INSERT INTO land values(1008, '"2001-12-31 00:00:00" NOW 5 1 9 1 9 3 5 3 5 1','3
   "2001-12-31 00:00:00" 1006,NULL');
UPDATE land SET boundary=replace(stdregionOut(boundary),'NOW','"2001-12-31
   00:00:00"'), history=history || '|3 "2001-12-31 00:00:00" NULL,1007 1008'
   WHERE land_id=1006;
```

执行以上更新后，对应的地块如图 11-28 所示。数据库中的地块数据如图 11-29 所示。

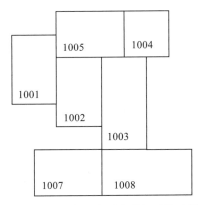

图 11-28　执行更新（变化）后的地块

![SQL Editor 2 window]

```
SQL Editor 2

SQL  Output1

Executed sql statement:
select land_id,boundary,history from land

Double-click on a cell to open Cell Viewer

Land Id | Boundary                                                    | History
1001    | "1999-12-31 00:00:00" NOW 1 5 3 5 3 8 1 8 1 5              | 1 "1996-12-31 00:00:00" NULL,NULL
1002    | "1999-12-31 00:00:00" NOW 3 4 5 4 5 7 3 7 3 4              | 1 "1996-12-31 00:00:00" NULL,NULL
1003    | "1999-12-31 00:00:00" NOW 5 3 7 3 7 7 5 7 5 3              | 1 "1996-12-31 00:00:00" NULL,NULL
1004    | "1999-12-31 00:00:00" NOW 6 7 8 7 8 9 6 9 6 7              | 1 "1996-12-31 00:00:00" NULL,NULL
1005    | "1999-12-31 00:00:00" NOW 3 7 6 7 6 10 3 10 3 7           | 1 "1996-12-31 00:00:00" NULL,NULL
1006    | "1999-12-31 00:00:00" "2000-12-31 00:00:00" 2 18 18 23 21,"2000-12 | 1 "1996-12-31 00:00:00" NULL,NULL|3 "2001-12-31 00:00:00" NULL,1007 1008
1007    | "2001-12-31 00:00:00" NOW 2 15 15 32 32 1                  | 3 "2001-12-31 00:00:00" 1006,NULL
1008    | "2001-12-31 00:00:00" NOW 5 19 19 35 35 1                  | 3 "2001-12-31 00:00:00" 1006,NULL

--Executing SQL
select land_id,boundary,history from land

Ln:1 Pos:32   Modified   storm_demo@ol_keen as informix
```

图 11-29　数据库中的地块数据

11.6　时空数据库使用示例

时空数据库管理系统的研究目的就是为时空数据库应用提供有效的时空数据管理。本节讨论了一个时空数据库的应用——中国历史地理信息系统（China historical GIS，CHGIS）。重点介绍了 STORM 对 CHGIS 中时空数据的存储支持和访问支持。

CHGIS 是由复旦大学历史地理研究所与美国哈佛大学联合研究的一个国际合作项目。其目的是编制我国的基础历史地理信息。目前，地理信息一般是用经纬度系统来表示的。但在我国古代，大部分时期还没有经纬度系统的完善概念，因此历史文献中记载的地理信息一般是用另一个系统来表达空间位置的，即地名和区域（行政的或自然的）。CHGIS 的目的就是将这些用人文因素表达的地理信息转换到经纬度系统中，为历史地理或其他方面研究提供基础数据。CHGIS 提供的基础历史地理数据为 STORM 的应用研究提供了很好的数据平台。因为历史地理数据反映了某个地点或某个地区历史上的空间位置（包括空间范围）变化，所以历史地理数据是一类时空数据。CHGIS 对历史地理数据的表示和存储仍通过 GIS 来实现。由于 GIS 以文件系统来管理空间数据，因此空间数据与应用的结合比较困难。而 STORM 可以有效地存储和管理 CHGIS 中的历史地理数据，并能够为前端应用提供更好的数据访问支持。

11.6.1 历史地理数据的导入与存储

本小节的讨论基于 CHGIS 历史地理数据的一个子集——松江地区（今上海附近地区）自公元 751 年以来各府县的边界变化及位置变化。这些数据在 CHGIS 中是以 GIS Mapinfo 的图层表示的，其中一个图层表示了边界变化，另一个图层表示了位置变化。在整个数据集中，边界变化数据包括了自公元 751 年以来 22 个府县的变化情况，而位置变化数据则包括了 165 个不同类型的聚落（村镇、县等）的变化情况。图 11-30 所示为松江地区历史地理数据。

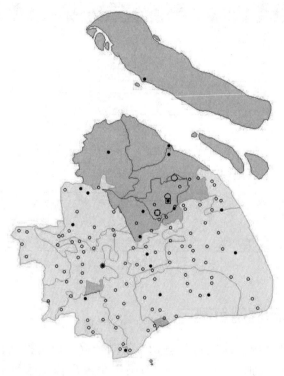

图 11-30   松江地区（今上海附近地区）历史地理数据

用 STORM 来表示和存储这些数据，要解决两件事情：一是为历史地理数据设计相应的存储结构；二是将历史地理数据存储到 STORM 中。为此，首先根据 CHGIS 的数据内容在 STORM 中建立两个表来存储边界变化和位置变化。表结构如下所示。

```
His_Boundary(no int, name char(50), boundary region, life period)
His_Location(no int,name char(50), location point, life period)
```

　　CHGIS 中的历史地理数据是以 Mapinfo 格式存储的。为了将历史地理数据存储到 STORM 中，这里采用 Mapinfo 提供的 COM 接口来实现这些 Mapinfo 格式的历史地理数据到 STORM 数据库的转存。图 11-31 所示是载入 Mapinfo 格式的历史地理数据后的界面。图 11-32 所示为转存到 STORM 中的历史地理数据。

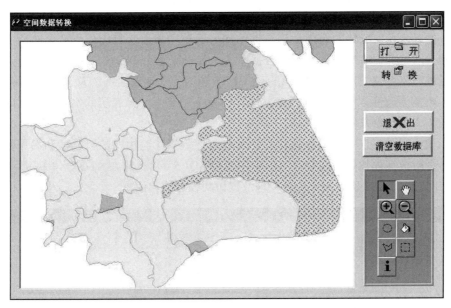

图 11-31　载入 Mapinfo 格式的历史地理数据

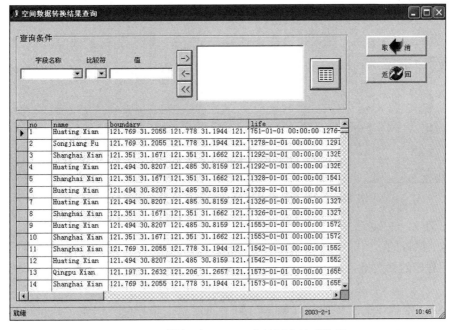

图 11-32　转存到 STORM 中的历史地理数据

11.6.2 历史地理数据的访问

基于 STORM 的历史地理数据访问与基于 GIS 的访问技术（以 Mapinfo 为例）有很大的不同。基于 GIS 的数据访问将时空数据库应用的数据割裂为文件形式的空间数据和数据库形式的其他数据，并且在数据访问时也采取两种不同的技术。对于时空数据库应用而言，使用基于 GIS 的方法存储和访问历史地理数据比较麻烦，无论是开发还是部署都存在较大的限制。而基于 STORM 的历史地理数据访问要简单得多。它将应用所涉及的所有数据都统一存储在时空数据库中，并且时空数据库应用仍可以采用 ODBC、ADO 等技术连接数据库，并通过兼容 SQL 的时空数据库语言 SQLST 访问历史地理数据。对于应用开发者而言，这种方法不需要改变以往的系统开发方法，而且不需要去考虑底层的空间操作、时空操作等复杂操作，因而要方便得多。

为了说明基于 STORM 的数据访问技术在时空数据库应用中的可行性和易用性，我们设计了一个历史地理数据访问程序。该程序通过 SQLST 对存储在 STORM 中的历史地理数据进行访问。图 11-33 所示为该历史地理数据访问程序的界面。

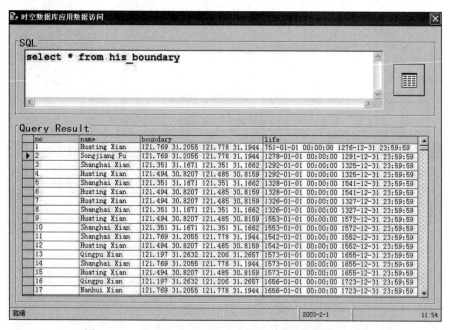

图 11-33　基于 STORM 的历史地理数据访问程序界面

SQLST 语句在底层是采用典型的数据访问技术 ADO（ActiveX Data Objects，ActiveX 数据对象）执行的。实际中也可以采用其他技术，如 ODBC、BDE 等。这与通常的 SQL 数据库应用程序的开发是完全相同的。因此，STORM 中的数据访问在实际开发中是很容易实现的。

STORM 中提供的扩展操作在数据访问中的使用也很方便。例如，要查询 1937 年到 1978 年间上海市的边界变化情况，可以输入以下 SQLST 语句。

```
SELECT  no,name,boundary, duplicate(life,'"1937-01-01 00:00:00,1978-12-31
    23:59:59"'::period) as time
FROM his_boundary
WHERE overlaps(life,'"1937-01-01 00:00:00,1978-12-31 23:59:59"'::period) and
    name='Shanghai Shi';
```

程序执行结果如图 11-34 所示。

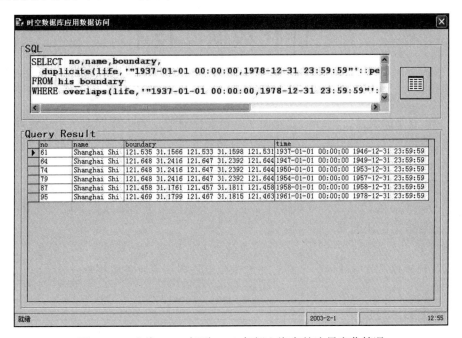

图 11-34　查询 1937 年到 1978 年间上海市的边界变化情况

本章小结

本章主要介绍了时空数据库的相关概念、方法、技术和应用，包括时空数据的语义建模、时空数据模型、时空数据库查询语言、时空数据库管理系统的实现与实际应用，并着重讨论了基于对象关系数据库技术的时空数据库实现技术。

通过对本章的学习，读者应基本了解时空数据库的概念，以及时空数据管理与传统一维数据管理之间的主要区别，掌握基于对象关系数据库技术的时空数据库管理系统实现的相关知识。

第 12 章

智能化数据库技术

经过 50 多年的发展，传统的数据库系统已经能有效地解决数据库系统化管理的问题。然而，随着大数据时代的到来，数据管理面临数据扩张、应用复杂、硬件异构等新的挑战，传统的以统一方式管理数据的数据库技术难以适应新的需求。为了解决这一问题，出现了智能化数据库技术，它也是当前数据库领域的研究热点。它利用机器学习方法智能学习数据的规律与数据管理的经验，有效提升数据库管理系统对于不同数据和应用场景的自适应能力，具有较好的应用前景。

内容提要：本章首先介绍智能化数据库技术基本概念，然后着重介绍智能化数据库技术的特点、挑战以及核心技术，最后讨论智能化数据库技术的发展趋势。

12.1 智能化数据库技术概述

数据库技术是信息系统的一个核心技术，是一种计算机辅助管理数据的方法，它研究如何组织和存储数据，如何高效地获取和处理数据。数据库技术研究和解决了计算机信息处理过程中大量数据有效地组织和存储的问题，在数据库管理系统中减少数据存储冗余、实现数据共享、保障数据安全，以及高效地检索数据和处理数据。随着大数据时代的到来，数据管理面临诸多挑战。首先，传统的数据库技术无法满足大规模数据库实例的高性能处理需求，难以适应云环境下各种应用场景和多样化用户这些新的变化；其次，传统的数据库技术往往是一种基于经验的优化方法，对不同的数据与需求采用统一的方法进行数据管理，显然这种思想不适用于大数据时代 "One Size Doesn't Fit All"（一种技术无法适应所有应用）的数据管理背景，因此难以获得最优的数据管理性能。

人工智能的迅速发展给解决大数据背景下的数据库管理带来了机遇。以机器学习为核心技术的人工智能最为擅长利用已有的数据学习其背后的规律与模式，并应用于数据分析与预测，目前在语音识别、图形图像处理和自然语言处理等领域已经取得了卓越的成果。随着计算能力的提升及硬件的快速更新，人工智能利用其"学习"的优势来优化数据库管理系统的核心组件逐渐成为数据库领域研究的热点。

智能化数据库技术泛指结合人工智能的算法、模型来优化传统数据库管理系统中各内部组件，或将人工智能融入数据库管理系统的一种优化方案。总体来说，人工智能使得数据库更加智能并且具有较强的自适应性。例如，学习型索引（learned index）通过学习数据的分布和模式，能建立快速、准确的"新"的索引机制，不仅可以减小索引大小，而且可以提高索引性能。

目前，智能化数据库技术的分类体系尚没有一种统一的标准，业界比较习惯采用基于数据库组件的分类体系来区分智能化数据库技术。图 12-1 给出了数据库组件框架下智能化数据库技术的分类概况。

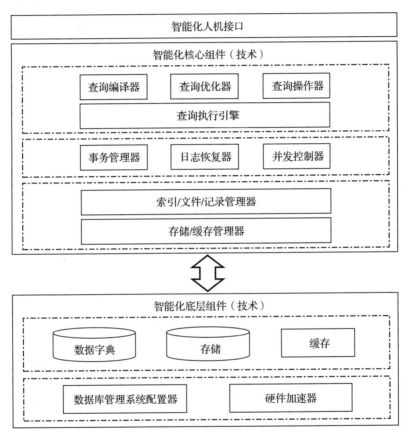

图 12-1 数据库组件框架下智能化数据库技术的分类概况

也有学者根据优化问题的类型，将智能化数据库技术分为 3 种典型任务，通过不同的人工智能模型进行优化，包括：NP-hard 问题（如旋钮优化、索引 / 视图选择、分区键推荐、查询重写、连接顺序选择等）、回归问题（如成本 / 基数估计、索引 / 视图效益估计、查询延迟预测等）和预测问题（如查询工作量预测等）。

此外，从功能与服务的角度看，目前智能化数据库技术主要围绕数据库设计、优化、配置、安全等方向展开深入研究。较传统方法，智能化数据库技术极大地提高了数据库管理系统的性能，因此越来越受到学术界和工业界的关注。图 12-2 展示了目前智能化数据库技术的主要研究方向。

　　全球信息技术研究和顾问公司 Gartner 在 2019 年指出增强型数据管理是数据与分析技术的十大趋势之一。增强型数据管理的核心来自于智能化数据库技术，指利用机器学习功能和人工智能引擎来生成信息管理类别，包括数据质量、元数据管理、主数据管理、数据集成，以及数据库管理系统（DBMS）自我配置与自我调整。它可以自动执行许多任务，使不太精通技术的用户能够更加自主地使用数据，同时也让高技能的技术人员专注于价值更高的任务。同时，增强型数据管理将以往仅用于审计、沿袭及报告的元数据转而支持动态系统。元数据正在从被动走向主动，并且正在成为所有人工智能（机器学习）的主要驱动因素。此外，Gartner 分析认为，到 2022 年底，通过加入机器学习与自动化的服务级管理，数据管理手动任务将减少 45%。

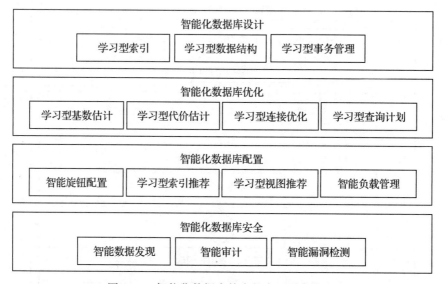

图 12-2　智能化数据库技术的主要研究方向

　　在工业界，目前已经有少数数据库企业将智能化数据库技术应用于数据管理。2017 年，亚马逊开发了 OtterTune 系统，通过机器学习技术实现了基于负载特性的自动旋钮配置。同年，Oracle 推出云上自治数据库 Autonomous Database，可以根据负载自动调优并合理分配资源。2019 年，华为发布了 AI-Native 数据库 GaussDB，在数据库管理系统中引入了机器学习技术，将人工智能嵌入到数据库管理系统的生命周期，实现数据库管理系统的自运维、自管理、自调优和故障自诊断。2020 年，阿里云发布了"自动驾驶"级数据库平台 DAS，基于机器学习和专家经验实现数据库自感知、自修复、自优化、自运营和自安全的云服务。

12.2　智能化数据库技术的特点

　　人工智能与数据库系统两个领域，都是致力于以数据为驱动的应用。人工智能赋能数据库技术将进一步提升数据库管理系统科学管理数据的能力。因此，基于人工智能的智能化数据库技术其主要目的是解决数据库中数据驱动的诸多组件优化问题。智能化数据库技术的首要特点是数据驱动性。

智能化数据库技术可以根据数据（负载）为各个组件选择最佳的处理模型，从而提高数据库管理系统的性能。一般情况下，当给定数据（负载）后，通过遍历可以查找出最佳模型，但是穷举需要耗费大量的时间成本。另一种常用的方式是数据库管理员根据已有经验为具体数据（应用）场景选定最佳模型，然而这种方法在大数据环境下存在明显不足：首先，数据扩张、应用多样、硬件异构等新的挑战使数据库管理系统组件复杂、配置烦琐，依靠数据库管理员进行经验式管理需要消耗大量人力且无法保证可靠性；其次，数据（应用）分布随着用户需求改变发生动态变化，数据库管理员难以第一时间对数据（应用）进行准确分析，将影响优化模型的选择。因此，该方法在自适应性和可扩展性两方面都难以满足实际需求。最后，该方法虽然也是根据数据选择模型，但从本质上看，更多的是一种"试验"机制，即根据模型在不同输入数据下的"试验"性能或效果来进行模型比较与选择，并没有深入研究数据本身的特征，缺少数据驱动的导向，难以快速、准确地找到最佳模型。

人工智能是典型的以数据为驱动的信息技术，通过从历史数据中分析、学习得到更优的解决方案，达到减轻繁杂人工劳动的目的。数据库有着复杂组件以及大量的用户数据，这是人工智能与数据库优化技术结合的先决条件，同时，也决定了智能化数据库技术的数据驱动性。

此外，智能化数据库技术具有硬件敏感性。云计算与大数据应用逐渐普及，智能化数据库管理系统面临着从数据密集型到计算密集型的转变。随着在数据库管理系统中不断深入引入人工智能技术，未来智能化数据库管理系统的部署环境必定需要有配套的新硬件环境来支持。同时，将现有的数据库管理系统算法迁移到现代加速器中，需要对系统算法进行重构和改写。如何有效利用硬件资源对数据库管理系统提出了新的挑战，利用新的硬件特性及技术对数据进行高效管理具有重要意义。从人工智能技术的发展来看，无论是人工智能方法还是模型都受到硬件环境和水平的影响。特别是伴随着计算机硬件及人工智能芯片的发展，单纯在数据库软件层面引入人工智能所带来的性能提升，与同时在系统底层引入智能处理器、机器学习加速设备等新硬件带来的性能提升，必然存在较大差别。因此，智能化数据库技术对硬件敏感，硬件水平的提升将带来智能化数据库技术的飞跃。

同时，智能化数据库技术具有功能性。从智能化数据库技术提出至今，人们始终关注的是如何把人工智能与数据管理在功能上融合统一，利用人工智能增强数据库管理系统的设计与开发。具体来说，智能化数据库技术是有效优化数据库管理系统各个核心功能（组件）的一套智能解决方案，按照数据库管理系统的主要功能可以分为四个方面，即自优化（self-optimization）、自监控（self-monitoring）、自诊断（self-diagnosis）和自恢复（self-healing）。

1）自优化：包括数据库内核组件的智能优化及数据库外部组件（与外部应用场景相关的功能组件）的优化。其中，内核组件的智能优化包括查询计划选择、代价估计等组件的优化，涉及的核心问题主要包括基于强化学习的连接顺序选择、基于深度神经网络的基数估计、基于机器学习的查询重写等；数据库外部组件的优化主要包括基于用户查询的智能索引、智能视图、智能参数推荐等。

2）自监控：通过智能化方法对数据库运行状态或各项性能参数进行自我监测。具体来说，通过学习数据库运行过程中的各项指标（例如 CPU 使用率、响应时间、运行日志等）的数据特征，对数据库状态进行分类监测（例如，可以通过强化学习等人工智能技术，实时检测系统异常），以及系统参数调整，提升数据库运行性能。

3）自诊断：在已有数据库性能表现评价与运行指标关联样本数据集上，提取特征，利用机器学习方法与模型挖掘数据库管理系统异常的根本原因（例如锁冲突、网络异常等）以及 SQL 查询低效诊断（例如缺失索引等），并提供解决手段。

4）自恢复：通过建立机器学习模型，自动学习历史诊断样本数据关联关系，主动避免错误和问题，自动恢复数据库，保证数据库的高可用性。

12.3　智能化数据库技术的挑战

智能化数据库技术为实现数据库智能化管理创造了可能，通过机器学习挖掘数据自身的规律和模式，帮助数据库管理系统实现性能优化，提高了数据库管理系统的易用性和自适应性，并且实现了数据库管理系统的动态、智能配置。然而，由于在数据类型、应用需求、理论背景等方面存在差异，目前智能化数据库技术的发展还面临着很多挑战。

12.3.1　机器学习与数据库技术的兼容性问题

机器学习与数据库技术都是典型的数据驱动型应用。机器学习通过从历史数据中挖掘、学习隐藏的规律和模式，获得更匹配数据的优化方案，同时减少大量人工工作。数据库技术是信息系统的一个核心技术，是一种计算机辅助管理数据的方法，它研究如何组织和存储数据，以及如何高效地获取和处理数据。虽然机器学习与数据库技术直接作用的对象都是数据，但是两者在实践中对数据自身及数据处理的要求却有所差别，这种不一致性也成为智能化数据库技术实践于数据库管理系统的技术瓶颈。

1. 数据约束

传统机器学习模型多用于多维数据分析并基于独立同分布假设；而数据库技术往往不满足这样的数据约束，关系数据具有复杂的语义关联。首先，传统机器学习模型往往假设同一个样本数据在不同维度之间不存在关联性，或者利用降维方法来处理维度之间的关联。而数据库中利用属性来表示维度，不同属性的数据以"关系"的形式建立联系并进行存储，因此，关系数据可能具有更为复杂的语义关联。其次，在不同样本数据间的关联性上，机器学习模型需要满足数据独立同分布假设的约束，而数据库则并不一定满足该条件。因此，不同样本数据间与不同数据属性间的关联依赖使得智能化数据库技术通过机器学习训练出的模型的通用性较低，对后期数据库的维护和更新带来了挑战。

2. 数据质量

数据质量是影响机器学习模型训练效果的重要因素，"坏"数据将导致模型在训练过程中将"坏"的特征误学习为"好"的特征。例如，在分类问题中，噪声数据会影响数据分类的质量。因此，为了正确训练学习模型，需要对数据进行筛选。然而，数据库技术在管理数据时却很难保证数据的质量。例如，数据库技术进行数据管理会产生大量的统计信息，但是这些信息却不是实时存储在数据库中的，失效的数据将影响模型的训练效果。

3. 数据种类

传统机器学习处理数据的类型相对单一，例如文本或者图片；而数据库中一条记录可能同时包含数值型、日期型、文本型、区间型等多种数据类型的属性。数据类型的差异容易导致数据库数据作为机器学习模型输入时需要进行数据的表示学习，然而，对于传统机器学习而言，关系数据的统一表示学习相比单纯的文本或图片更为困难。因此，机器学习与数据库在数据种类上的冲突对智能化数据库技术提出了挑战。

4. 数据规模

对于机器学习而言，基于大规模数据的模型训练往往更能准确地捕获数据背后的规律。经实践证明，数据量的大小直接影响机器学习的性能。例如，小数据集上使用深度学习往往容易过拟合。智能化数据库技术旨在利用机器学习优化数据库管理系统，然而，目前来看数据库中数据规模的大小却成为智能化数据库技术充分发挥机器学习优势的瓶颈，不少数据库很难提供足够多的训练样本。例如，在数据库负载预测中，真实场景的用户数据往往由于商业机密或者知识产权而被严格保护，难以拿到。对于非企业内部技术优化，很难获取足够多的负载样本进行模型训练。

5. 时间冲突

现实场景下，数据库管理系统对响应时间有非常严苛的要求，特别是线上数据库在面临各种应用和用户需求时，需要快速对请求做出反应并完成相应的操作。例如，对于事务型数据库，由于查询相对简单而写操作较多，因此，数据库更新的时间效率将成为衡量事务型数据库性能的重要指标。反观机器学习对时间的要求则有别于传统数据库，为了提高模型预测的精度，建立复杂的模型，往往需要花费大量的时间进行模型训练。因而将机器学习应用于数据库管理系统，需要解决两者在时间上的平衡，避免出现数据库管理系统需要空闲足够长的时间等待机器学习模型收敛之类的问题。

12.3.2　数据库引入机器学习后带来的新问题

上面讨论了机器学习与数据库技术的兼容性问题，并具体剖析了该问题背景下目前智能化数据库技术发展的挑战。下面来重点关注数据库引入机器学习技术后产生的新问题。

1. 模型管理

从目前的相关研究来看，智能化数据库技术主要解决传统数据库组件的优化问题，或者使用机器学习模型直接替换该组件。因此，当数据库管理系统大范围应用智能化数据库技术后，数据库管理系统将存在大量的机器学习模型，如何有效地统一管理这些模型将成为智能化数据库技术发展需要解决的一大挑战。特别是对于一个全智能化的数据库管理系统，其中组件都是基于机器学习而构建，外部对数据库管理系统的访问将变成对模型的访问，甚至不需要访问底层数据。模型的统一管理中，模型的调参、训练、更新、维护、优化等可能都会增加数据库管理系统的开销。此外，模型与模型之间的通信、组织、架构、容错等都是数据库引入机器学习模型后亟须解决的问题。

2. 性能瓶颈

对于传统关系数据库来说，硬盘 I/O 是一个很大的性能瓶颈。随着新型存储硬件与内存型数据库的快速发展，现有数据库管理系统有效地改善了硬盘 I/O 的弊端。然而，由于引入了大规模计算，CPU 资源成为当前数据库管理系统的主要瓶颈。当智能化数据库技术广泛应用于现有数据库管理系统后，机器学习模型成为数据库管理系统各组件的"附件"，帮助其进行性能优化。当访问数据库时，需要调用相应的机器学习模型，复杂的模型训练对于 CPU、硬盘和内存都将产生资源竞争。因此，如果要继续优化智能化数据库技术，除了 CPU 之外，硬盘和内存也会成为性能瓶颈。只有了解并解决智能化数据库技术的性能瓶颈，才能够进一步对数据库管理系统进行优化。

12.3.3 新的应用场景下的挑战

已有研究表明智能化数据库技术能有效提升数据库管理系统对不同用户需求的自适应性。随着大数据、云计算技术的商业化及新型计算机硬件的推广，针对新的应用场景的数据库管理需求显得极为迫切。同时，不同应用场景也给智能化数据库技术带来了新的挑战。

1. 新型硬件

由于机器学习模型的引入，传统的数据库管理从数据密集型逐渐向计算密集型转变，同时，模型优化对硬件资源的依赖也加大了智能化数据库技术对硬件环境的耦合性。具体可以从以下两个方面来分析。其一，伴随着新的计算、存储介质的广泛应用及人工智能芯片的发展，智能化数据管理需要将现有的数据库管理系统算法迁移到现代加速器中，或者需要对系统算法进行重构和改写。因此，如何有效利用硬件资源及适应新的硬件场景对智能化数据库技术提出了新的挑战。其二，针对不同的预算、应用和负载特性等，人们往往会为数据库配置不同的硬件环境。而不同的硬件环境会对机器学习模型的实际表现产生很大的影响。因此，人工"调配"的不同硬件场景也成为影响数据库技术智能化水平的重要因素。

2. 特定应用领域

智能化数据库技术在针对不同的数据或者负载进行数据管理时，往往希望通过提高机器学习模型的泛化性来提升数据库管理系统的智能化水平。对于特定应用领域，其数据规律、数据模式与传统数据库应用存在较大差别，因此，基于传统数据库训练得到的通用机器学习模型，在处理具有不同数据模式、数据类型、数据分布的特定领域数据时，实验性能较差。例如，对于数据与负载更新频繁的应用场景，基于历史数据建立的通用型模型往往只适用于模型训练时使用的数据与负载。如果采用阶段性更新的策略对模型进行重训练，则会增加数据库管理系统的计算开销。因此，如何提高数据库管理系统在特定应用领域的泛化性是智能化数据库技术的一大挑战。

12.4　智能化数据库的核心技术

传统的数据库管理系统在设计与实现往往依赖于人们的经验与通用的规范，特别是需要人工参与并给予启发式规则来调整和维护数据库管理系统。对于日益增加的数据库应用及日益变化的数据库环境来说，传统的数据库技术在解决数据管理问题时具有明显不足。例如，数据库管理员（DBA）往往通过数据库参数调优使其适应不同的应用场景。然而，面对具有成千上万个数据库实例的云数据库，数据库管理员通过调参来适应实例场景显然是不现实的。因此，通过人工智能技术，实现对数据分布和模式的自动学习，提高数据库技术自适应的能力，是解决传统数据库技术依赖人工规则这一瓶颈问题的有效途径。

12.4.1　智能化数据库配置

数据库的应用场景变化越来越快，数据库管理系统需要使用智能方法来提高快速响应能力。人工智能技术可以用来学习历史数据，进而预测未知，从而使数据库管理系统能够在不同的应用场景下动态配置参数，快速形成优化方案。

1. 参数调优

传统数据库系统通过调控数据库内外参数来优化数据库性能与可扩展性。在传统应用场景下，参数调优往往依赖于数据库管理员的已有经验，对于动态变化的外部场景缺乏快速、准确的自适应机制，无法解决负载实时调优的问题。针对传统参数调优的不足，智能化数据库参数调优方法主要基于监督学习和深度强化学习两类方法进行在线参数配置，实现参数的动态调控，形成数据库优化方案。其中，基于监督学习的智能化参数调优技术采用回归模型的思想，通过学习输入 / 输出间的关系，对不同应用场景进行参数配置方案预测。然而，监督学习需要大量标注的训练数据进行模型训练，这些样本数据对于很多参数配置问题很难获取。例如，数据库性能受到缓冲区大小、CPU 占用比例、I/O 读 / 写速度等诸多因素影响，要还原所有应用场景下的参数配置几乎是不可能的，因此，为了进一步优化参数调优方案，研究者提出了基于深度强化学习的参数调优方法。与监督学习不同的是，深度强化学习不需要大量的训练样本，而是通过不断试错来优化模型的行为选择策略，直到找到最优的参数配置方案。

2. 布局配置

布局配置是指根据外部环境的实际需求，对数据在物理介质上的存储方式进行配置。

传统布局配置一般有行存储、列存储和混合存储三种方式。不同的配置方案具有不同的数据库读 / 写性能，因此，动态调整数据库的数据布局对于涉及数据库读 / 写性能的操作优化具有重要意义。传统的数据布局配置方法主要依据数据库管理员的经验，然而由于存在大量的布局（行 / 列 / 表）组合，因此通过人工进行布局配置成本很高。智能化布局配置方法在已有记录的负载及其对应的最佳布局方案数据上进行机器学习，并测试不同布局方案下同一负载的数据库性能，进而选出该负载下最优的数据布局方案。目前，智能化布局配置方法在数据库索引推荐和视图推荐两个方面取得了较为突出的成效。针对查询负载，智能化布局配置方法为索引推荐和视图推荐分别提供了基于深度强化学习和基于编码 - 解码模型的自动推荐策略，有效解决了传统的索引与视图在应对负载动态变化与复杂度增加方面存在推荐与维护困难的问题。

3. 查询重写

由于现实应用中程序员编写的 SQL 查询语句质量参差不齐，且常存在大量需要进行查询重写将其转换为具有较高查询性能的 SQL 语句，因此，查询重写是提高数据库系统查询性能的重要核心技术。已有的基于规则的查询重写技术对于规则的质量要求较高，同时，规则的执行顺序也对查询优化有直接影响。因此，规则成为查询优化的瓶颈。对具有大规模规则的查询应用场景而言，传统的查询重写方法因为严重依赖于数据库管理员预先定义的规则，因而在这种规则复杂的场景下较难实现。针对该问题，人们提出了智能化查询重写方法，即利用机器学习模型（例如深度强化学习模型）为 SQL 查询地智能选择适当的规则，并以良好的顺序应用规则，进而实现对查询的重写，提高查询性能。具体在选择规则的时候，一些智能搜索算法常被应用来解决选择收益的问题，例如，利用蒙特卡洛树搜索算法来有效地探索和寻找重写顺序，获得最大的时间减少收益。

12.4.2　智能化数据库优化

智能化数据库优化技术主要包括智能化连接次序选择与智能化代价（基数）估计。

1. 连接次序选择

对于关系数据库而言，连接次序的选择对提升数据库查询性能具有重要的作用。具体来说，一个 SQL 查询可以生成数以万计的查询计划，如何高效地从中找到最优的查询计划是优化数据库查询功能需要解决的核心问题。然而，目前已有的数据库连接次序选择方法通常是采用类似枚举的方式对多个表连接所产生的计划空间进行"暴力"搜索，其代价是非常高昂的。同时，对于拟搜索的候选计划空间，往往由数据库管理员来控制其范围及结束搜索的条件，显然，这种以人为规则为主的机制在面对巨大计划空间的时候是不适用的。智能化连接次序选择方法使用机器学习模型，根据每次查询估计的性能和实际性能，不断优化查询规模估计和查询成本估计的质量，进而选择最有效、开销最低的查询计划。

2. 代价（基数）估计

数据库查询代价是数据库管理系统研究中的核心问题之一。在真实的数据库管理系统中，只有执行 SQL 查询后才会得到查询代价，因此，为了优化数据库性能，人们一般采用事前估计的方法来预测查询代价。具体来说，代价估计是针对一次查询操作所占用的物理资源（例如 CUP 占用、I/O 占用等）的估量计算。传统的代价估计方法以基数估计结果为基础，建立代价模型，进而实现查询代价估计。作为代价估计的重要组成部分，基数估计目前在真实应用场景中仍存在较大误差。一般情况下，进行基数估计时往往需要对数据进行假设约束（例如，一致性、独立性等），所以在面对真实应用场景时，由于上述假设不能成立进而导致基数估计不正确。因此，提升基数估计性能对优化数据库查询代价估计具有重要意义。

　　智能化基数估计最早采用监督式学习，通过从已有的查询执行样本中学习基数估计模型，并使用该模型来预测新的查询基数。后来，随着神经网络技术的快速发展，人们提出了利用深度神经网络获取相关关系进而实现基数估计的方法，并取得了很好的效果。智能化代价估计方法利用深度神经网络建立查询计划与查询代价之间的映射关系，输出查询计划的预测代价序列，较传统方法具有更优的预测性能。

12.4.3　智能化数据库存储管理

　　智能化数据库存储管理主要分为数据库分区和数据索引。相比传统方法，智能化数据库存储管理技术对数据的划分与索引更加合理，明显提高了存储管理性能。

1. 数据库分区

　　传统的数据库分区往往是通过分析数据库的查询负载和数据布局建立启发式规则，在此基础上选择列作为分区键，实现数据库分区。当分布式和并行数据库出现后，对数据库智能化分区的需求和要求明显提高，迫切希望能建立可根据数据模式和工作负载特性生成最优分区策略的集成数据放置算法。智能化数据库分区方法利用强化学习模型来学习不同的分区键及其特征，建立一个全连接神经网络来估计不同分区模式下的收益。具体来说，强化学习模型对表属性、查询样本和已有分区特性进行编码，并迭代地选择新的分区键或复制表进行试错探索，最终实现优化整体性能的目标。由于智能化数据库分区方法综合考虑了负载与收益，因此，它能较好地平衡负载均衡和访问效率。

2. 数据索引

　　索引是对数据库表中一列或多列的值进行排序的一种结构，使用索引可快速访问数据库表中的特定信息。数据库管理系统中存在多种索引结构，可以满足不同的数据访问模式。例如，B 树索引适用于范围查询，而哈希表主要解决单个关键字查询的问题。目前，传统的数据库索引是数据通用型的结构设计，以单一的模式应对多样的数据，没有考虑数据的分布和特性，因此，在现实场景中针对具有不同数据分布特征的应用时，传统索引性能较低。因此，人们提出了利用机器学习方法对索引结构进行建模，实现智能化索引。具体来说，通过将数据库中的数据（key）与其位置（position）以成对的方式作为样本数据进行模型训练，学习数据的分布规律，建立数据与位置的相关关系，进而将数据查找问题转换为位置预测问题，这样能有效地预测数据记录的位置和存在性。然而，智能化数据索引在面对不同应用需求时，性能表现往往大相径庭。例如，在事务型数据库与分析型数据库上建立智能索引，由于事务型数据库具有较为频繁的增删改操作，智能索引需要进行多次更新与重训练，过高的训练代价使其性能优势相比分析型数据库大打折扣。

12.5　智能化数据库技术的发展趋势

随着机器学习与数据库管理系统的深入融合，越来越多的智能化数据库技术替代传统方法，为优化数据库系统性能、提升数据库管理效率提供了新思路。下面结合目前智能化数据库技术的核心研究与未来数据库智能化、自治化的发展趋势，对智能化数据库技术的发展进行展望。

1）自动调优。数据库自动调优是未来实现数据库自治的关键技术之一。具体来说就是，利用机器学习方法和模型，自动感知外界环境（例如新的硬件环境等），动态获取内部变化（例如数据更新等），高效、快速调整系统参数，精准反馈，自动优化。具体包括负载、代价、收益等各方面的合理配置，旨在提高系统资源的利用率。

2）自动管理。数据库管理系统是一个庞大的管理体系，涉及内部数据、外部应用及软/硬件环境等。目前，智能化数据库技术较好地解决了数据库管理系统中一些相对独立的核心问题，例如，查询优化、智能索引等，但缺乏对系统层面进行统一管理的智能化技术。因此，利用机器学习方法与模型，设计一套完整的故障自动检测与反馈的管理机制，将是未来智能化数据库技术发展的一个重要趋势。针对数据库管理系统进行软/硬件隐患自动检测，建立系统故障处理机制，实现数据库自动修复，并能及时将评估结果反馈给用户。

3）自动组装。随着数据库应用的快速增长及云服务的广泛推广，针对不同用户进行个性化、定制化服务是数据库发展的一个重要方向。因此，如何快速、高效地为每一个应用场景提供最优的数据库服务是亟须解决的问题。如果将服务看作一个规范的操作流程，则数据库服务可以看作选取不同的数据库组件（功能）进行组合，成为一个数据处理流程。基于上述思想，数据库自动组装技术旨在根据用户负载和环境状态，利用机器学习技术，动态选择"合适"的组件进行自动组装成为规范的操作流程，进而为用户提供智能化的定制服务。

4）自动迁移。由于用户需求和应用场景不同，数据库中数据和操作都是动态变化的。然而传统的机器学习模型一般都是假设数据分布不变、模式不变，这显然不适用于数据库中频繁变化的场景。同时，对于使用机器学习建模的智能化数据库技术而言，训练数据不足一直是提升数据库性能的瓶颈。训练的样本数据一般来自数据库管理员的经验或者已有记录，缺乏大规模的高质量数据。此外，为了构建一个高效的学习模型，往往需要获取各种场景下的样本数据（例如，不同硬件环境、不同工作负载等），这在现实环境下是比较困难的。因此，一个训练好的系统如何自动迁移到一个新的数据库业务，实现小样本学习并保持较好的性能是智能化数据库技术的一个发展趋势。

本章小结

　　本章主要介绍了智能化数据库技术的背景和概念，包括智能化数据库技术的定义、分类体系、典型任务、研究分布等，并着重讨论了智能化数据库技术的特点、挑战及核心技术。此外，还分析了智能化数据库技术的发展趋势。

　　通过对本章的学习，读者应理解智能化数据库技术的基本概念与核心技术，清楚智能化数据库技术的特点和面对的挑战，并对智能化数据库技术的发展趋势有所了解。

第 **13** 章

挑战与展望

新型数据库管理系统在当前解决数据库管理问题上具有较好的性能评测,不少数据库管理系统已经被广泛应用于生产实践。面对日益变化的外部环境与用户需求,数据库管理系统在计算模式、系统架构、数据类型等方面需要进一步调整和优化,这将催生大量新型数据库技术,进而推动新型数据库管理系统的未来发展方向。

内容提要: 本章首先介绍了新型数据库系统未来面临的挑战,然后展望了新型数据库管理系统的发展。

13.1 挑战

从目前信息技术发展的主流方向和热点研究问题来看,数据库管理系统未来将面临 3 个方面的主要挑战:新硬件、新应用、新模态。首先,随着近年来高性能处理器、非易失存储器等新型硬件技术取得重大突破,面向新型硬件的数据库管理系统成为学术界和工业界共同关注的热点;其次,云计算技术为广大普通用户配备高性能计算资源提供了有效途径,因而产生了数以万计的应用场景,针对新的应用要求与数据特征,AI 赋能的智能化数据库管理系统应运而生;最后,由于数据模态逐渐由单一模态向多模态转换,多模态数据管理成为研究热点,因此,多模态数据库管理系统将是新型数据库管理系统的一个重要发展方向。基于上述分析,接下来,将围绕上述 3 个新型数据库系统的重要发展方向对其各自面临的主要挑战进行重点讨论。

13.1.1 面向新型硬件的数据库管理系统

针对新型硬件的特点,面向新型硬件的数据库管理系统在计算、存储、传输层面已经取得一定的研究进展,充分利用新管理硬件,发挥其独特优势,为新型应用场景提供高性能、高可用、易扩展的数据管理服务。同时,面向新型硬件的数据库管理系统也面临着一些急需解决的问题。

在存储方面,新型非易失存储器与传统存储硬件在物理性质、数据访问等方面存在较大差异,从而导致传统的基于页面的存储机制可能不再适用于非易失存储设备。同时,传统存储介质（RAM、磁盘等）与新型非易失存储介质构建的混合存储硬件环境如何高效发挥各自优势，提升数据库存储和索引性能，将是未来需要重点解决的问题之一。

在计算方面，混合 CPU 与 GPU 的异构计算方式，在并行性和易组合性方面体现出优势，成为目前高性能计算主流的计算模式。针对大规模的数据库查询操作，如何高效实现 CPU 与 GPU 之间的自动调度以发挥芯片的最大算力是该领域研究的一大挑战，具体来说，包括异构环境下的协同查询处理技术、查询优化技术、混合查询执行计划生成技术等。

在传输方面，随着 RDMA 网卡在数据中心逐渐普及，新的数据传输方式对数据库管理系统也提出了新的要求。RDMA 允许用户程序绕过操作系统内核（CPU），直接和网卡交互进行网络通信，从而实现高带宽和极小时延。因此，针对分布式数据环境，RDMA 的分布式优化技术是需要解决的核心问题，包括 CPU 卸载，可编程网卡的 I/O 卸载，以及综合考虑网络与磁盘 I/O 的分布式优化模型。

13.1.2 智能化数据库管理系统

虽然越来越多的智能化数据库技术已经替代了传统数据库中的相关组件，智能化数据库管理系统初见雏形，但仍然存在一些问题需要解决。

目前，智能化数据库技术主要针对数据库管理系统组件或者核心任务进行局部优化，缺乏对数据库管理系统整体智能化的设计思路，无法达到整体优化的目标。未来智能化数据库管理系统需要以运行整体为对象，研究如何提升数据库管理系统的自治能力。其中，系统内部数据的智能化监控和外部数据的智能化感知将是完成系统整体性能优化需要重点解决的关键问题。

从系统稳定性的角度来看，智能化数据库管理系统在优化其各项性能的同时还需要保障系统的鲁棒性。目前，智能化数据库技术旨在通过机器学习方法和模型在数据库各项指标上寻求最优解，但几乎没有考虑优化方法的稳定性，例如，如何持续保持稳定的性能、如何解决动态场景问题等。从数据库管理系统的核心任务来看，索引构建、查询优化、负载预测等都需要考虑如何保障在任意时间阶段具有较高的鲁棒性，避免较大的性能波动。

模型规模是智能化数据库管理系统未来面临的又一个重要挑战。现有的智能化数据库技术其底层的机器学习模型往往较为复杂，尤其很多深度神经网络具有高达上百层结构、上亿个参数，如此规模庞大的训练模型给数据库管理系统带来了巨大的挑战。此外，真实应用场景下，数据库往往具有高频的数据增删改操作，例如，事务型数据库的数据更新操作就明显多于分析型数据库，而数据更新后的模型重训练对于复杂的机器学习模型来说具有较大难度。因此，如何建立轻量级的智能化数据库技术是智能化数据库管理系统未来研究的难点和关键问题之一。

智能化数据库技术旨在利用机器学习模型来优化数据管理性能，而机器学习方法一般认为数据需要满足统一的假设，即数据分布一致、数据模式一致。因此，面对多样的应用场景与动态变化的查询和数据，现有的数据库技术明显不适用。借鉴人工智能领域迁移学习的思想，将已经训练好的学习模型迁移到一个新的数据库应用，并保持较好性能，以适应频繁变化的场景，也将是智能化数据库管理系统未来提高其自适应性的重要支撑。

13.1.3　多模态数据库管理系统

多模态数据库管理系统是针对多种模态数据统一管理的数据库管理系统。多模态数据包括结构化数据、半结构化数据和非结构化数据。针对不同的行业需求，目前多模态数据库管理系统已经在各行各业被广泛使用。然而，由于传统数据库主要面向单一模态数据进行管理，因此多模态数据库系统在建模、存储、查询优化、并发控制等方面还面临着巨大的技术挑战。

数据库管理系统对数据管理需要建立在统一建模的基础上，然而由于多模态数据库面向结构化、半结构化及非结构化数据，因此，如何在已有数据模型上对其他模态数据进行扩展，实现对关系、图、键值等多模态数据的融合是多模态数据库研究中需要解决的关键问题。实现多模态数据的统一建模，将面临不同模态数据之间映射关系的组合，随着数据规模的扩大，这一问题也将更加严重。

目前，数据库管理系统的存储机制难以支持大规模海量的多模态数据，由于采用集中存储策略，现有系统也难以扩展。如果利用分布式架构则会大大降低数据的读取效率，对于具有大量事务型操作的数据库管理系统是难以接受的。同时，多模态数据不仅对外存环境提出了新的要求，现有数据库管理系统的缓存机制也同样需要进行设计和优化，以支持多模态数据的关联性和粒度性。

查询优化是数据库管理系统的核心任务，影响数据库的整体性能。面对多模态数据，首先需要设计一种具有泛化性的查询语言，能支持多种模态数据的关联查询、溯源查询及预测查询。此外，目前数据库管理系统的查询优化技术缺乏对多模态数据丰富语义关系的有效分析与挖掘，该问题的突破将大大提升多模态数据库数据查询效率。

数据库管理系统的并发控制技术对于保障数据的一致性具有决定性作用。传统方法针对单一模态数据设计的分布式事务机制，难以适用于语义关系复杂的多模态数据。因此，需要建立面向多模态数据的统一更新机制，以实现有效的并发控制，具体包括：增强各种模态数据的更新感知、基于语义关系的更新迁移和可保证的更新一致。

13.2　展望

数据库管理系统在其长期的发展过程中，始终围绕着应用驱动计算的核心思想而不断演化，进而推动数据库管理系统的迭代更新。因此，本节将从新型计算模式与应用需求变化两个方面来讨论新型数据库管理系统的发展趋势。

从新型计算模式来看，传统数据库系统往往都基于计算和存储紧耦合的思想来设计计算模式，目的是为了实现对数据高效的存取与计算。然而，新型计算模式（例如云计算架构）更希望计算与存储弱耦合甚至解耦合，从而发挥云计算模式弹性伸缩的优势，实现独立的计算弹性伸缩和存储的自动扩缩容，从而提升数据库的性价比。因此，基于云计算模式来设计数据库架构，将是解决云服务和数据库管理系统两者融合兼容问题的首要任务，也代表了该领域问题的未来研究趋势。此外，随着物联网的发展和数字孪生的普及，端边云成为未来发展的趋势。端侧负责实时采集、存储数据，进行初级的数据分析；边侧则负责汇集端侧采集的数据，进行关联分析和近数据处理，包括简单的数据计算；最终的数据都统一汇集到云端，进行复杂的计算、分析及决策。这种三阶段计算模式有别于传统数据库的数据处理方式，需要突破端边云数据处理技术来支持万物互联时代的数据管理。针对端边云架构，以统一模式协同处理端边云数据的新型数据库管理系统也将是未来数据库发展的主要方向。

从应用需求变化来看，数据库目前要应对的应用场景和用户需求较过去发生了翻天覆地的变化。传统的数据库管理系统无法满足大规模数据库实例的高性能处理需求，难以适应云环境下各种应用场景和多样化用户这些新的变化。其次，传统的数据库管理系统往往采用基于经验的优化方法（例如，基于数据库管理员的经验或者人工预设的规则），为不同的数据与需求采用统一的方法进行数据管理。显然，这种思想不适用于大数据时代数据管理"One Size Doesn't Fit All"的背景，因此难以获得最优的数据管理性能。随着人工智能的快速发展，越来越多的应用需要融合数据库技术和机器学习模型来支持实时的智能决策，因此需要研究 AI 原生的数据库管理系统来提升数据库的智能化水平。

此外，大数据时代推动了新型互联网业务模式的蓬勃发展。传统数据库管理系统中数据集中处理的模式难以满足业务需求，提升数据库的扩展性成为了解决该问题的首要任务。具体来说就是，通过将数据库部署到多台服务器，建立分布式数据库管理系统，实现对海量数据的高效计算。虽然，目前以 Spanner 为代表的分布式数据库管理系统得到了不少大型应用的青睐，但为了全面实现分布式数据库管理系统的大规模商用还需要解决分布式事务处理与查询优化、数据智能分布等问题。同时，针对异构处理器、新型存储介质、高性能网络等新型硬件技术的出现，还需要进一步突破和优化分布式高可用技术、智能运维调优技术等关键技术，真正实现 AI 原生数据库管理系统的成熟落地。

总体而言，随着人工智能、机器学习、持久化内存、云计算等技术的持续发展，以及 Web 应用的不断演化，数据库管理系统面临着许多新的挑战，也出现了许多新的机遇。未来的数据库管理系统将沿着"高吞吐""低延迟""智能化""全平台"的道路不断推进。此外，在分布式系统环境下，DBMS 与操作系统之间的边界也开始逐渐模糊，缓存管理、任务调度、资源管理、服务质量保证、新硬件适配等工作已经成为 DBMS 和操作系统的共性任务。DBMS 和操作系统的进一步融合也将是未来的一个发展方向。

本章小结

本章主要介绍了新型数据库管理系统未来面临的挑战，包括面向新型硬件的数据库管理系统技术挑战、智能化数据库管理系统技术挑战，以及多模态数据库管理系统技术挑战，并着重讨论了当前信息技术主流方向和热点研究问题背景下的新型数据库管理系统的发展趋势。

通过对本章的学习，读者应了解新型数据库管理系统未来发展所面临的挑战，并对新型数据库管理系统及其应用的发展趋势有所了解。

参 考 文 献

[1] ABITEBOUL S, HULL R, VIANU V. Foundations of databases: the logical level [M]. Upper Saddle River: Addison Wesley, 1995.

[2] ABRAHAM T, RODDICK J. Survey of spatio-temporal databases [J]. GeoInformatica, 1999, 3(1): 61-99.

[3] ANGLES R, GUTIÉRREZ C. Survey of graph database models [J]. ACM computing surveys. 2008, 40(1): 1-39.

[4] BAILIS P, HELLERSTEIN J, STONEBRAKER M. Readings in database systems [M]. 5th ed. Cambridge: MIT Press, 2015.

[5] DECANDIA G, HASTORUN D, JAMPANI M, et al. Dynamo: Amazon's highly available key-value store [C] // SOSP'07: Proceedings of Twenty-first ACM SIGOPS Symposium on Operating Systems Principles. New York: Machinery, 2007: 205-220.

[6] 戴特. 数据库系统导论：原书第 8 版 [M]. 孟小峰，王珊，姜芳芫，等译. 北京：机械工业出版社，2007.

[7] GRAY J，REUTER A，事务处理概念与技术 [M]. 孟小峰，于戈，等译. 北京：机械工业出版社，2004.

[8] GARCIA-MOLINA H, ULLMAN J, WIDOM J. Database system implementation: 2nd Edition [M]. 影印版，北京：机械工业出版社，2009.

[9] GARCIA-MOLINA H, ULLMAN J, WIDOM J. 数据库系统全书 [M]. 岳丽华，杨冬青，等译. 北京：机械工业出版社，2002.

[10] GÜTING R, SCHNEIDER M. 移动对象数据库 [M]. 金培权，译. 北京：高等教育出版社，2009.

[11] HELLERSTEIN J, STONEBRAKER M, HAMILTON J. Architecture of a database system [M]. Norwell: Now Publishers Inc, 2007.

[12] JAIN V, LENNON J, GUPTA H. LSM-Trees and B-trees: the best of both worlds [C] // SIGMOD'19: Proceedings of the 2019 International Conference on Management of Data. New York: Machinery, 2019: 1829-1831.

[13] JENSEN S, PEDERSEN T, THOMSEN C. Time series management systems: a survey [J]. IEEE transactions on knowledge and data engineering. 2017, 29(11): 2581-2600.

[14] KOUBARAKIS M, SELLIS T, FRANK A, et al. Spatio-temporal databases: the CHOROCHRONOS approach [M]. New York: Springer, 2003.

[15] LIU L, ÖZSU M. Encyclopedia of database systems [M]. 2nd ed. New York: Springer, 2018.

[16] MA L, AKEN D, HEFNY A, et al. Query-based workload forecasting for self-driving database management systems [C] // SIGMOD'18: Proceedings of the 2018 International Conference on Management of Data. New York: Machinery, 2018: 631-645.

[17] PICADO J, LANG W, THAYER E. Survivability of cloud databases - factors and prediction [C] // SIGMOD'18: Proceedings of the 2018 International Conference on Management of Data. New York: Machinery, 2018: 811-823.

[18] RAMAKRISHNAN R, GEHRKE J. Database management systems [M]. 3rd ed. New York: McGraw-Hill, 2003.

[19] RHEA S, WANG E, WONG E, et al. LittleTable: a time-series database and its uses [C] // SIGMOD' 17: Proceedings of the 2017 ACM International Conference on Management of Data. New York: Machinery, 2017: 125-138.

[20] SILBERSCHATZ A, KORTH H, SUDARSHAN S. 数据库系统概念：第 6 版 [M]. 杨冬青，李红燕，唐世渭，等译 . 北京：机械工业出版社，2012.

[21] STONEBRAKER M, ABADI D, BATKIN A, et al. C-store: a column-oriented DBMS [C] // VLDB' 05: Proceedings of the 31st International Conference on Very Large Data Bases. Franklin County: VLDB Endowment, 2005: 553-564.

[22] TAN K, CAI Q, OOI B, et al. In-memory databases: challenges and opportunities from software and hardware perspectives [J]. SIGMOD record. 2015, 44(2): 35-40.

[23] TIWARI S. Professional NoSQL [M]. Hoboken: John Wiley & Sons Inc, 2011.

[24] ULLMAN J, WIDOM J. 数据库系统基础教程：第 3 版 [M]. 岳丽华，金培权，万寿红，译 . 北京：机械工业出版社，2009.

[25] WANG W, ZHANG M, CHEN G, et al. Database meets deep learning: challenges and opportunities [J]. SIGMOD record. 2016, 45(2): 17-22.

[26] WEIKUM G, VOSSEN G. Transactional information systems: theory, algorithms, and the practice of concurrency control and recovery [M]. San Mateo: Morgan Kaufmann, 2001.

[27] 侯宾 . NoSQL 数据库原理 [M]. 北京：人民邮电出版社，2018.

[28] 金培权 . 数据库原理与应用 [M]. 上海：上海交通大学出版社，2012.

[29] 邵佩英 . 分布式数据库系统及其应用 [M]. 北京：科学出版社，2000.

[30] 汤庸，叶小平，陈洁敏 . 高级数据库技术与应用 [M]. 2 版 . 北京：高等教育出版社，2015.

[31] 王珊，萨师煊 . 数据库系统概论 [M]. 5 版 . 北京：高等教育出版社，2014.

[32] 于戈，申德荣，等 . 分布式数据库系统：大数据时代新型数据库技术 [M]. 2 版 . 北京：机械工业出版社，2016.

推荐阅读

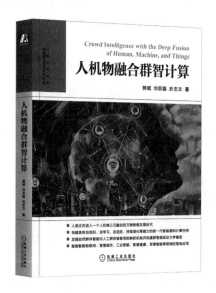

人机物融合群智计算

作者：郭斌 刘思聪 於志文 著 ISBN：978-7-111-70591-8

智能物联网导论

作者：郭斌 刘思聪 王柱 等著 ISBN：978-7-111-72511-4

推荐阅读

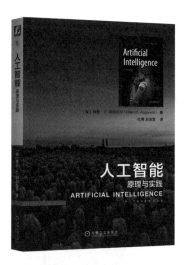

人工智能：原理与实践

作者：[美] 查鲁·C. 阿加沃尔(Charu C. Aggarwal) 著
译者：杜博 刘友发 ISBN：978-7-111-71067-7

通用人工智能：初心与未来

作者：[美] 赫伯特·L.罗埃布莱特（Herbert L. Roitblat）著
译者：郭斌 ISBN：978-7-111-72160-4

因果推断导论

作者：俞奎 王浩 梁吉业 编著 ISBN：978-7-111-73107-8

人工智能安全基础

作者：李进 谭毓安 著 ISBN：978-7-111-72075-1

推荐阅读

作者：Abraham Silberschatz 著
中文翻译版：978-7-111-37529-6，99.00元
英文精编版：978-7-111-40086-8，69.00元
本科教学版：978-7-111-40085-1，59.00元

作者：Jiawei Han 等著
英文版：978-7-111-37431-2，118.00元
中文版：978-7-111-39140-1，79.00元

作者：Ian H.Witten 等著
英文版：978-7-111-37417-6，108.00元
中文版：978-7-111-45381-9，79.00元

作者：Andrew S. Tanenbaum 著
书号：978-7-111-35925-8，99.00元

作者：Behrouz A. Forouzan 著
英文版：978-7-111-37430-5，79.00元
中文版：978-7-111-40088-2，99.00元

作者：James F. Kurose 著
书号：978-7-111-45378-9，79.00元

作者：Thomas H. Cormen 等著
书号：978-7-111-40701-0，128.00元

作者：John L. Hennessy 著
书号：978-7-111-36458-0，138.00元

作者：Edward Ashford Lee 著
书号：978-7-111-36021-6，55.00元